U0218837

一流本科专业一流本科课程建设系列教材

能源系统人工智能方法

赵　阳　范　成　颜承初　刚文杰　编著
李先庭　主审

机械工业出版社

本书主要包含四部分内容，侧重于从能源领域工程实际和科学研究的需求角度出发，阐述用人工智能大数据方法解决能源系统问题的知识和方法论。第一部分介绍能源系统信息采集中常见数据类型及数据预处理方法，包括适用于能源系统的异常值识别、缺失值处理、数据规范化、数据转换及分割方法等；第二部分介绍无监督学习方法及其在能源系统工程中的典型应用，包括聚类分析、关联规则挖掘和知识后挖掘方法；第三部分介绍监督学习方法及其在能源系统预测建模中的应用要点，包括特征工程、算法选择、模型优化和模型解读方法；第四部分介绍能源系统优化方法，主要从评价指标、建模方法和优化算法等方面讲述能源系统在设计和运行阶段的优化思路及案例。

本书可作为高等院校能源系统工程和人工环境工程等专业与人工智能领域相结合的跨学科专业教材，也可以作为工程技术人员和管理人员的参考读物。

图书在版编目（CIP）数据

能源系统人工智能方法 / 赵阳等编著．—北京：机械工业出版社，2023.8（2024.11 重印）

一流本科专业一流本科课程建设系列教材

ISBN 978-7-111-73770-4

Ⅰ．①能… Ⅱ．①赵… Ⅲ．①人工智能－应用－能源管理系统－高等学校－教材 Ⅳ．① TK018

中国国家版本馆 CIP 数据核字（2023）第 162928 号

机械工业出版社（北京市百万庄大街 22 号 邮政编码 100037）

策划编辑：尹法欣　　责任编辑：尹法欣　李　乐

责任校对：肖　琳　梁　静　　封面设计：张　静

责任印制：单爱军

北京虎彩文化传播有限公司印刷

2024 年 11 月第 1 版第 3 次印刷

184mm × 260mm・14 印张・336 千字

标准书号：ISBN 978-7-111-73770-4

定价：69.00 元

电话服务　　网络服务

客服电话：010-88361066　机 工 官 网：www.cmpbook.com

010-88379833　机 工 官 博：weibo.com/cmp1952

010-68326294　金 书 网：www.golden-book.com

　机工教育服务网：www.cmpedu.com

前　言

能源系统是当今人类文明发展的基础，小到千家万户照明、供暖和制冷需求，大到区域供热乃至跨区域跨国家的能源生产、传输和分配，涉及人类社会的方方面面。随着人类工业文明进入信息化智能化阶段，日新月异的信息化技术和自动化工具在能源领域正在大规模普及。日积月累采集的大量乃至海量实时运行数据，为深入理解系统运行规律、识别系统存在的问题和对系统进行进一步优化奠定了基础。人工智能大数据方法为能源系统的规划设计、运行、维护和管理等方面的进步提供了新的工具和方法论，乃至有望进一步改变能源系统领域传统技术的进化范式。

在当前工科培养体系下，能源领域人才培养偏重工程技术，人工智能领域人才培养偏重数据算法。亟须在知识层面、方法论及思维层面上贯通两个领域，培养出具有交叉学科知识背景和解决问题能力的跨学科复合型专业人才。本书十分注重对学生学科交叉思维的培养，侧重于从能源领域需求的视角去理解人工智能算法。本书以生活中常见能源场景为入口，弱化对读者的能源理论知识的需求，并以经典人工智能算法为抓手，强化对交叉学科思维的培养。书中少量标“*”部分为选修内容。

本书由清华大学李先庭教授主审，浙江大学竺可桢学院智慧能源班俞自涛教授和能源工程学院张学军教授为本书统筹规划和编撰提供了宝贵建议和支持。具体编写分工如下：赵阳编写第 3 章、第 5 章，以及第 1 章部分内容，范成编写第 2 章、第 4 章，以及第 1 章部分内容，颜承初、刚文杰主要负责书中的应用案例。本书各章节编写还得到了部分能源领域专家学者的大力支持：刘猛和杨斌为第 2 章内容提供了宝贵建议，章超波和丁研参与了第 3 章的完善，严珂、唐瑞和王慧龙参与了第 4 章的修改完善，鲁洁参与了第 5 章的完善，赵英汝为第 5 章提供了部分应用案例。本书的顺利完成也受益于浙江大学章文恺、马鹏岳、邓孟秋、张译文、王子豪、孙嘉伟、王嘉茜、贺佳宁，以及深圳大学李雪清、刘奕辰、刘旭媛、陈美玲、何炜麟、雷宇田、马媛媛、吴泽彬、吴秋婷、张璐等同学的支持与帮助。在此一并表示感谢！最后，特别感谢国家自然科学基金（52161135202）和浙江大学平衡建筑研究中心为本书出版提供了支持！

本书涉及两个领域交叉，由于编者自身学识水平有限，书中难免出现疏漏和不足之处，恳请读者不吝赐教，以促进本书的完善。

目　录

第 1 章

绪　论

1.1　能源系统工程与人工智能

能源系统工程是系统工程的重要分支，其本质上是对能源系统进行规划、研究、设计、制造、试验和运用等的一门组织与管理优化技术。其核心思想是通过物理、数学和计算机技术等建立能源模型体系，完成仿真模拟、能源预测、系统规划、可行性评估等任务，进而实现能源系统科学化、合理化、高效化和最优化利用的终极目的。大幅度提升现有技术的自动化和智能化水平，实现从粗放化到精细化的转变，是未来几十年发展的趋势。

在人工智能大数据时代，传统工科领域将逐步实现从信息化到自动化、智能化的巨大变革。目前，通过多种途径采集的数据信息已成为一种核心战略资源，由此衍生出的大数据分析与人工智能技术正在深刻影响着政府治理、民生服务、工业转型等方面，改变着人们的生活习惯、工作方法和思维逻辑。在能源领域，随着信息技术及传感技术日益普及，能够采集到的运行数据越来越丰富，为大数据分析和人工智能技术的应用提供了丰富的数据基础。如何融合人工智能大数据技术提升能源系统的设计、运维及管理效率，十分值得探索和研究。

人工智能大数据技术将为能源系统工程领域带来新的进化范式。这一范式的核心思想是通过挖掘和利用海量数据中的隐含信息，有效拓展和完善专家知识体系，这也正是图灵奖得主、关系型数据库的鼻祖吉姆•格雷（Jim Gray）于 2007 年提出的人类科学发展“第四范式”，即数据密集型科学发展范式。为了确保该范式在能源系统领域的应用效率，有必要全方位厘清两方面内容。一方面，从能源系统本身出发，需要明确能源系统在各阶段有哪些主要任务，这些任务常见的解决方法是什么，存在哪些应用弊端，进而构思数据驱动的高效解决思路。比如，想要了解一栋大型办公建筑的用电模式，最基本也是最常规的方法就是人工观测该栋建筑的逐时历史用电数据，主观解读其用电规律，刻画出类似“工作日用电多、节假日用电少”的模式特征。不难发现，这种方式一般只能获取相对模糊的、非定量描述的模式特征。那么，有没有更科学严谨的方法帮助我们获取相关知识呢？例如，在大数据分析领域有多种算法可以通过不同的知识表征形式（如聚类、关联法则等）描述不同系统层级、不同时间颗粒度的模式规律。以此为基础，运维人员可以结合专家知识设计出快速、准确、自动化的用能模式识别方法。

另一方面，从大数据和人工智能角度出发，需要了解相关算法的原理及适用场景，进而结合能源系统特点和数据属性构建定制化的高效解决方案。需要强调的是，简单、直接地将大数据分析算法移植到能源领域很难保障分析结果的有效性和可靠性。其原因在于，每一种分析算法都有其自身的假设条件，一旦数据内在属性与假设不符，那么得到的分析结果也将缺乏价值。比如，经典的 k-means 聚类算法假设待发掘的数据簇具备相似的大小和密度，并且在数据空间中呈现高维球形。若待分析的能源系统数据包含三类典型工况，并且各工况下采集的样本数量存在较大差异，那么该组数据就违背了有关数据簇大小相似的假设，此时采用 k-means 算法识别的聚类信息也容易出现偏差。在了解算法原理的基础上，会发现谱聚类（spectral clustering）方法对数据分布的假设更为“宽松”，因此也更适用于上述数据情况。

1.2 人工智能发展历程

人工智能旨在研发能够模拟和拓展人类智能的理论方法及技术应用。它在多个领域已经得到较为成熟的应用。比如，在语音数据处理中，通过人工智能分析方法实现语音识别、机器翻译等功能；在图像数据处理中，通过预测模型实现图像识别、目标检测、语义分割等功能；在智能控制领域中，通过集成专家规则、图像处理和自动化技术，实现自动巡航、智能导航等功能。本质上，人工智能的主要目的是通过挖掘有限信息资源的内在模式，实现未知场景下的规律推演和知识判断。

很多学者将人工智能的发展历史划分为以下六个阶段：

（1）起步阶段（1956 年到 20 世纪 60 年代初） 麦卡锡、明斯基等科学家在美国达特茅斯学院研讨“如何用机器模拟人的智能”时，首次提出“人工智能”这一概念，这标志着人工智能学科的诞生。在此阶段，学者们发展出一系列人工智能研究理论成果，如机器定理证明、跳棋程序等。

（2）反思阶段（20 世纪 60 年代初到 70 年代中） 人们大胆尝试人工智能方法的应用潜力，提出了很多当时并不具备技术基础的研发目标，这也导致大量研发工作失败，甚至闹出笑话。很多人开始提出质疑，这也引发了人工智能发展的第一个低谷期。

（3）应用阶段（20 世纪 70 年代中到 80 年代中） 有学者通过构建专家系统来模拟人类专家的决策过程，进而提升了特定领域的工作效率，如医疗、化学、地质研究等。这也实现了人工智能从理论研究到实际应用的转变过程，推动人工智能步入应用发展的新时期。

（4）低迷阶段（20世纪80年代中至90年代中） 人工智能的发展进入低迷期。其主要原因在于基于专家系统的人工智能方法存在应用领域窄、知识获取难、推理方法单一、知识表征形式有限、缺乏分布式功能等局限。

（5）稳定阶段（20世纪90年代中至2010年） 1997年，IBM公司深蓝超级计算机战胜了国际象棋世界冠军卡斯帕罗夫，这再次引发了人们对人工智能的探索兴趣。随着互联网技术的广泛应用，人工智能技术开始稳步发展，形成了一系列具有实用价值的应用成果。

（6）跃进阶段（2011年至今） 近年来，人工智能技术得到了跃进式的快速发展，这离不开大数据、云计算、物联网等信息技术的协同应用。在此期间，人工智能技术开始与多领域紧密结合，正在逐步填补多学科理论与应用间的知识和技术鸿沟。

总的来说，人工智能在多个领域已得到成功应用，具备了深入改变传统决策方式的潜力。需要强调的是，它在处理很多问题时仍存在明显局限，实现可完全模拟人脑和人类智慧的通用智能系统依然任重道远。当然，作为新一轮科技革命的关键技术之一，人工智能的社会影响与日俱增。很多传统领域，包括能源领域，都有着急切的技术转型需求，而人工智能技术无疑是其中的关键。

1.3 本书的内容结构

综上，发展适用于能源系统的人工智能方法无疑具有重大技术前景和社会意义。本书的目的就是为此交叉领域提供基础教学素材，通过融合能源系统案例和人工智能经典算法，为相关专业学生构建跨学科学习的有效途径。

为了深入理解相关概念，本书从人工智能分析方法的典型种类出发，后续章节内容设置如下：

（1）第2章 介绍数据预处理方法，重点讲述常见能源系统的数据形式及类型，以及如何解决原始数据的多种质量与格式问题，如异常值识别、缺失值处理、数据标准化和数据分割方法等。

（2）第3章 介绍无监督学习方法，重点讲述经典聚类分析和关联规则挖掘算法，同时结合能源系统运行数据展开案例分析，详述相关算法在系统运行模式识别中的应用。

（3）第4章 介绍有监督学习方法，重点介绍线性回归、支持向量机、决策树、人工神经网络等预测建模技术，并结合建筑冷热负荷预测、设备故障诊断等案例，讲述能源系统建模的关键环节及应用思路。

（4）第5章 介绍优化方法，重点阐述不同类型的优化算法原理，以及其在能源系统优化设计和优化运行中的使用思路，帮助同学们更好地理解数学工具在能源系统综合规划、调控及管理中的应用价值。

通过学习以上主要内容，相信同学们能够对这一跨学科新兴领域形成概念框架，了解人工智能数据分析方法的基本原理，同时也能够对能源系统设计、运维、管理和优化问题本身有更深入的理解。更重要的是，希望本书内容能够激发同学们对数据科学技术的学习兴趣，意识到数据即资产的产业理念，形成数据思维，具备构建数据驱动解决方法的理论思路和实践能力。可以预期，这一能力能够拓展至未来生活和工作中的多个角落，帮助大家更好地把握大数据时代的计算智能及技术革新趋势。

思考与练习

1. 思考能源系统中有哪些任务可以通过数据驱动的方式进行决策。
2. 思考数据驱动方法相较于传统人力方法的不同之处。
3. 请简述人工智能发展的六个主要时期的发展特征。
4. 思考人工智能、机器学习和深度学习的相通和区别之处。

第2章

数据预处理方法

2.1 能源系统中的数据

能源系统运行过程中产生的大量数据是机器学习算法应用于能源系统的基础，本节将以建筑能源系统为例，对数据预处理的基本方法进行介绍。

2.1.1 能源系统运行数据常见格式及特点

能源系统运行数据中的主要变量类型有连续数值型变量和类别型变量。

（1）连续数值型变量　连续数值型变量指取值范围为连续区间的变量，其可能取值是无限多个，如冷机功率、房间温度、相对湿度、水管流速和风管压力等。以房间相对湿度为例，其可以取 [0，1] 之间的任意实数。

（2）类别型变量　类别型变量指取值为离散值的变量，其可能取值是有限多个。比如，对于设备开关状态变量来说，通常只有 0 和 1 两种数值，对应“关”和“开”两种状态，其可能取值只有两个。再比如，对于常见的时间变量，如小时和日类型，分别只有 24 个（即 24 个小时）和 7 个（即周一～周日）可能取值，因此也为类别变量。

值得一提的是，并不是所有的运行数据中的连续数值型变量都具有严格意义上的连续含义。比如，对于定频运行的水泵来说，其水流量监测数值虽然为连续型变量，但是其分布可能为明显的双峰分布，即关闭时水流量监测数值为 0，开启时水流量则稳定在某一固定值，将这类数据通过离散方法转换为类别型变量可能更有助于提升数据分析的效率。因此，在分析运行变量时，应结合设备实际运行特征进行辨别和预处理，以降低后续分析的难度和计算的复杂程度。

2.1.2 能源系统运行数据的表现形式

如图 2-1 所示，能源系统运行数据通常存储在二维数据表中，其中每一行表示在特定时间点收集到的观测值，每一列表示一个监测变量。建筑自动化系统的采集间隔通常是固定的，可以小到以秒为单位，也可以大到以小时或天为单位。理论上讲，建筑运行数据是时间序列数据，它由多个时间序列组成。在实际分析过程中，使用者可以从多个角度进行分析。比如，可以从时间序列的角度出发，挖掘数据中隐含的时序或动态知识，也可以将每一行当成一组独立的数据样本，分析数据变量间的静态关系。

日期	小时	建筑类型	建筑时区	建筑面积/m^2	用电量/kW	室外温度/℃	相对湿度(%)	风向	风速/(m/s)
2016/1/1	8	办公室	欧洲/伦敦	4802	74.00	2.20	1.50	60.00	1.00
2016/1/1	9	办公室	欧洲/伦敦	4802	78.00	2.20	1.20	100.00	2.60
2016/1/1	10	办公室	欧洲/伦敦	4802	71.25	4.00	1.80	90.00	4.10
2016/1/1	11	办公室	欧洲/伦敦	4802	70.00	5.40	1.90	120.00	3.60
2016/1/1	12	办公室	欧洲/伦敦	4802	74.75	7.00	4.40	120.00	5.10
2016/1/1	13	办公室	欧洲/伦敦	4802	74.50	7.20	4.40	110.00	5.70
					⋮				
2016/4/25	12	办公室	欧洲/伦敦	4802	126.75	10.70	3.70	280.00	6.70
2016/4/25	13	办公室	欧洲/伦敦	4802	131.50	11.10	3.70	280.00	5.10
2016/4/25	14	办公室	欧洲/伦敦	4802	121.25	10.40	5.30	290.00	4.60
2016/4/25	15	办公室	欧洲/伦敦	4802	123.00	11.00	4.80	290.00	5.10
2016/4/25	16	办公室	欧洲/伦敦	4802	133.25	9.10	5.60	330.00	5.70
2016/4/25	17	办公室	欧洲/伦敦	4802	122.00	11.40	6.00	280.00	6.20
2016/4/25	18	办公室	欧洲/伦敦	4802	115.25	11.80	2.20	330.00	5.70

图 2-1 典型建筑运行数据格式

2.1.3 数据预处理的必要性

能源系统运行过程往往较为复杂，数据采集、储存设备在实际运行过程中往往会出现各种问题，导致获取的运行数据质量参差不齐。因此，需要引入数据预处理，提升数据质量并提高后续工作的可靠性。数据预处理方法主要考虑以下两个方面：

1）能源系统的传感器和储存设备可能出现故障，如传感器失效、偏差等，造成运行数据产生大量缺失值和异常值，因此需要设计特定的方法填补缺失值、识别和剔除异常值等。

2）能源系统运行存在明显的周期性，不同工况下的运行数值呈现的规律也不尽相同，比如工作日与节假日的建筑用能规律具有明显差异，不同季节的建筑用能规律也具有明显差异。因此，需要设计对应算法，将原始数据进行分割处理，以提高数据分析的质量和敏感性。

除上述两个主要方面外，针对不同情况的数据及应用需求，还可以进一步增加其他数据预处理方法，如图 2-2 所示。适用于能源系统领域的典型数据预处理方法主要包括：数据清洗、数据降维、数据规范化、数据转换和数据分割。

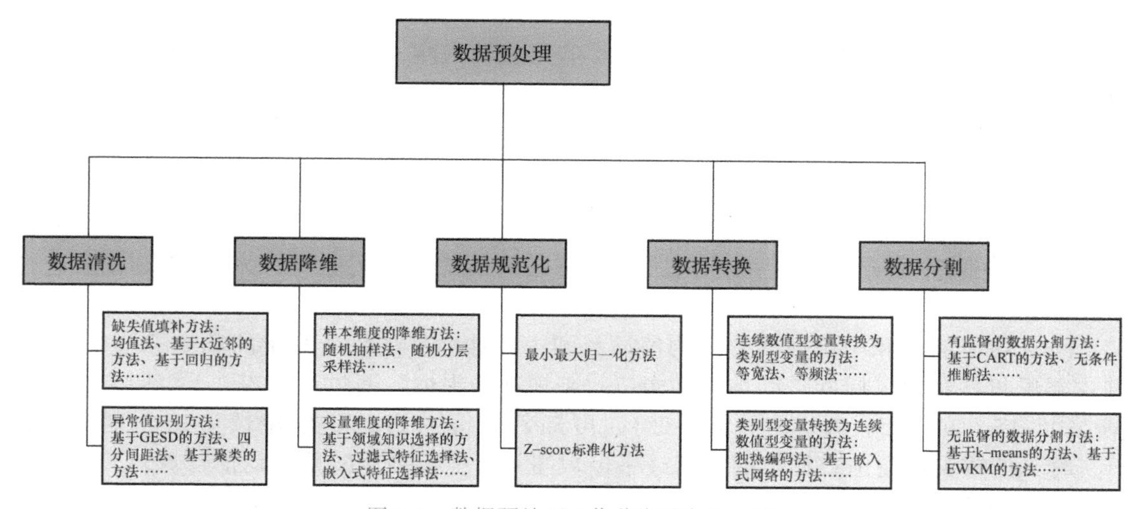

图 2-2　数据预处理工作分类及方法一览

2.2　能源系统运行数据清洗方法

数据清洗致力于改善原始数据质量，主要包括缺失值处理和异常值识别。

（1）缺失值　缺失值是指由于人工采集错误、采集仪表故障、数据储存故障等原因造成的数据缺失现象，在现实中十分常见。具体表现形式为数据样本存在未完整记录的数值。绝大多数监督类算法无法处理包含缺失值的数据，因此需要采用特定方法对缺失值进行处理，如直接丢弃或补全等。

（2）异常值　异常值是指明显不符合常理或系统运行规律的数值，具体表现形式包括取值超出正常范围、连续呈现固定状态等。绝大多数监督类算法对异常值较为敏感，模型质量也会因为异常值的出现而明显下降，因此需要采用特定方法识别、剔除或替换掉异常值。

2.2.1　常见的缺失值处理方法

在应对缺失值问题时，使用者需要首先判断缺失值发生的比例是否严重影响数据分析的质量。如果影响不大，则完全可以直接将包含缺失值的样本丢弃，只选用剩余的完整样本进行分析。如果缺失值样本的比例过大，或者样本采集的成本过高，则需要设计缺失值填补方法，尽可能地完善既有数据资源。在实践中，通常需要结合统计知识和专家经验来判断是否需要进行缺失值填补。举例来说，假如目标任务是建立一个包含 10 个自变量的多元线性回归模型，那么从统计学角度来说，构建该模型至少需要 3（k+1），即 3×（10+1）=33 个数据样本才能保证模型参数的可靠性。假设目前只有 50 个历史数据样本可供使用，而且其中 20 个数据样本包含缺失值，此时就不应该简单地将含有缺失值的样本全部丢弃，而是应该尽可能地通过缺失值填补的方法完善原始数据。在实践中通常有两类做法，即单变量缺失值补全方法和多变量缺失值补全方法。

1. 单变量缺失值补全方法

单变量缺失值补全方法是指仅利用目标变量的数据特征来推断缺失值，主要包括均值插补、中位数插补、正向或反向时序插补、移动平均法等方法。表 2-1 描述了典型单变量缺失值补全方法的应用范例。以下将结合表 2-1 中的数据，对各典型方法进行介绍。

（1）均值插补和中位数插补　均值插补和中位数插补法是最直接的单变量填补方法，其主要思想是利用目标变量的均值和中位数来填补缺失值。通过计算表 2-1 中所有有值数据 {10，15，20，25，30，35，30，25}，可知其均值约为 24，中位数为 25，则 T=6 和 T=7 时刻的缺失值便由数据集的均值或中位数填补。值得强调的是，均值计算对异常值的敏感性比中位数要大。因此，当原始数据未经过严格的异常值识别和剔除时，采用中位数进行填补是相对稳健的方法。

（2）正向 / 反向时序插补　考虑到能源系统运行数据是时序数据，某一时刻的变量取值可能和邻近时刻的取值较为接近，可以采用正向或反向时序插补方法来处理缺失值，充分利用时序信息保障缺失值填补效果。正向时序插补方法采用的是最邻近缺失值的上一时刻的数值，而反向时序插补方法则选取最邻近缺失值的下一时刻的数值。以表 2-1 为例，采用正向时序插补方法补全 T=6 和 T=7 时刻的数值时，应选取 T=5 时刻的真实值，即 30。采用反向时序插补方法补全 T=6 和 T=7 时刻的数值时，应选取 T=8 时刻的真实值，即 35。

（3）移动平均法　移动平均法填补时序数据缺失值的核心思想为：某一时刻变量的取值与其邻近一段时间的取值较为接近。以一次移动平均法为例，假设定义了固定时间窗口 w 后，可通过计算最邻近缺失值的 w 个连续数值的均值来进行填补。同样以表 2-1 中数据为基础，设定时间窗口 w=3，则 T=6 时刻的缺失值可以通过计算 T=3、4、5 时刻的数据均值来填补，即（20+25+30）/3=25。当处理 T=7 时刻的缺失值时，需计算 T=4、5 时刻的真实值和 T=6 时刻的填补值的均值，即（25+30+25）/3 ≈ 27。

通过上述案例可以发现，当缺失值不连续时，可以相对准确地根据真实值计算出填补值。而当缺失值连续发生且发生时间窗口较大时，单变量缺失值补全方法具有明显的局限性：

1）采用均值、中位数、正向 / 反向时序插补法只能产生固定的填补值，如果用来填补连续时刻的数值显然不能反映系统运行的动态规律。

2）采用移动平均法处理大量连续缺失值时，需要根据计算出的填补值进行二次计算，才能获得下一时刻的填补值，如采用移动平均法计算 T=7 时刻的缺失值时，需要利用到 T=6 时刻的填补值。

综上可知，单变量缺失值补全方法计算简便，但是通常只能从数据格式层面（即数据是否完整、不存在缺失值）满足分析算法的基本需求，在处理复杂缺失值情况时，特别是较长的连续缺失值时，往往无法反映系统的动态运行规律，还原性较差。

表 2-1　单变量缺失值补全方法应用范例

时间	目标变量原始数据	均值 / 中位数插补	正向 / 反向时序插补	移动平均法（时间窗 =3）
1	10	10	10	10
2	15	15	15	15
3	20	20	20	20
4	25	25	25	25
5	30	30	30	30
6	**NA**	**24/25**	**30/35**	**25**
7	**NA**	**24/25**	**30/35**	**27**
8	35	35	35	35
9	30	30	30	30
10	25	25	25	25

2. 多变量缺失值补全方法

多变量缺失值补全方法是从多变量的角度出发，通过寻找其他参考变量与目标变量的关系来估算缺失值。例如，在建筑能源系统中，环境温度、日期类型等变量一般质量较好，可以认为是真值。因此可以将这些变量列为参考变量，帮助进行目标变量（如设备功率）的缺失值填补。多变量缺失值补全的常见方法包括 K 近邻算法和大部分基于回归思想的分析算法，如线性回归、支持向量回归和决策树等。

表 2-2 列举了只考虑一个参考变量来补全目标变量缺失值的范例。以下将基于表 2-2 的数据，对各种典型方法进行介绍。

（1）基于 K 近邻的缺失值填补　基于 K 近邻的缺失值填补方法首先通过参考变量的取值确定不同样本的邻近关系，然后根据 K 个最邻近的完整样本数值计算缺失值。以欧氏距离为例，可以根据参考变量计算最邻近 T=6 和 T=7 时刻样本的 K 个邻近样本。以 K=3 为例，T=6 时，参考变量取值为 21，则最邻近的三个参考变量取值为 18、15 和 14，分别对应 T=8、5、9 时刻的样本。因此，T=6 时刻的目标变量取值可以计算对应三个时刻目标变量的均值，即 $(35+30+30)/3 \approx 32$。类似地，还可以根据 T=2、3、4 时刻目标变量的均值来填补 T=7 时刻的缺失值，即 $(15+20+25)/3=20$。

（2）基于回归思想的缺失值填补　基于回归思想的缺失值填补方法旨在通过建立回

归模型描述参考变量与目标变量的关系，进而预测缺失值。同样以表 2-2 为例，以不包含缺失值的 8 个样本（即除去 T=6 和 T=7 时刻的样本）为基础，可以通过最小二乘法建立有关目标变量和参考变量的一元线性回归模型。如果模型不考虑截距项，则回归模型的形式为目标变量 =1.99× 参考变量，即约为二倍关系。由此，可以计算 T=6 时刻的目标变量填补值为 2×21=42，T=7 时刻的目标变量填补值为 2×9=18。当然，为了进一步提高填补的准确度，可以综合考虑多个参考变量与目标变量的关系，通过模型得到更精确的预测缺失值。需要说明的是，通过多变量建立缺失值补全方法本身就是一种预测建模方法，因此也会基于监督学习算法复杂度的不同，导致不同的建模数据需求和计算效率。例如，若数据集中有 100 个变量均存在数据缺失的情况，则可能要针对每一个变量建立特定的预测模型，而是否需要在预处理阶段使用这类复杂方法需要用户结合具体情况进行合理决策。

表 2-2 多变量缺失值补全方法应用范例

时间	目标变量原始数据	参考变量	*K* 近邻填补法	线性回归填补法
1	10	4	10	10
2	15	8	15	15
3	20	11	20	20
4	25	12	25	25
5	30	15	30	30
6	**NA**	**21**	**32**	**42**
7	**NA**	**9**	**20**	**18**
8	35	18	35	35
9	30	14	30	30
10	25	13	25	25

2.2.2 常见的异常值识别方法

异常值是指少部分与其余数据规律呈现明显不同的数值，其出现频率较低，在实践中通常假设占总数据量的 5%～10%。能源系统运行数据经常包含异常值，其可能的成因有多种，比如传感器失效会造成明显异于正常读数的数值，设备发生故障会导致监测变量出现异于正常工况的数值，极端的运行工况也会导致运行数据出现低频率的异常数值。在预测建模过程中，异常值通常会严重影响监督类算法的表现。以简单的一元线性回归算法为例，具体如图 2-3 所示，当自变量出现明显异常（最高的圆点）值时，由于算法通常采用最小二乘法最小化预测误差，整体模型参数会因为异常值的出现而发生明显偏差，用来表示一元线性回归模型的斜率项就会出现明显偏差。不同机器学习算法受异常值的影响可大可小，为了保障预测建模的可靠性，准确地识别并剔除这些异常值具有重要意义。与缺失值补全方法类似，异常值也可以通过单变量或多变量的方法进行识别和补全。

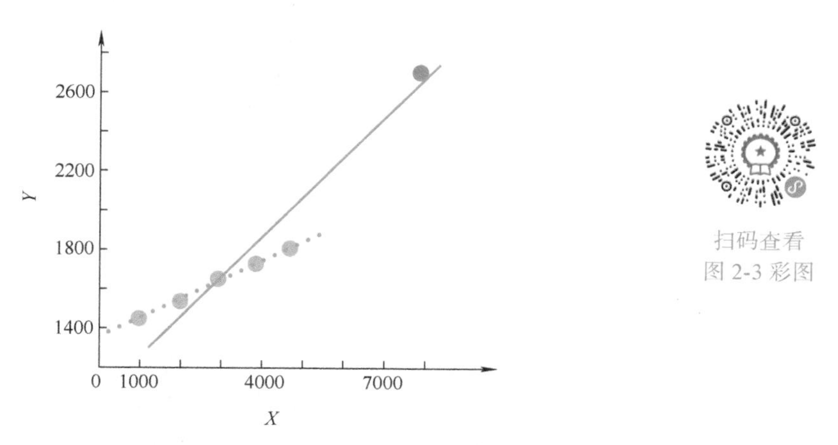

图 2-3　异常值对线性回归模型的影响示意图

1. 单变量异常值识别方法

单变量异常值识别方法是最为直接简单的方式，其主要思路是通过观测目标变量自身的分布情况，利用统计方法确定小概率异常样本。最常见的单变量异常值识别方法包括四分间距（interquartile range，IQR）方法和 3σ 方法，两种方法都假设数据本身呈现正态分布规律。以四分间距方法为例，首先计算目标变量的 25%（即 Q1）和 75%（即 Q3）分位数，然后计算 Q3 和 Q1 的差值（即 IQR），最后根据公式 Q1−1.5 × IQR 和 Q3+1.5 × IQR 确定异常值识别的下限和上限，任何比下限更小或比上限更大的样本都将被认定为异常值。3σ 方法同样假设变量本身满足正态分布规律，首先计算变量的均值 μ 和标准方差 σ，其次根据 $\mu-3\sigma$ 和 $\mu+3\sigma$ 确定异常值的下限和上限，进而识别异常样本。

以表 2-1 中的目标变量原始数据为例，即假设需要分析的数据包含 8 个样本。当运用四分间距（IQR）方法时，首先需要把样本从小到大进行排序，即{10，15，20，25，25，30，30，35}。其次，根据排序后的数组，可以很容易地识别 25% 和 75% 的分位数，在本例中可采用第 3 个和第 6 个样本的数值，即 20 和 30。将这两个数值相减，即可以得到 IQR=30−20=10，进而得到异常值识别的下限为 20−1.5 × 10=5，上限为 30+1.5 × 10=45。换句话说，通过 IQR 方法进行异常值识别，小于 5 或大于 45 的样本将被认定为异常样本，而现有的 8 个样本都处于 5～45 的范围内，均为正常样本。如果采用 3σ 方法分析同样的一组数据，需要首先计算 8 个样本的均值和标准方差，分别为 μ=25 和 σ=9。接下来可以根据 $\mu\pm3\sigma$ 公式确定上下限分别为 52 和 −2，因此现有的 8 个样本也全部被认定为正常样本。通过以上范例，可以发现 3σ 方法所确定的上下限范围要比 IQR 方法更大，因此，3σ 方法也被认为是更为保守的一种异常值识别方法。实际上，如图 2-4 所示，在服从正态分布的数据中，只有 0.3% 的数据会落在 3σ 方法确定的上下限之外，即 99.7% 的数据都会在上下限之内，约 68.2% 的数据会落在 1σ 范围之内，95.4% 的数据会落在 2σ 范围之内。因此，在实践中可以使用 2σ 方法作为一种更加严格的异常值识别方法。

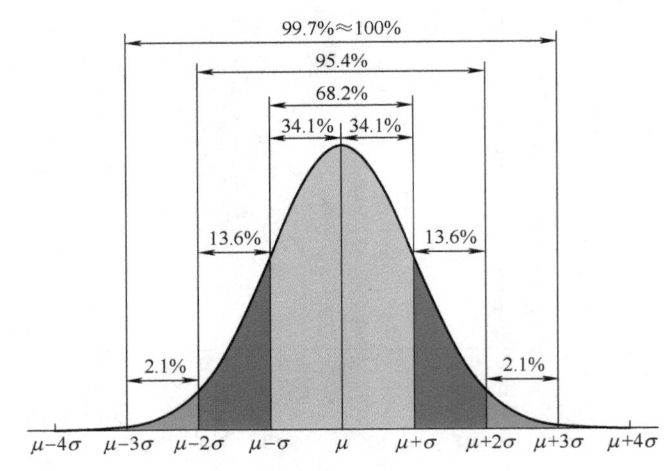

图 2-4 基于正态分布假设的 3σ 方法示意图

2. 多变量异常值识别方法

通过单变量异常值识别方法识别异常值具有局限性，它只能从变量本身出发，通过假设其分布规律发现潜在的异常值。然而，很多复杂的异常情况并不能从单一维度进行有效识别，需要结合多个维度进行综合分析，才能找到隐含的异常样本。举例来说，某一个异常样本可能在每一个变量维度上的取值都在正常范围之内，但是综合到一起便会呈现出明显的异常。如图 2-5 所示，异常样本（孤立的圆点）在 X 轴和 Y 轴的取值都在正常范围之内，但是在二维空间中该样本点明显不属于正常的数据团簇。

在实践中，可以从距离和密度两个角度入手，构建多维度的异常值识别方法，其中最常见的便是基于聚类分析的异常值识别方法。举例来说，如图 2-6a 所示，以距离为异常指标，我们可以通过 k-means 算法识别数据中的隐含团簇，并计算每一个样本距离团簇中心的距离，根据每一个样本距离最近团簇中心的距离判断其异常属性。类似地，如图 2-6b 所示，可以以数据分布密度为异常指标，通过基于密度的聚类分析算法（如 DBSCAN 算法）识别分布密度明显有别于其他数据的异常样本。如图 2-6b 所示，异常点周围的数据分布密度明显低于正常样本，算法可以自主将异常值归类到一个聚类类别中。聚类是一类典型的无监督学习方法，这两种聚类算法的具体内容将在第 3 章中进行详细介绍。

值得一提的是，当异常值识别完成后，用户也可以采用不同策略进行处理。比如，当包含异常值的数据样本量只占总体样本的极少部分时，可以直接将包含异常值的样本剔除掉，避免其对监督学习算法产生不良影响。如果包含异常值的数据样本量较大，可以采用类似缺失值补全的方法对异常值进行替换，相关方法与上一小节介绍的内容相似。

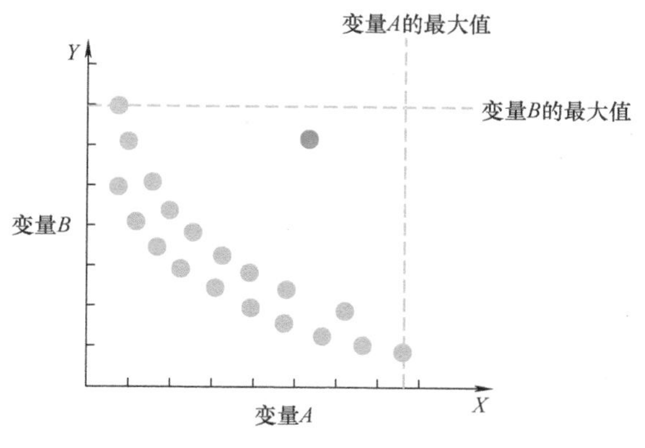

扫码查看
图 2-5 彩图

图 2-5 二维空间异常点示意图

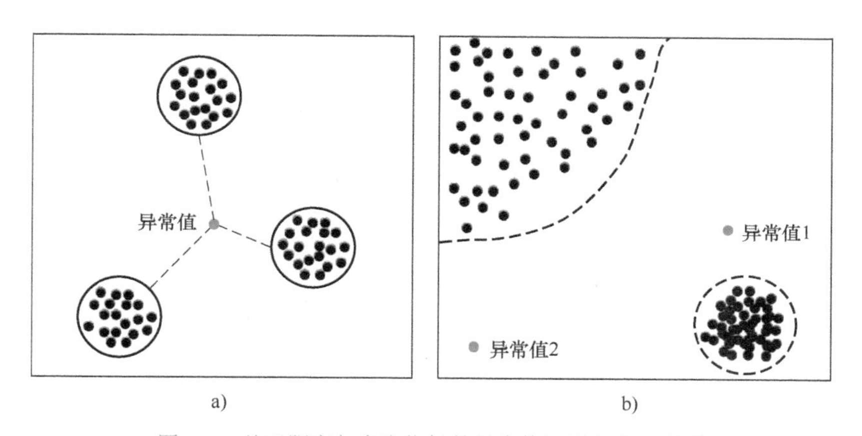

图 2-6 基于距离与密度指标的异常值识别方法示意图

2.3 能源系统运行数据降维方法

如果我们把能源系统运行数据想象成一张二维表格，那么这个表格在样本维度和变量维度都可能包含数以千计或万计的数据。一方面，一个复杂的系统可能安装了大量监测点，因此数据在变量维度会包含大量监测变量。以一台冷水机组为例，其监测变量可能超过 50 个，如制冷剂内部循环状态、冷冻水和冷却水温度和流量等。另一方面，能源系统的传感系统的数据采集间隔可能非常小，因此数据在样本维度也会包含大量样本。以 1s 的时间采集间隔为例，一个监测变量一天就会产生 86400 个数据样本，一年会产生超过 3150 万条数据。在使用机器学习算法进行实际应用时，用户需要考虑模型训练或模型运行所需的时间和计算成本。

能源系统运行数据通常在两个维度均存在冗余性。在变量维度，某一个监测变量可能与其他变量存在高度相关关系。变量维度冗余下，多重共线性现象可能会被引入负荷预测过程中。多重共线性指模型输入变量间存在精确相关关系或高度相关关系，而使模型估计失真或难以估计准确。即变量间的相关信息将对模型参数的确定过程产生干扰，使回归系数的不确定性加大，影响预测模型的鲁棒性，甚至使模型出现错误。例如，室外干球温度与湿球温度均影响建筑负荷，而两温度间存在较强关联。当进行模型构建时，由于关联性存在，无法通过固定湿球温度来确定负荷与干球温度的关系，进而导致变量的回归系数不稳定，甚至出现错误的预测结果。

在样本维度，由于能源系统运行存在明显的周期特性，某一时间采集的数据样本可能与类似工况或时间下采集的样本存在冗余。因此，为了提升算法效率，我们可以采用特定方法对原始数据进行降维，具体可以从样本维度和变量维度进行。

2.3.1 样本维度的降维

样本维度的降维主要依赖抽样技术，常见的方法包括随机抽样和随机分层采样。

（1）随机抽样　随机抽样指从数据集中随机选择一定比例的数据，作为样本降维后的数据集，随机抽样并不考虑数据自身的分布情况，因此抽样后得到的数据可能呈现与原始数据不同的分布。

（2）随机分层采样　随机分层采样指通过特定的规则，先对数据集进行划分，在划分后的每一个子数据集分别进行随机抽样，再将所有抽样数据汇总，作为样本降维后的数据集，由此获取的抽样数据会在数据分布上呈现与原始数据类似的特性。考虑原始数据来自两种工况，例如，A 工况代表工作日工况，B 工况代表节假日工况，其中 A 工况有 6 组样本，B 工况有 4 组样本。假设抽样比例为原始数据的 50%，通过随机抽样获得的分别来自 A 工况和 B 工况的样本比例不一定等于 3：2，而通过随机分层抽样的方式获取的样本一定会保留 3：2 的分布规律。

除随机抽样外，在某些特定的情况下，也可以进行基于规则的样本筛选，该方法主要应用在时间维度上。例如，某建筑系统的数据采集频率为 1 次 /min，则一天就会采集到 1440 条数据，但考虑到某时刻的数据与前后几分钟的数据间相似度较高，存在数据冗余。在进行数据降维时，可以只选择每个整点的数据作为样本，由此，一天所采集的数据便降至 24 条，有助于提升后续机器学习算法应用的效率。基于规则的样本筛选方法通常需要结合领域知识与实际情况，因地制宜地进行设置。

2.3.2 变量维度的降维

变量维度的降维通常从两种思路出发：①通过领域知识选择与建模目标变量高度相关的变量。比如，当建模的目标变量是冷水机组能耗时，我们可以通过领域知识选取与供冷量和运行工况高度相关的监测变量作为输入变量；当进行建筑负荷预测时，为包含更多负荷信息，可以根据天气、日期等变量选取历史相似日负荷作为输入变量；此外，可将历史用电量作为输入，以补充人员用能习惯、分布规律的信息。②通过统计学方法筛选出与建模目标变量高度相关的变量。具体来说，可以采用过滤式、包裹式和嵌入式的特征选择方法。其中，过滤式是指根据相关性指标对变量进行排序选择，如相关系数、方差选择法、滑动窗 EMD（SWEMD）、马氏距离、互信息值和卡方检验指标；包裹式是指在确定建模算法及其预测质量评价指标后，对不同组合的输入变量进行数据试验，进而获取最佳特征子集的方法，如特征递归消除法、正向特征选择、正向遗传搜索、逐步特征选择、遗传算法与信息论、模糊粗糙特征选择等；嵌入式是指将特征选择过程和模型训练过程融为一体，先使用某些机器学习算法和模型进行训练，得到各个特征权值系数，根据系数从大到小选择特征，通过优化模型训练的目标参数确定最优特征变量，其中比较主流的方法有 L1 正则化和 L2 正则化、提升树与决策树方法、随机森林算法、模糊归纳推理（FIR）等。

数据降维通常是实践中预测模型调优过程必不可少的一步。对于特定的预测建模问题，其适用的预测模型结构是未知的，因此通常需要在模型架构和训练机制层面进行探索。比如，当使用全连接神经网络时，用户需要大致确定模型隐层的个数、每个隐层节点的个数、激活函数的类型，以及模型训练过程中的超参数（如学习速率）等的设置。如果使用未经降维处理的原始数据，那么相关探索活动的时间和计算成本会大幅上升，导致分析效率极低。这时，我们可以采用数据降维方法，只选用部分有代表性的数据进行模型探索，当模型结构等信息大致确定后，再使用较为完整的数据构建最终的预测模型。

2.4　能源系统运行数据规范化方法

能源系统运行数据中储存的变量通常存在量纲或变化范围不同的特点。比如，对于记录室外温度的变量来说，其数值通常在 −30℃～50℃之间变化，而对于记录设备物理运行过程的变量来说，其数值可能在百、千、万等不同的范围内浮动。这种数据特性通常会对预测模型的建立和解读产生不良影响，实践中通常采用归一化或标准化方法将不同数据变量转换到类似的量纲上，以提高模型求解的效率和质量。举例来说，很多监督算法采用梯度下降方法找寻最优的模型参数，其核心思路是根据模型目标函数（如回归问题中目标值与预测值间的最小二乘法）与参数之间的偏微分关系确定下一步迭代中参数的取值。考虑模型只有 X_1 和 X_2 两个输入变量，其中 X_1 变量的范围是 [0，1000]，X_2 变量的范围是 [0，10]，那么由此构建的目标函数等高线图可能如图 2-7a 所示。因此在进行梯度下降时，优化过程很可能遵循“之”字形路线，需要多次迭代才能收敛。与此相对的，如果我们通过特定方法将 X_1 和 X_2 变量的取值都转化为 [0，1] 的范围，那么其目标函数等高线图可能如图 2-7b 所示，由此进行梯度下降可以通过更少次的迭代找到模型最优参数。再比如，很多分类算法会依靠样本间的距离进行决策，如 K 近邻算法。如果我们采用欧氏距离进行计算，可以想象 X_1 变量对总体距离的影响要明显高于 X_2 变量，因此模型结果会更依赖 X_1 变量，无法公平地识别不同变量对预测的重要性。

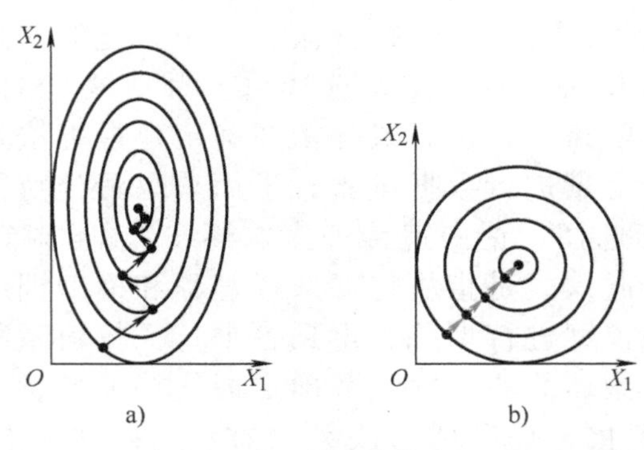

图 2-7　不同量纲变量对模型参数求解的影响示意图

建筑领域中主流的数据规范化处理方式有两种，一种是 Z-score 标准化方法，一种是最大最小归一化方法。

（1）Z-score 标准化方法　Z-score 标准化方法会将原始数据转换成均值为 0、标准差为 1 的新数据，具体公式是 $x^{new}=\dfrac{x-\mu}{\sigma}$，其中 μ 和 σ 分别为原始数据的均值和标准差。

（2）最大最小归一化方法　最大最小归一化方法会把数据转化为最小值为 0、最大值为 1 的新数据，具体公式为 $x^{new}=\dfrac{x-\min}{\max-\min}$，其中 min 和 max 代表原始数据中的最小值和最大值。

以表 2-3 为例，假设原始数据包含 6 个样本，通过计算可知其均值 μ =35，标准差 σ =28.81，由此通过 Z-score 标准化方法获取的归一化数据见表 2-3 第三行。原始数据中最大值和最小值分别为 80 和 0，由此通过最大最小归一化方法获取的数据见表 2-3 第四行。

表 2-3　数据标准化计算范例

样本 / 方案	1	2	3	4	5	6
原始数据	10	0	50	40	80	30
Z-score 标准化方法	−0.868	−1.215	0.521	0.174	1.562	−0.174
最大最小归一化方法	0.125	0.000	0.625	0.500	1.000	0.375

需要说明的是，两种方法都可以保留原始数据的分布规律及大小关系，但是最大最小归一化方法对异常值较为敏感，因此在使用时需要确保数据本身不具备明显的异常值。比如，假设原始数据应当在 0～10 之间浮动，但是存在一个明显的 −1000 的异常值，此时使用最大最小归一化方法会将 −1000 转化为 0，其余 0～10 的正常数值会转换到接近于 1 的范围，由此得到的新数据会呈现出明显的两级态势，无法展现数据本身的分布规律。类似地，Z-score 标准化方法需要计算原始数据的均值和标准差，因此同样会受到异常值的影响，但是受影响程度相对较小。

2.5　能源系统运行数据转换方法

能源系统运行数据主要包含连续数值型变量和类别型变量。从分析算法的兼容性和分析效率出发，有时需要对原始数据进行转换，主要包括两类转换：①将连续数值型变量转换为类别型变量；②将类别型变量转换为连续数值型变量。

2.5.1　连续数值型 - 类别型变量转换方法

将连续数值型变量转换为类别型变量的主要目的是满足算法兼容性要求和降低计算量。一方面，某些分析算法只能用于分析特定类型的数据。比如，用于关联规则挖掘的经典算法 Apriori 只适用于分析类别型变量，因此当原始数据变量为连续数值型时，需要进行数据转换，将其转换为类别型变量。另一方面，将连续数值型变量转换为类别型变量也可以大幅降低计算成本。比如，当某一个连续数值型变量呈现明显的分布规律时，如双峰分布，可以采用特定离散方法将其转换为只有两个可能取值的类别型变量，由此进行数据分析的难度也会大幅下降。

如图 2-8 所示，这类转换的常见方法包括等宽法（equal width method）和等频法（equal frequency method）

（1）等宽法　等宽法是将连续数值型变量的整体浮动范围分割成若干个等长度的区间，然后将每个区间的连续数值赋予相同的类别。比如，某连续数值型变量的取值范围为 [0，100]，如果设定类别总数为 5，那么等宽法会将整体取值范围分割成以 0、20、40、60、80、100 为分割点的 5 个区间，即 I_1=[0，20）、I_2=[20，40）、I_3=[40，60）、I_4=[60，80）、I_5=[80，100]。进而构建类别型变量 I_1 ～ I_5。该方法使用简便，主要需要考虑分割区间的个数。但是，由于原始数据一般不会遵循均匀分布，每个区间包含的样本个数可能差异较大，甚至会出现特定类别区间没有样本的情况。为了避免这种情况，可以使用等频法进行数据转化。

（2）等频法　等频法的核心思想是将原始变量分割成若干个包含同样样本数量的区间。通过等频法获取的类别型变量具有各个类别样本数相同的属性，但是其划分的数值区间可能差异较大，容易出现有些类别代表的数值区间范围极小、有些类别代表的数值区间范围极大的情况。

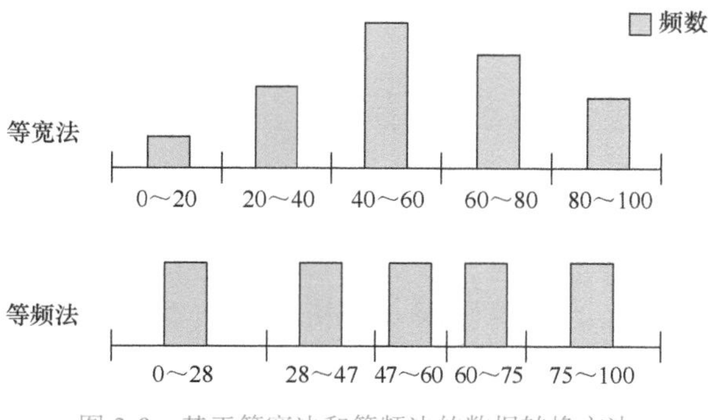

图 2-8　基于等宽法和等频法的数据转换方法

除以上方法外，基于聚类的方法也可以应用于数据转换，其核心思想为使用聚类算法对数据进行划分，将每一个簇作为一个类别，以实现数据转换效果，具体方法将在第3章进行介绍。

2.5.2 类别型 - 连续数值型变量转换方法

将类别型变量转换为连续数值型变量的主要目的是保障机器学习算法的有效性。类别型变量可以进一步分为两类：一类是具有明显大小关系的类别型变量，也称为有序类别变量（ordinal variable），其可能取值之间存在明显的大小关系；另一类变量的取值之间没有明显的大小关系，因此也称为无序类别变量（nominal variable）。接下来将以监督学习算法为例，介绍不同类别变量的转换方法。监督学习算法的目的是准确量化每个输入变量与输出变量的关系，因此如何合理地表征和解读类别型变量的隐含信息值得特别注意。

（1）有序类别变量的转换　当类别变量本身存在大小关系时，我们可以通过简单的数字编码将其转换为离散型数值型变量。比如，考虑一台定频运行的水泵设备，记录其运行频率的监测变量的可能取值为0Hz、25Hz和50Hz，分别对应关机、低速运行和高速运行三种状态。该变量实际上属于有序类别变量，因为三个运行频率之间存在大小关系。由此，我们可以将该变量的取值转换为0、1、2，这样在保留相对大小关系的同时，也简化了分析过程。

（2）无序类别变量的转换　对于无序类别变量，我们通常要采用独热（one-hot）编码的方法进行数据转换，其核心思想是将一个拥有 m 个可能取值的类别型变量转换为一个 $1\times(m-1)$ 的矩阵，其中矩阵的可能取值只能是0或1。例如，建筑运行数据中的时间变量一般属于无序类别变量，如日类型变量，其取值为周一到周日。该变量的可能取值有7个，因此可以通过独热编码方法将其转换为1行6列的数字矩阵。如某样本对应的日类型为周一，则对应的独热编码为（1，0，0，0，0，0）。之所以将其转换为 $m-1$ 列的数字矩阵，是为了避免统计学意义上的完全共线性。完全共线性的含义是通过部分变量的取值可以完全预测其他部分变量的取值，这类现象通常会导致矩阵计算的不稳定性，容易对预测模型质量产生负面影响。对于日类型变量转换的例子来说，如果我们将其转换为7列的数字变量，那么通过任意6列的取值就可以判断剩余1列的取值了，这样就发生了完全共线性，在实践中应当注意避免。

2.6 能源系统运行数据分割方法 *

能源系统运行过程本身存在明显的周期性，这种周期性可能来源于工况或者环境的周期变化。对应不同的运行过程，系统通常会采用特定的运行策略，由此产生的运行数据也会呈现特定的属性。在我们深入分析运行数据之前，有必要对运行数据进行分割，以保证后续研究的可靠性和敏感性。举例来说，公共建筑的运行过程通常与日类型高度相关，工作日与节假日的运行模式通常会呈现明显不同。同时，我们会发现工作日运行模式的发生频率会明显大于节假日运行模式的发生频率，因为工作日和节假日本身的发生频率占比约为 7：3。如果我们把运行数据当作一个整体进行分析建模，那么模型很有可能会被工作日的运行数据所主导，而忽略节假日的运行特性，其对于节假日的预测精度也会有所降低。因此，在进行具体建模分析之前，有时候需要根据建筑运行特性对数据进行分割，然后对分割后的数据进行单独分析建模。这种"先分割、再建模"的建模方法有助于在提升模型精度的同时，降低复杂模型的训练成本。

能源系统运行数据的分割方法通常可以按照算法属性分为无监督和有监督两类，这两类方法均会在后续章节中进行详细介绍，此处仅简单说明方法的核心思想。

（1）无监督分割方法　在无监督分割方法中，可以采用聚类分析挖掘数据内部的团簇关系，根据聚类从属关系进行数据分割。比如，以冷水机组的运行数据为例，为了建立精细化的能效预测模型，我们需要充分考虑工作环境和建筑内部冷热需求的影响。在工作环境方面，我们可以选用室外温度和相对湿度来描述。在内部冷热需求方面，我们可以采用室内温度的设定值和实测值作为描述变量。由此，通过聚类分析处理以上 4 个维度的数据，发现其中隐含的团簇关系，有望发现典型的运行模式，其中的聚类信息也可以指导用户对原始数据进行分割，并针对分割数据进行精细化的单独建模。

（2）有监督分割方法　监督类算法也可以对数据进行快速分割。同样以冷水机组为例，我们可以以冷水机组能耗为输出变量，以典型的时间变量，如月份、日类型和小时数为输入变量，构建易于用户解读的决策树模型。如图 2-9 所示，决策树模型可以通过输入变量的多次判别将原始数据分割成若干个子集，使得子集中的输出变量具有相似的统计属性。由此，我们可以通过解读决策树模型的输入变量分割条件将原始数据进行分割。当然，这类分割方法实际上只是通过单一的模型输出变量（如冷水机组能耗）指代工作模式，其本质是一种单变量方法，因此在实践中并不一定能够准确、全面地描述出建筑运行典型模式。但是，相较于前文所述的基于多变量的无监督聚类分割方法，有监督分割方法的目的明确，获取的分割条件也容易解读，方便用户结合专家经验进行改进完善。

除可以对数据集在时间维度进行分割，还可以对负荷数据曲线进行分解，提取数据特征。以热负荷预测为例，可将负荷看作一个由周期信号和随机信号组成的信号序列。采用小波分解方法，将曲线进行分割，并在预测后进行重构，具体流程如下：

1）首先将初始信号 S 分解为高频信号 d_1 和低频信号 a_1；

2）将 a_1 作为被分解信号，将其分解为高频信号 d_2 和低频信号 a_2；

3）重复步骤 1）和 2），直到生成新的、足够平滑的低频信号 a_m 和获得一系列噪声干扰信号（$d_1,d_2,\cdots,d_m$）为止，如图 2-10 所示；

4）对低频信号 a_m、噪声干扰信号 $d_1,d_2,\cdots,d_m$ 分别进行负荷预测；

5）对预测结果进行重构，即使用 a_m 与 d_m 生成 a_{m-1}，使用 a_{m-1} 与 d_{m-1} 生成 a_{m-2}，直至

生成 a_1 与 d_1；

6）使用 a_1 与 d_1，生成预测负荷曲线 S，完成负荷数据分割 - 预测 - 重构过程。

由图 2-10 观察数据分割结果，a_2 数值较大，代表负荷数据低频部分，反映了负荷的周期性；d_1 与 d_2 数值较小，波动剧烈，代表负荷数据高频部分，反映了负荷数据的随机波动，可能由偶然事件引起，在负荷数据中占比较小。

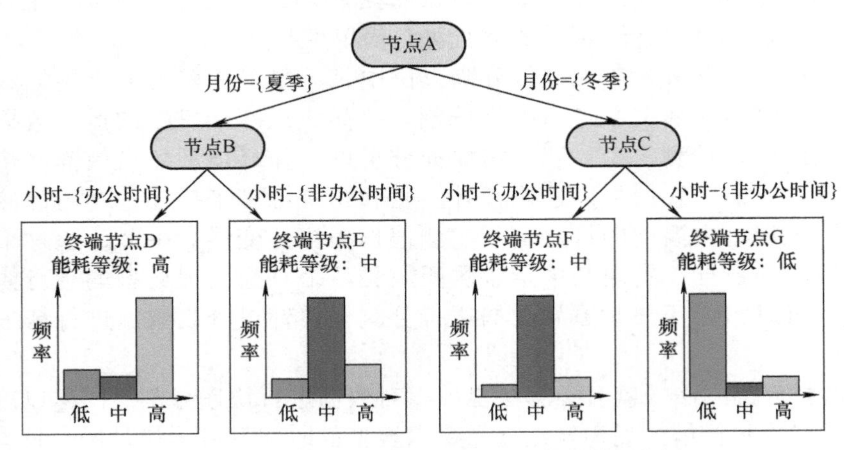

图 2-9 用于建筑能耗等级分类的决策树模型范例

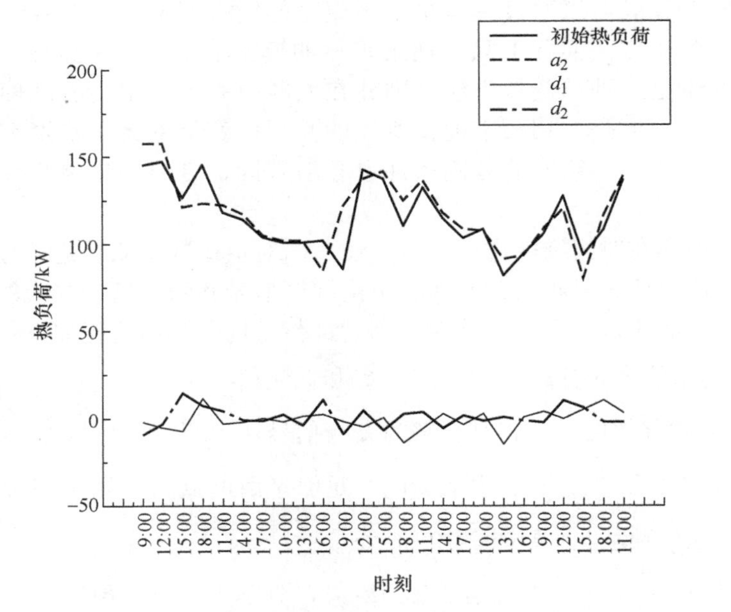

图 2-10 使用二级小波分解的负荷数据分割结果

思考与练习

1. 能源系统运行数据主要包含哪些类别的变量？试根据类别列举几个变量案例。

2. 常见的单变量缺失值补全方法有哪些？

3. 当某变量存在明显的异常值时，试思考 Z-score 标准化和最大最小归一化方法对变量取值的影响。

4. 某变量本身为连续数值型变量，试列举将其转换为类别型变量的常见方法。

5. 请简述独热编码（one-hot encoding）转换方法的工作原理。

第 3 章

无监督学习方法

3.1 总论

3.1.1 能源领域无监督学习方法概述

能源系统运行过程中会产生海量的数据。这些数据通常来自传感器、设备控制 / 反馈信号、运维日志等多个维度，蕴含了系统在历史运行过程中的控制策略、低效 / 故障运行、系统用能水平、人员用能行为等知识。这些知识有助于指导运维人员开展精准节能改造，从而提高系统运行效率。因此，如何从海量系统运行数据中逆向识别出上述知识，是人工智能在能源系统领域的重要应用场景之一。

能源系统运行数据具有变量种类多、数据体量大、价值密度低和数据标签稀缺等特点。无监督学习能够在没有任何标签的情况下发现高维变量之间的内在相关性。因此，它被广泛用于从海量高维无标签的能源系统运行数据中发现知识，从而辅助系统节能改造。

当前，能源领域常用的无监督学习算法主要有聚类和关联规则挖掘两种。

（1）聚类　聚类旨在根据数据对象内在的相似性将它们分隔开来，相似对象将被划分到同一类，相异对象将被划分到不同类。根据聚类方式不同，能源领域常用的聚类算法通常可以分为基于原型的聚类、基于层次的聚类和基于密度的聚类三种。常见的基于原型的聚类算法有 k-means 及其变体（kernel k-means、k-means++、k-medians 等），此类算法编程简单，时间和空间复杂度低，但是对初始值、离群值和噪声敏感。常见的基于层次的聚类算法有自底向上的凝聚聚类和自顶向下的分裂聚类，此类算法具有很好的可解释性，但是时间复杂度较高。常见的基于划分的聚类算法有 DBSCAN 及其变体，此类算法对噪声不敏感，但是对模型参数的选择很敏感。

（2）关联规则挖掘　这种算法旨在通过对变量间关系进行有序搜索，揭示不同双变量或多变量之间具有显著统计相关性的规律，并以关联规则（$X \rightarrow Y$）的形式呈现所获得的关联关系。目前能源领域最常用的关联规则算法为 Apriori 和 FP-growth。两者在变量搜索过程上有所差异，Apriori 基于逐层搜索思想，易于编程，但是计算效率不高；FP-growth 使用频繁模式树（FP-tree）对变量间关系进行有序搜索，计算效率高于前者，但是编程复杂度较高。

无监督学习得到的知识通常需要由专家进一步分析，才能最终得到有价值的知识。这一步骤通常称为知识后挖掘。不同变量之间往往存在不同的相关性，需要借助专家经验逐一分析。针对具有高维变量的能源系统运行数据，无监督学习挖掘得到的知识往往是海量的，难以直接交由专家进行分析。因此，知识后挖掘过程中需要借助一些自动化的方式对知识进行筛选，并设计合适的知识可视化方法，从而提高专家分析知识的效率。常见的知识筛选指标有支持度、置信度和提升度。

3.1.2　典型能源应用场景

无监督学习已被广泛应用于逆向识别能源系统中的控制策略、低效 / 故障运行、系统用能水平和人员用能行为。

1）能源系统控制策略是否高效直接决定了系统运行是否高效。因此，如何自动从系统运行数据中发现其典型控制策略，是评判该系统运行是否高效的重要标准。基于无监督学习，目前研究人员已经成功实现对照明系统、中央空调系统、区域供冷供热系统等能源系统的控制策略（设定点、设备协同控制策略、设备启停控制策略等）进行识别。

2）能源系统在实际运行过程中不可避免地存在设备 / 传感器故障和运维人员操作不当导致的低效运行等能源浪费现象。对此类现象的逆向识别也是目前无监督学习在能源系统中最重要的应用场景之一。目前，针对中央空调系统和区域供冷供热系统等多设备耦合、控制策略复杂的能源系统的各类故障（传感器漂移、阀门卡死、换热器脏堵、制冷剂充注过多 / 过少等）和低效运行（低效或无效设备启停、管网水力失调、阀门开度过小等），无监督学习算法均能实现可靠的诊断。

3）能源系统用能水平直观表征了该系统的能效高低。无监督学习，特别是聚类算法，在该任务上具有极好的表现。通过对单一或多个能源系统的冷 / 热 / 电 / 气负荷曲线进行聚类，可以对能源系统不同工况下的用能水平进行定量评估，从而为评价其能效水平提供有力的数据支撑。

4）人员用能行为对降低能源系统的能耗至关重要，高效的用能行为将显著降低能源系统的能耗。无监督学习可以通过对人员的直接动作（设备开关动作）或间接影响（室内温度等）进行分析，发现其潜在的行为规律及行为背后的内在驱动力，从而引导其养成更节能的用能习惯或针对其用能行为制定更高效的系统控制策略。

3.1.3 无监督学习的一般流程

如图 3-1 所示，无监督学习一般包括数据预处理、无监督数据挖掘和知识后挖掘三个步骤。

（1）数据预处理　数据预处理旨在对从能源系统中采集得到的原始数据进行数据清洗（异常值识别、数据降噪、无效值识别等）、缺失值填充和数据转换（例如将连续型变量转换为分类型变量）等操作。本书第 2 章中对于能源领域的常见数据预处理方法进行了详细介绍。

（2）无监督数据挖掘　无监督数据挖掘旨在使用聚类、关联规则挖掘等无监督学习算法对预处理后的数据进行知识抽取，从海量数据中提炼出具有高度统计相关性的知识碎片。3.2 节与 3.3 节将分别对目前最主流的两大无监督学习算法（聚类与关联规则挖掘）进行详细介绍。

（3）知识后挖掘　知识后挖掘将首先对原始的知识碎片进行自动化筛选，提取出潜在有价值的知识碎片。然后借助可视化技术对知识碎片进行展示。最后，专家凭借其丰富的工程经验和领域知识，对潜在有价值的知识碎片进行分析，给出知识碎片背后的物理解释。3.4 节将对目前主流的知识后挖掘方法进行介绍。

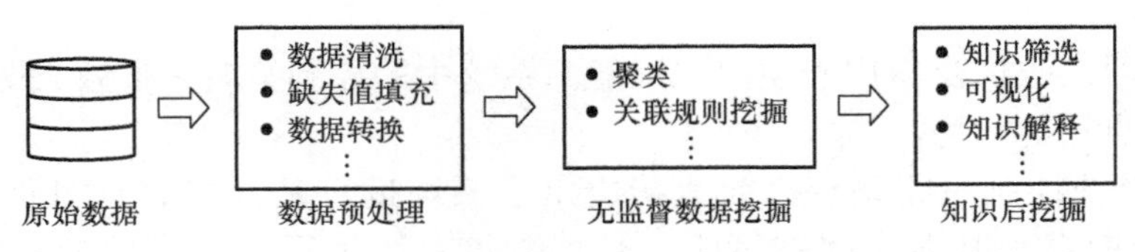

图 3-1　能源系统无监督学习流程

3.2 基于聚类的无监督学习

3.2.1 引言

聚类是目前能源领域最主流的无监督学习算法之一。它的基本思想是依据不同样本之间的相似程度，将相似样本划分到同一类，不相似样本划分到不同类。聚类得到的每一类都代表一种变量间特有的统计规律。本质上，聚类是对海量数据进行降维的过程，它可以将变量间的统计规律进行高度概括，消除数据中的冗余信息。受限于能源系统内在的控制策略以及周期性的内外环境变化，能源系统的运行通常呈现出显著的周期性规律，即某几类运行规律通常交替出现，这是聚类算法能够在能源领域取得显著成功的关键因素之一。

本节学习内容安排如下：首先，本节将介绍聚类算法的一些基本概念，包括聚类的数学描述、相似性度量指标和性能评价指标。然后，本节将从算法原理和示例分析两个层面出发，详细介绍能源领域最常见的三类聚类算法（基于原型的聚类、基于密度的聚类和基于层次的聚类）。

3.2.2 基本概念

1. 聚类的数学描述

假设 $D=\{\boldsymbol{x}_1,\boldsymbol{x}_2,\cdots,\boldsymbol{x}_m\}$ 为目标样本集，样本集 D 包含 m 个无标签样本。样本 $\boldsymbol{x}_i$（$i=1$，2，…，m）由一个 n 维特征向量 $(\boldsymbol{x}_{i1},\boldsymbol{x}_{i2},\cdots,\boldsymbol{x}_{in})$ 进行表征，向量的不同维度刻画了样本的不同特征。样本间的相似程度通常用其特征向量之间的几何距离或相关系数度量。聚类旨在基于样本间的相似程度将样本集 D 划分为 k 个子集 $\{C_1,C_2,\cdots,C_k\}$，任意两个子集无交集，且所有子集的并集等于样本集 D。相同子集样本间的相似程度较大，不同子集样本间的相似程度较小。每一个子集称为一个“类”或“簇”。用 $\lambda_j\in\{1,2,\cdots,k\}$ 表示样本 $\boldsymbol{x}_j$ 的“类标记”或“簇标记”，即 $\boldsymbol{x}_j\in C_{\lambda_j}$。则聚类结果最终可表示为包含 m 个元素的标记向量 $\lambda=(\lambda_1,\lambda_2,\cdots,\lambda_m)$。

2. 相似性度量指标

样本间的相似性度量是聚类算法的核心，用于定量估计样本间的相似程度。两个样本之间的相似度通常用几何距离或相关系数度量。

（1）几何距离　两个样本 $\boldsymbol{x}_i$ 和 $\boldsymbol{x}_j$ 之间的相似度可以用距离函数 $\mathrm{dist}(\boldsymbol{x}_i,\boldsymbol{x}_j)$ 表示。距离函数一般满足以下基本性质：

1）非负性：两个样本之间的距离必须大于等于 0，即 $\mathrm{dist}(\boldsymbol{x}_i,\boldsymbol{x}_j)\geqslant 0$。

2）同一性：两个相同样本之间的距离为 0，即 $\mathrm{dist}(\boldsymbol{x}_i,\boldsymbol{x}_j)=0$，当且仅当 $\boldsymbol{x}_i=\boldsymbol{x}_j$。

3）对称性：距离函数计算时两个样本互相交换位置不改变最终结果，即 $\mathrm{dist}(\boldsymbol{x}_i,\boldsymbol{x}_j)=\mathrm{dist}(\boldsymbol{x}_j,\boldsymbol{x}_i)$。

4）直递性：两点之间直线距离最短，即 $\mathrm{dist}(\boldsymbol{x}_i,\boldsymbol{x}_j)\leqslant\mathrm{dist}(\boldsymbol{x}_i,\boldsymbol{x}_k)+\mathrm{dist}(\boldsymbol{x}_k,\boldsymbol{x}_j)$。

目前，研究人员已经提出了许多种不同的距离函数用于衡量样本之间的相似度，其中最常用的有闵可夫斯基距离、马哈拉诺比斯距离和 VDM（value difference metric）距离。以上三种距离函数同时满足非负性、同一性、对称性和直递性。在特殊情况下，用于衡量相似程度的距离未必满足距离度量的所有基本性质。例如余弦距离，其不满足直递性，但依然是较为常用的一种相似性度量距离指标。

1）闵可夫斯基距离。闵可夫斯基距离（Minkowski distance）是当前使用最为广泛的距离度量，简称闵氏距离。两样本间的闵可夫斯基距离越大，则其越不相似；反之，则越相似。对于样本 $\boldsymbol{x}_i=(x_{i1},x_{i2},\cdots,x_{in})$ 与样本 $\boldsymbol{x}_j=(x_{j1},x_{j2},\cdots,x_{jn})$，它们的闵可夫斯基距离定义如下：

$$\mathrm{dist}_{\mathrm{mk}}(\boldsymbol{x}_i, \boldsymbol{x}_j) = \left(\sum_{u=1}^{n}\left|x_{iu} - x_{ju}\right|^p\right)^{\frac{1}{p}} \tag{3-1}$$

根据 p 值的不同，闵可夫斯基距离有不同的表现形式。

当 $p=1$ 时，闵可夫斯基距离又称曼哈顿距离（Manhattan distance），计算公式如下：

$$\mathrm{dist}_{\mathrm{man}}(\boldsymbol{x}_i, \boldsymbol{x}_j) = \|\boldsymbol{x}_i - \boldsymbol{x}_j\|_1 = \sum_{u=1}^{n}\left|x_{iu} - x_{ju}\right| \tag{3-2}$$

当 $p=2$ 时，闵可夫斯基距离又称欧氏距离（Euclidean distance），是目前聚类领域最为常用的距离函数，计算公式如下：

$$\mathrm{dist}_{\mathrm{ed}}(\boldsymbol{x}_i, \boldsymbol{x}_j) = \|\boldsymbol{x}_i - \boldsymbol{x}_j\|_2 = \sqrt{\sum_{u=1}^{n}\left|x_{iu} - x_{ju}\right|^2} \tag{3-3}$$

当 $p=\infty$ 时，闵可夫斯基距离又称切比雪夫距离（Chebyshev distance），计算公式如下：

$$\mathrm{dist}_{\mathrm{che}}(\boldsymbol{x}_i, \boldsymbol{x}_j) = \|\boldsymbol{x}_i - \boldsymbol{x}_j\|_\infty = \max_u\left|x_{iu} - x_{ju}\right| \tag{3-4}$$

图 3-2 以房间室内环境相似度计算为例，展示了二维空间中的曼哈顿距离、欧氏距离和切比雪夫距离的计算过程。图中使用房间温度和房间湿度表征房间室内环境。点画线表示曼哈顿距离，为温湿度差值绝对值之和。实线表示欧氏距离，为两点之间的直线距离。虚线表示切比雪夫距离，取温湿度差值绝对值的最大值。由图可知，尽管不同的闵可夫斯基距离度量计算结果有所差异，但均可用于衡量不同房间室内环境之间的相似度。

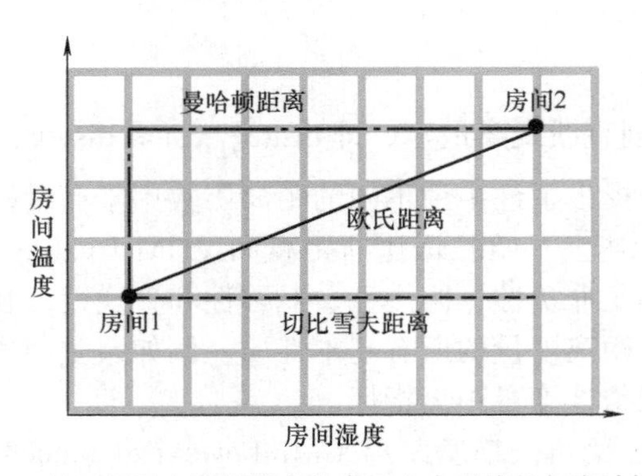

图 3-2 基于闵可夫斯基距离的房间室内环境相似度计算过程

例 3-1 表 3-1 展示了两个房间同一天的室内平均温度和平均相对湿度。房间 1 的室内环境用向量 $\boldsymbol{x}_1=(23.9,69.0)$ 表示，房间 2 的室内环境用向量 $\boldsymbol{x}_2=(27.3,61.0)$ 表示。分别用曼哈顿距离、欧氏距离和切比雪夫距离计算两个房间室内环境的相似度。

表 3-1　两个房间同一天的室内平均温度和平均相对湿度

房间	平均温度 /℃	平均相对湿度（%）
房间 1	23.9	69.0
房间 2	27.3	61.0

用式（3-2）计算 $\boldsymbol{x}_1$ 和 $\boldsymbol{x}_2$ 之间的曼哈顿距离：

$$\mathrm{dist}_{\mathrm{man}}(\boldsymbol{x}_1, \boldsymbol{x}_2) = |23.9-27.3| + |69.0-61.0| = 11.4 \tag{3-5}$$

用式（3-3）计算 $\boldsymbol{x}_1$ 和 $\boldsymbol{x}_2$ 之间的欧氏距离：

$$\mathrm{dist}_{\mathrm{ed}}(\boldsymbol{x}_1, \boldsymbol{x}_2) = \sqrt{|23.9-27.3|^2 + |69.0-61.0|^2} = 8.69 \tag{3-6}$$

用式（3-4）计算 $\boldsymbol{x}_1$ 和 $\boldsymbol{x}_2$ 之间的切比雪夫距离：

$$\mathrm{dist}_{\mathrm{che}}(\boldsymbol{x}_1, \boldsymbol{x}_2) = \max(|23.9-27.3|, |69.0-61.0|) = 8 \tag{3-7}$$

2）马哈拉诺比斯距离。马哈拉诺比斯距离（Mahalanobis distance）是另一种常见的距离度量，简称马氏距离。与闵可夫斯基距离不同，马氏距离是一种尺度无关的距离度量，因此，它能够可靠地衡量特征量纲存在显著差异的样本间的相似度。和闵可夫斯基距离一样，两样本间的马哈拉诺比斯距离越大，则其越不相似；反之，则越相似。

假设有 m 个样本，每个样本有 n 个特征，则所有样本可以用一个 m 行 n 列矩阵 $\boldsymbol{X}$ 表示，该矩阵的每一行代表一个样本，每一列代表一个特征，表达式如下：

$$\boldsymbol{X} = \left(x_{ij}\right)_{m\times n} = \begin{pmatrix} x_{11} & x_{12} & \cdots & x_{1n} \\ x_{21} & x_{22} & \cdots & x_{2n} \\ \vdots & \vdots & & \vdots \\ x_{m1} & x_{m2} & \cdots & x_{mn} \end{pmatrix} \tag{3-8}$$

矩阵 $\boldsymbol{X}^{\mathrm{T}}$ 的协方差矩阵记作 $\boldsymbol{S}$，表达式如下：

$$\boldsymbol{S} = \left(c_{ij}\right)_{n\times n} = \begin{pmatrix} c_{11} & c_{12} & \cdots & c_{1n} \\ c_{21} & c_{22} & \cdots & c_{2n} \\ \vdots & \vdots & & \vdots \\ c_{n1} & c_{n2} & \cdots & c_{nn} \end{pmatrix} \tag{3-9}$$

式（3-9）中的 c_{ij} 为 $\boldsymbol{X}$ 矩阵中的第 i 个样本 $\boldsymbol{x}_i$ 和第 j 个样本 $\boldsymbol{x}_j$ 的协方差，可用下式计算：

$$\mathrm{Cov}(\boldsymbol{x}_i, \boldsymbol{x}_j) = E\left\{\left[\boldsymbol{x}_i - E(\boldsymbol{x}_i)\right]\left[\boldsymbol{x}_j - E(\boldsymbol{x}_j)\right]\right\} \tag{3-10}$$

有了协方差矩阵 $\boldsymbol{S}$，对于 $\boldsymbol{X}$ 中的任意两个样本 $\boldsymbol{x}_i = (\boldsymbol{x}_{i1}, \boldsymbol{x}_{i2}, \cdots, \boldsymbol{x}_{in})$ 与 $\boldsymbol{x}_j = (\boldsymbol{x}_{j1}, \boldsymbol{x}_{j2}, \cdots, \boldsymbol{x}_{jn})$，

它们之间的马哈拉诺比斯距离定义如下：

$$\mathrm{dist}_{\mathrm{mah}}(\boldsymbol{x}_i,\boldsymbol{x}_j)=\left[(\boldsymbol{x}_i-\boldsymbol{x}_j)^{\mathrm{T}}\boldsymbol{S}^{-1}(\boldsymbol{x}_i-\boldsymbol{x}_j)\right]^{\frac{1}{2}} \tag{3-11}$$

当 $\boldsymbol{S}$ 为单位矩阵时，即样本数据的各个分量互相独立，且各个分量的方差为 1 时，马氏距离就简化为欧氏距离，所以马氏距离也是欧氏距离的一种推广。

图 3-3 展示了不同房间的温湿度分布情况，图中每一个点代表一个房间的温湿度。由于湿度的变化幅度通常大于温度，因此图中的点在横坐标方向的变化更为剧烈。若直接使用欧氏距离判断原始分布（图 3-3a）中黄蓝两点（浅色与深色方块）与绿点（圆形）之间的相似度，由于蓝点与绿点之间的平均欧氏距离更小，因此蓝点与绿点（圆形）更相近。但是从样本分布相似性出发，黄点与绿点之间更为相似。马哈拉诺比斯距离可以很好地解决这一问题。它可以看作是一种修正后的欧氏距离，对欧氏距离中量纲不一致的维度进行了修正。如图 3-3b 所示，它在计算欧氏距离前需要将原始数据按方差进行归一化。此时，黄点与绿点之间的平均欧氏距离显著小于蓝点。

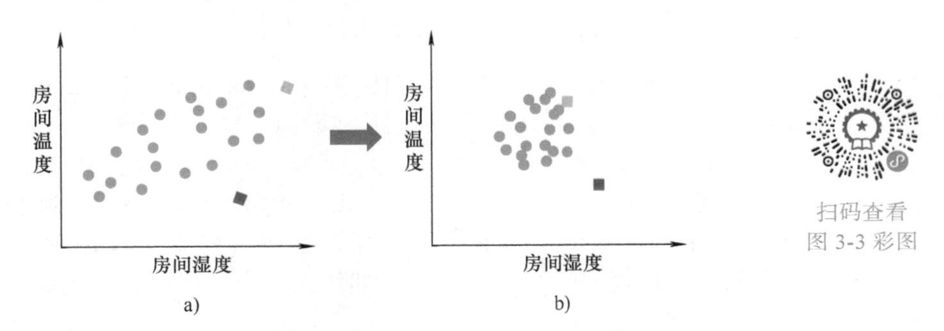

图 3-3 基于马哈拉诺比斯距离的房间室内环境相似度计算过程

例 3-2 表 3-2 展示了 7 个房间同一天的室内平均温度和平均相对湿度。使用马哈拉诺比斯距离计算房间 1 和房间 2 室内环境的相似度。房间 1 的室内环境用向量 $\boldsymbol{x}_1=(23.9,69.0)$ 表示，房间 2 的室内环境用向量 $\boldsymbol{x}_2=(27.3,61.0)$ 表示。

表 3-2 7 个房间同一天的室内平均温度和平均相对湿度

房间	平均温度/℃	平均相对湿度（%）
房间 1	23.9	69.0
房间 2	27.3	61.0
房间 3	25.1	70.1
房间 4	28.3	65.2
房间 5	26.2	67.0
房间 6	24.8	72.4
房间 7	27.7	66.5

首先，将表中数据写入一个 7×2 的矩阵：

$$\boldsymbol{X}=\begin{pmatrix}23.9 & 69.0\\27.3 & 61.0\\25.1 & 70.1\\28.3 & 65.2\\26.2 & 67.0\\24.8 & 72.4\\27.7 & 66.5\end{pmatrix} \tag{3-12}$$

然后，计算 $\boldsymbol{X}^{\mathrm{T}}$ 的协方差矩阵 $\boldsymbol{S}$ 以及它的逆 $\boldsymbol{S}^{-1}$：

$$\boldsymbol{S}=\begin{pmatrix}2.72 & -4.44\\-4.44 & 13.59\end{pmatrix} \tag{3-13}$$

$$\boldsymbol{S}^{-1}=\begin{pmatrix}0.79 & 0.26\\0.26 & 0.16\end{pmatrix} \tag{3-14}$$

最后，用式（3-11）计算 $\boldsymbol{x}_1$ 和 $\boldsymbol{x}_2$ 之间的马哈拉诺比斯距离：

$$\operatorname{dist}_{\mathrm{mah}}(\boldsymbol{x}_1,\boldsymbol{x}_2)=\left[\begin{pmatrix}-3.4 & 8\end{pmatrix}\times\begin{pmatrix}0.79 & 0.26\\0.26 & 0.16\end{pmatrix}\times\begin{pmatrix}-3.4\\8\end{pmatrix}\right]^{\frac{1}{2}}=2.3 \tag{3-15}$$

3）VDM 距离。样本的特征可以分为“连续特征”和“离散特征”，前者在有限的定义域上可以取无限个值，而后者在定义域上为有限的取值。对于离散特征，特征是否具有“序”的关系很重要。例如，对于定义域为 {1，2，3} 的离散特征，“1”与“2”的距离小于“1”与“3”的距离，这种可以直接计算距离的特征称为“有序特征”。而对于定义域为 { 中国，美国，日本 } 的特征无法直接计算其距离，称为“无序特征”。无论是闵可夫斯基距离还是马哈拉诺比斯距离，都只能用于有序特征的距离计算，无法用于无序特征。

因此，前人提出了 VDM 距离用于计算无序特征的距离。令 $m_{u,a}$ 表示在特征 u 上取值为 a 的样本数，$m_{u,a,i}$ 表示在第 i 个聚类簇中，在特征 u 上取值为 a 的样本数，k 为聚类簇的数量，则特征 u 上两个值 a 与 b 之间的 VDM 距离定义如下：

$$\operatorname{dist}_{\mathrm{VDM}_p}(a,b)=\sum_{i=1}^{k}\left|\frac{m_{u,a,i}}{m_{u,a}}-\frac{m_{u,b,i}}{m_{u,b}}\right|^{p} \tag{3-16}$$

4）余弦距离。余弦距离是一种通过计算两个样本向量的夹角余弦值评估两者相似度的距离度量。相比闵可夫斯基距离和马哈拉诺比斯距离，余弦距离更注重两个向量在方向上的差异，而非几何长度上的差异。

余弦距离的范围为 [0，2]，2 表示两个样本向量方向完全相反，0 表示两个样本向量方向完全相同。两个样本向量之间的余弦距离越接近 0，两者越相似。两个样本向量之间的余弦距离越接近 2，两者越不相似。对于样本 $\boldsymbol{x}_i=(x_{i1},x_{i2},\cdots,x_{in})$ 与 $\boldsymbol{x}_j=(x_{j1},x_{j2},\cdots,x_{jn})$，其余弦距离定义如下：

$$\mathrm{dist}_{\mathrm{S}}(\boldsymbol{x}_i,\boldsymbol{x}_j)=1-\frac{\sum_{u=1}^{n}x_{iu}x_{ju}}{\left(\sum_{u=1}^{n}x_{iu}^2\sum_{u=1}^{n}x_{ju}^2\right)^{\frac{1}{2}}} \tag{3-17}$$

式中，$\frac{\sum_{u=1}^{n}x_{iu}x_{ju}}{\left(\sum_{u=1}^{n}x_{iu}^2\sum_{u=1}^{n}x_{ju}^2\right)^{\frac{1}{2}}}$ 是两个样本向量之间的余弦值，通常称为余弦相似度，其范围为 [−1，1]。两个样本向量之间的夹角越小，其余弦相似度越接近 1。当两样本向量方向完全相反时，其余弦相似度取最小值 −1。

图 3-4 展示了 3 个房间的室内温湿度，分别以向量 $\boldsymbol{x}_1$、$\boldsymbol{x}_2$ 和 $\boldsymbol{x}_3$ 表示。向量 $\boldsymbol{x}_1$ 与 $\boldsymbol{x}_2$ 之间的夹角为 α，向量 $\boldsymbol{x}_1$ 与 $\boldsymbol{x}_3$ 之间的夹角为 β。由图 3-4 可知，角 α 小于角 β，前者的余弦值大于后者。因此，$\boldsymbol{x}_1$ 与 $\boldsymbol{x}_2$ 的余弦距离小于 $\boldsymbol{x}_1$ 与 $\boldsymbol{x}_3$ 的余弦距离，这说明从向量方向角度出发，$\boldsymbol{x}_1$ 与 $\boldsymbol{x}_2$ 更相似。

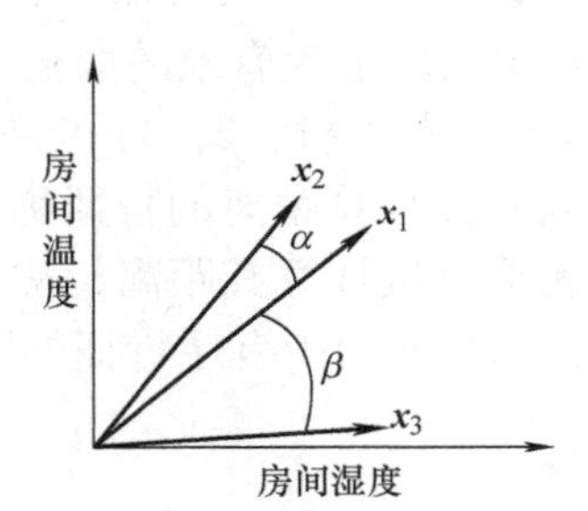

图 3-4　基于余弦距离的房间室内环境相似度计算过程

例 3-3　用余弦距离计算表 3-1 中的房间 1 和房间 2 的室内环境相似度。房间 1 的室内环境用向量 $\boldsymbol{x}_1=(23.9,69.0)$ 表示，房间 2 的室内环境用向量 $\boldsymbol{x}_2=(27.3,61.0)$ 表示。

用式（3-17）计算 $\boldsymbol{x}_1$ 和 $\boldsymbol{x}_2$ 之间的余弦距离：

$$\mathrm{dist}_{\mathrm{S}}(\boldsymbol{x}_1,\boldsymbol{x}_2)=1-\frac{23.9\times27.3+69.0\times61.0}{\sqrt{(23.9^2+69.0^2)(27.3^2+61.0^2)}}=0.004 \tag{3-18}$$

（2）相关系数　除了几何距离，样本之间的相似度也可以用相关系数进行度量。相关系数的取值介于 −1～1 之间。相关系数的正负号表示相关性的方向，正值表示正相关，负值表示负相关。相关系数绝对值表示相关性的强度，通常认为绝对值介于 0.8～1.0 之间时表示极强相关，0.6～0.8 之间时表示强相关，0.4～0.6 之间时表示中等程度相关，0.2～0.4 之间时表示弱相关，0～0.2 之间时表示极弱相关或无相关。在能源领域，最常用的相关系数有皮尔逊相关系数和斯皮尔曼相关系数。

1）皮尔逊相关系数。皮尔逊相关系数能够衡量两个样本之间的线性相关性，一般用字母 r 表示。样本 $\boldsymbol{x}_i=(x_{i1},x_{i2},\cdots,x_{in})$ 与 $\boldsymbol{x}_j=(x_{j1},x_{j2},\cdots,x_{jn})$ 之间的皮尔逊相关系数定义如下：

$$r_{ij}=\frac{\sum_{u=1}^{n}(x_{iu}-\overline{x_i})(x_{ju}-\overline{x_j})}{\sqrt{\sum_{u=1}^{n}(x_{iu}-\overline{x_i})^2\sum_{u=1}^{n}(x_{ju}-\overline{x_j})^2}} \tag{3-19}$$

式中，$\overline{x_i}$ 和 $\overline{x_j}$ 分别是样本 $\boldsymbol{x}_i$ 和 $\boldsymbol{x}_j$ 的特征平均值。

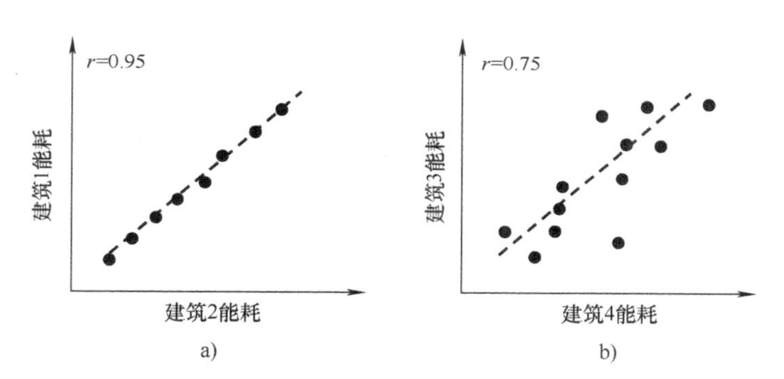

图 3-5　基于皮尔逊相关系数的建筑能耗相似度计算过程

图 3-5a 展示了建筑 1 能耗和建筑 2 能耗的散点图，图 3-5b 展示了建筑 3 能耗和建筑 4 能耗的散点图。由图可知，建筑 1 能耗和建筑 2 能耗之间存在很强的线性相关性，而建筑 3 能耗和建筑 4 能耗之间的线性相关性相对较弱。因此，前者的皮尔逊相关系数显著高于后者。

例 3-4　表 3-3 列出了两栋不同建筑 9:00—15:00 的能耗数据，建筑 1 的能耗序列用向量 $\boldsymbol{x}_1=(5.8,7.6,7.8,10.4,8.9,5.9,4.1)$ 表示，建筑 2 的能耗序列用向量 $\boldsymbol{x}_2=(9.2,11.2,13.9,14.8,15.6,11.5,9.2)$ 表示。

用式（3-19）计算 $\boldsymbol{x}_1$ 和 $\boldsymbol{x}_2$ 的皮尔逊相关系数：

$$\begin{aligned} r_{12}&=\frac{(5.8-7.21)(9.2-12.2)+(7.6-7.21)(11.2-12.2)+\cdots+(4.1-7.21)(9.2-12.2)}{\sqrt{(5.8-7.21)^2+(7.6-7.21)^2+\cdots+(4.1-7.21)^2}\sqrt{(9.2-12.2)^2+(11.2-12.2)^2+\cdots+(9.2-12.2)^2}}\\ &=0.88 \end{aligned} \tag{3-20}$$

表 3-3 两栋建筑 9:00—15:00 的能耗

时刻	建筑 1 能耗 /kW	建筑 2 能耗 /kW
9:00	5.8	9.2
10:00	7.6	11.2
11:00	7.8	13.9
12:00	10.4	14.8
13:00	8.9	15.6
14:00	5.9	11.5
15:00	4.1	9.2

2）斯皮尔曼相关系数。皮尔逊相关系数只能衡量样本之间的线性相关性，因此在使用过程中存在较大的局限性。斯皮尔曼相关系数能够衡量两个样本之间的单调相关性（包括线性相关性），具有更广的适用范围，一般用字母 ρ 表示。

两样本间的斯皮尔曼相关系数可通过以下三步得到。首先，对原始样本 $\boldsymbol{x}_i=(x_{i1},x_{i2},\cdots,x_{in})$ 与 $\boldsymbol{x}_j=(x_{j1},x_{j2},\cdots,x_{jn})$ 进行降序排列，获得原始样本内每一个元素的排序位次。然后，将原样本中的每个元素替换成其在降序排列中的排序位次，得到样本的位次向量 $\boldsymbol{x}_i'=(x_{i1}',x_{i2}',\cdots,x_{in}')$ 与 $\boldsymbol{x}_j'=(x_{j1}',x_{j2}',\cdots,x_{jn}')$。若原始样本中存在相同元素，则取位次平均值作为它们的位次。最后，将位次向量 $\boldsymbol{x}_i'$ 与 $\boldsymbol{x}_j'$ 中的对应元素相减得到排序位次差分向量 $\boldsymbol{d}=(d_1,d_2,\cdots,d_n)$，其中 $d_u=x_{iu}'-x_{ju}'$。两样本间的斯皮尔曼相关系数可通过两者的排序位次差分向量计算得到：

$$\rho_{ij}=1-\frac{6\sum_{u=1}^{n}d_u^2}{n(n^2-1)} \tag{3-21}$$

除了式（3-21），斯皮尔曼相关系数也可用下式计算：

$$\rho_{ij}=\frac{\sum_{u=1}^{n}(x_{iu}'-\overline{x_i'})(x_{ju}'-\overline{x_j'})}{\sqrt{\sum_{u=1}^{n}(x_{iu}'-\overline{x_i'})^2\sum_{u=1}^{n}(x_{ju}'-\overline{x_j'})^2}} \tag{3-22}$$

式中，$\overline{x_i'}$ 和 $\overline{x_j'}$ 分别是位次向量 $\boldsymbol{x}_i'$ 和 $\boldsymbol{x}_j'$ 的位次平均值。

如图 3-6 所示，当两样本存在非线性单调相关性时，斯皮尔曼相关系数为 1，但皮尔逊相关系数会显著降低。因此，斯皮尔曼相关系数通常具有更高的鲁棒性和适用范围。

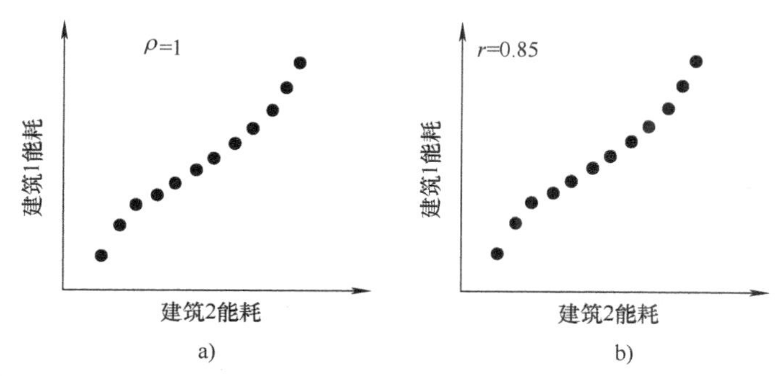

图 3-6 非线性单调关系下的斯皮尔曼相关系数和皮尔逊相关系数

例 3-5 用斯皮尔曼相关系数计算表 3-3 中两栋建筑用能模式的相似度。建筑 1 的能耗序列为 $\boldsymbol{x}_1=(5.8,7.6,7.8,10.4,8.9,5.9,4.1)$，建筑 2 的能耗序列为 $\boldsymbol{x}_2=(9.2,11.2,13.9,14.8,15.6,11.5,9.2)$。

首先，对每栋建筑的能耗序列进行降序排序，得到不同能耗的位次，能耗位次见表 3-4。$\boldsymbol{x}_1$ 和 $\boldsymbol{x}_2$ 的位次向量分别为 $\boldsymbol{x}_1'=(6,4,3,1,2,5,7)$ 和 $\boldsymbol{x}_2'=(6.5,5,3,2,1,4,6.5)$。需要注意的是，$\boldsymbol{x}_2$ 中出现了相同的能耗值，因此该能耗值的位次取它们的位次平均值 $(6+7)/2=6.5$。

表 3-4 数据降序位次转换过程

时刻	建筑 1 能耗 /kW	建筑 1 能耗降序位次	建筑 2 能耗 /kW	建筑 2 能耗降序位次
9:00	5.8	6	9.2	6.5
10:00	7.6	4	11.2	5
11:00	7.8	3	13.9	3
12:00	10.4	1	14.8	2
13:00	8.9	2	15.6	1
14:00	5.9	5	11.5	4
15:00	4.1	7	9.2	6.5

然后，用式（3-21）计算 $\boldsymbol{x}_1$ 和 $\boldsymbol{x}_2$ 的斯皮尔曼相关系数：

$$\rho_{12}=1-\frac{6\left[(6-6.5)^2+(4-5)^2+\cdots+(7-6.5)^2\right]}{7(7^2-1)}=0.92 \tag{3-23}$$

也可用式（3-22）计算 $\boldsymbol{x}_1$ 和 $\boldsymbol{x}_2$ 的斯皮尔曼相关系数：

$$\rho_{12}=\frac{(6-4)(6.5-4)+(4-4)(5-4)+\cdots+(7-4)(6.5-4)}{\sqrt{(6-4)^2+(4-4)^2+\cdots+(7-4)^2}\sqrt{(6.5-4)^2+(5-4)^2+\cdots+(6.5-4)^2}} \tag{3-24}$$
$$=0.92$$

可以看到，用式（3-21）和式（3-22）计算得到的 $\boldsymbol{x}_1$ 和 $\boldsymbol{x}_2$ 的斯皮尔曼相关系数均为 0.92，两者是等价的。

3. 聚类性能评价指标

聚类性能评价旨在通过性能评价指标对聚类结果进行评估，获得最佳的聚类结果。聚类性能评价能够用于对多种聚类算法的性能进行比较，确定最佳的聚类算法；也可以用于对某一聚类算法的超参数（例如聚类簇数量）进行优化，获得算法最佳的超参数。

好的聚类结果能够保证各个聚类簇之间有着良好的区分度，即同一簇内的样本相似度高，不同簇内的样本相似度低。因此，可以通过对聚类簇之间的相似度进行量化来评价聚类结果的优劣。此外，若真实结果（例如样本分类标签）已知，则可直接对聚类结果与真实结果进行比较来评价聚类结果的优劣。基于以上两种思想，聚类性能评价指标可划分为内部评价指标和外部评价指标两大类。内部评价指标通过对聚类簇之间的相似度进行量化来评价不同聚类结果的好坏。外部评价指标通过将聚类结果与真实结果进行比较，衡量聚类结果是否与真实结果接近。

（1）内部评价指标　由于聚类属于无监督学习范畴，大部分情况下样本真实的分类情况是未知的。此时，无法使用外部评价指标对聚类结果进行评价，只能使用内部评价指标对聚类结果进行评价。目前常用的内部评价指标有轮廓系数、戴维森堡丁指数和邓恩指数。

1）轮廓系数（silhouette coefficient）。定义 a_i 为样本 $\boldsymbol{x}_i$ 与同簇其他样本的平均距离，b_i 为样本 $\boldsymbol{x}_i$ 与其他簇样本的平均距离的最小值，则样本 $\boldsymbol{x}_i$ 的轮廓系数可用式（3-25）计算。聚类结果中所有样本的轮廓系数平均值为该聚类结果的最终轮廓系数。该值的取值范围介于 −1 ～ 1 之间，值越大，说明同簇样本间越相似，不同簇样本间越不相似，即聚类效果越好。

$$s_i = \frac{b_i - a_i}{\max(a_i, b_i)} \tag{3-25}$$

2）戴维森堡丁指数（Davies-Bouldin index）。定义聚类结果 $C = \{C_1, C_2, \cdots, C_k\}$，其中 C_i 代表一个聚类簇，$\boldsymbol{\mu}_i$ 为 C_i 的中心点（簇内样本的均值向量），$\text{ave}(C_i)$ 为簇内各样本到该簇中心点 $\boldsymbol{\mu}_i$ 的平均距离，$\text{dist}(\boldsymbol{\mu}_i, \boldsymbol{\mu}_j)$ 为 C_i 和 C_j 中心点的距离，则聚类结果 C 的戴维森堡丁指数可用式（3-26）计算。戴维森堡丁指数的取值范围介于 0 ～ + ∞ 之间，值越小，表示同簇样本间距离越小，不同簇样本间距离越大，即聚类效果越好。

$$\text{DBI} = \frac{1}{k}\sum_{i=1}^{k}\max_{j \neq i}\left(\frac{\text{ave}(C_i) + \text{ave}(C_j)}{\text{dist}(\boldsymbol{\mu}_i, \boldsymbol{\mu}_j)}\right) \tag{3-26}$$

3）邓恩指数（Dunn validity index）。定义聚类结果 $C = \{C_1, C_2, \cdots, C_k\}$，其中，$C_i$ 代表一个聚类簇；$\text{dist}(C_i, C_j)$ 为 C_i 中样本和 C_j 中样本间距离的最小值（又称簇间距离）；

$\mathrm{diam}(C_l)$ 为 C_l 内各样本间的最远距离（又称簇内直径），则聚类结果 C 的邓恩指数可用式（3-27）计算。邓恩指数的范围为 0 到正无穷之间，值越大，表示同簇间距离越小，不同簇样本间距离越大，即聚类效果越好。

$$\mathrm{DVI}=\min_{1\leqslant i\leqslant k}\left(\min_{i+1\leqslant j\leqslant k}\left(\frac{\mathrm{dist}(C_i,C_j)}{\max\limits_{1\leqslant l\leqslant k}\left(\mathrm{diam}(C_l)\right)}\right)\right) \tag{3-27}$$

例 3-6　表 3-5 展示了 10 个房间同一天的平均温度和平均相对湿度。假设按样本之间的相似度将它们聚成 3 类，聚类结果见表 3-5。聚类簇 1（C_1）中包含 3 个样本，分别是样本 1 $[\boldsymbol{x}_1=(37.8,68.6)]$、样本 2 $[\boldsymbol{x}_2=(37.2,68.5)]$ 和样本 3 $[\boldsymbol{x}_3=(36.7,69.9)]$。聚类簇 2（$C_2$）中包含 4 个样本，分别是样本 4 $[\boldsymbol{x}_4=(23.9,74.6)]$、样本 5 $[\boldsymbol{x}_5=(22.8,76.1)]$、样本 6 $[\boldsymbol{x}_6=(21.1,85.2)]$ 和样本 7 $[\boldsymbol{x}_7=(20.0,81.7)]$。聚类簇 3（$C_3$）中包含 3 个样本，分别是样本 8 $[\boldsymbol{x}_8=(30.1,63.7)]$、样本 9 $[\boldsymbol{x}_9=(28.3,67.1)]$ 和样本 10 $[\boldsymbol{x}_{10}=(27.8,65.2)]$。

表 3-5　10 个房间同一天的平均温度和平均相对湿度

样本序号	房间	平均温度 /℃	平均相对湿度（%）	聚类簇
1	房间 1	37.8	68.6	1
2	房间 2	37.2	68.5	1
3	房间 3	36.7	69.9	1
4	房间 4	23.9	74.6	2
5	房间 5	22.8	76.1	2
6	房间 6	21.1	85.2	2
7	房间 7	20.0	81.7	2
8	房间 8	30.1	63.7	3
9	房间 9	28.3	67.1	3
10	房间 10	27.8	65.2	3

分别使用轮廓系数、戴维森堡丁指数和邓恩指数计算上述聚类结果的性能，评价指标中样本间距离计算均使用欧氏距离。

1）基于轮廓系数的聚类性能评价。首先，使用式（3-25）计算表 3-5 中每个样本的轮廓系数。以聚类簇 1 中的样本 1 为例演示轮廓系数计算过程：

样本 1 与同簇其他样本的平均距离为

$$a_1=\frac{\sqrt{(37.8-37.2)^2+(68.6-68.5)^2}+\sqrt{(37.8-36.7)^2+(68.6-69.9)^2}}{2}=1.16 \tag{3-28}$$

它与聚类簇 2（C_2）内样本的平均距离为

$$\mathrm{dist}_{\mathrm{ed}}(\boldsymbol{x}_1,C_2)=\frac{\sqrt{(37.8-23.9)^2+(68.6-74.6)^2}+\cdots+\sqrt{(37.8-20.0)^2+(68.6-81.7)^2}}{4}=19.39 \tag{3-29}$$

它与聚类簇 3（C_3）内样本的平均距离为

$$\mathrm{dist}_{\mathrm{ed}}(\boldsymbol{x}_1,C_3)=\frac{\sqrt{(37.8-30.1)^2+(68.6-63.7)^2}+\cdots+\sqrt{(37.8-27.8)^2+(68.6-65.2)^2}}{3}=9.77 \tag{3-30}$$

它与聚类簇 2 和聚类簇 3 的平均距离的最小值为

$$b_1=\min(9.77,19.39)=9.77 \tag{3-31}$$

使用式（3-25）计算样本 1 的轮廓系数：

$$s_1=\frac{9.77-1.16}{\max(9.77,1.16)}=0.88 \tag{3-32}$$

所有样本的轮廓系数计算结果见表 3-6。

表 3-6 每个样本的轮廓系数

样本序号	a	b	s
1	1.16	9.77	0.88
2	1.05	9.18	0.89
3	1.59	9.32	0.83
4	6.97	10.47	0.33
5	5.79	12.31	0.53
6	7.96	21.29	0.63
7	6.01	18.56	0.68
8	3.30	8.92	0.63
9	2.91	9.16	0.68
10	2.36	10.20	0.77

然后，该聚类结果的轮廓系数等于所有样本轮廓系数的平均值：

$$S=\frac{0.88+0.89+0.83+0.33+0.53+0.63+0.68+0.63+0.68+0.77}{10}=0.69 \tag{3-33}$$

2）基于戴维森堡丁指数的聚类性能评价。首先，计算各聚类簇的中心点：

$$\boldsymbol{\mu}_1=\left(\frac{37.8+37.2+36.7}{3},\frac{68.6+68.5+69.9}{3}\right)=(37.2,69.0) \tag{3-34}$$

$$\boldsymbol{\mu}_2 = \left(\frac{23.9+22.8+21.1+20.0}{4}, \frac{74.6+76.1+85.2+81.7}{4}\right) = (22.0, 79.4) \quad (3\text{-}35)$$

$$\boldsymbol{\mu}_3 = \left(\frac{30.1+28.3+27.8}{3}, \frac{63.7+67.1+65.2}{3}\right) = (28.7, 65.3) \quad (3\text{-}36)$$

然后，计算每个聚类簇内各样本到该簇中心点的平均距离：

$$\text{ave}(C_1) = \frac{\sqrt{(37.8-37.2)^2+(68.6-69.0)^2}+\cdots+\sqrt{(36.7-37.2)^2+(69.9-69.0)^2}}{3} = 0.75 \quad (3\text{-}37)$$

$$\text{ave}(C_2) = \frac{\sqrt{(23.9-22.0)^2+(74.6-79.4)^2}+\cdots+\sqrt{(20.0-22.0)^2+(81.7-79.4)^2}}{4} = 4.37 \quad (3\text{-}38)$$

$$\text{ave}(C_3) = \frac{\sqrt{(30.1-28.7)^2+(63.7-65.3)^2}+\cdots+\sqrt{(27.8-28.7)^2+(65.2-65.3)^2}}{3} = 1.63 \quad (3\text{-}39)$$

接着，计算各聚类簇中心点之间的距离：

$$\text{dist}_{\text{ed}}(\boldsymbol{\mu}_1, \boldsymbol{\mu}_2) = \sqrt{(37.2-22.0)^2+(69.0-79.4)^2} = 18.42 \quad (3\text{-}40)$$

$$\text{dist}_{\text{ed}}(\boldsymbol{\mu}_1, \boldsymbol{\mu}_3) = \sqrt{(37.2-28.7)^2+(69.0-65.3)^2} = 9.27 \quad (3\text{-}41)$$

$$\text{dist}_{\text{ed}}(\boldsymbol{\mu}_2, \boldsymbol{\mu}_3) = \sqrt{(22.0-28.7)^2+(79.4-65.3)^2} = 15.61 \quad (3\text{-}42)$$

最后，使用式（3-26）计算该聚类结果的戴维森堡丁指数：

$$\begin{aligned}\text{DBI} = \frac{1}{3}\Bigg[&\max\left(\frac{0.75+4.37}{18.42}, \frac{0.75+1.63}{9.27}\right) + \max\left(\frac{4.37+0.75}{18.42}, \frac{4.37+1.63}{15.61}\right) + \\ &\max\left(\frac{1.63+0.75}{9.27}, \frac{1.63+4.37}{15.61}\right)\Bigg] = 0.35\end{aligned} \quad (3\text{-}43)$$

3）基于邓恩指数的聚类性能评价。首先，计算两两聚类簇样本间距离的最小值。以聚类簇 1 和聚类簇 2 为例，它们内部样本间距离见表 3-7。由表可知，这两个簇中样本间距离的最小值为 13.64，即 $\text{dist}(C_1, C_2) = 13.64$。同理，可得 $\text{dist}(C_1, C_3) = 8.57$、$\text{dist}(C_2, C_3) = 8.70$。

表 3-7　聚类簇 1 和聚类簇 2 样本间距离

聚类簇 1 样本序号	聚类簇 2 样本序号			
	4	5	6	7
1	15.14	16.77	23.55	22.10
2	14.63	16.28	23.20	21.68
3	13.64	15.22	21.85	20.45

然后，计算各聚类簇内样本间的最远距离。以聚类簇1例，它内部样本间距离见表3-8。由表可知，它的样本间距离的最大值为1.70，即 $\mathrm{diam}(C_1)=1.70$。同理，可得 $\mathrm{diam}(C_2)=10.96$、$\mathrm{diam}(C_3)=3.85$。

表 3-8 聚类簇 1 内样本间距离

聚类簇 1 样本序号	聚类簇 1 样本序号		
	1	2	3
1	0.00	0.61	1.70
2	0.61	0.00	1.49
3	1.70	1.49	0.00

最后，使用式（3-27）计算该聚类结果的邓恩指数：

$$\mathrm{DVI}=\min\left(\min\left(\frac{13.64}{10.96},\frac{8.57}{10.96}\right),\min\left(\frac{8.70}{10.96}\right)\right)=0.78 \tag{3-44}$$

（2）外部评价指标　采用外部评价指标的前提是需要获取部分或全部样本的真实分类标签。无监督场景下，原始样本通常没有真实的分类标签，需要通过人工标注获得。因此，这类评价指标在实际中作用十分有限。常见的外部评价指标有纯度、兰德系数、调整兰德系数和F值等。在能源领域，聚类任务的性能基本不采用外部评价指标进行评估，因此本节不再详细展开介绍。

3.2.3 基于原型的聚类

1. 算法原理

基于原型的聚类简称原型聚类。原型是指原始样本空间中具有代表性的点。原型聚类旨在找到一组能够最大可能刻画原始样本分布的原型，一般包括以下两步：首先，对原型进行初始化；然后，对原型进行迭代更新，直到得到一组稳定的原型。

在能源领域，基于原型的聚类算法应用十分广泛。它适用于不同类型的样本间差异较大的任务，例如识别不同的控制策略、区分低效 / 故障运行和正常运行、划分系统用能水平和揭示人员不同的用能行为。以故障运行识别任务为例，故障发生时系统的运行规律和无故障时往往存在显著差异。因此，此类算法能够很好地将故障样本和无故障样本区分开来。

k 均值（k-means）算法是能源领域最常见的基于原型的聚类算法。给定样本集 $D=\{\boldsymbol{x}_1,\boldsymbol{x}_2,\cdots,\boldsymbol{x}_m\}$ 和预设的聚类数量 k，k-means 算法能够通过迭代找到一组最佳的原型，并根据样本与原型间的相似度将原始样本集划分成 k 个簇 $C=\{C_1,C_2,\cdots,C_k\}$。由于该算法复杂度低、收敛性好，在能源领域得到了广泛的应用。

算法的具体流程如图3-7所示，主要包括以下步骤：

第一步：从样本集中随机选取 k 个样本作为初始原型。

第二步：计算各样本与各原型之间的相似度（通常使用欧氏距离，但根据任务需求不同也可以采用其他相似度指标），根据就近原则将样本划分至对应的原型所在的聚类簇内。

第三步：计算每个簇内所有样本的均值向量，作为新的原型。

第四步：重复以上三步，直到每个簇的均值向量不再发生变化。

第五步：输出最终的聚类结果。

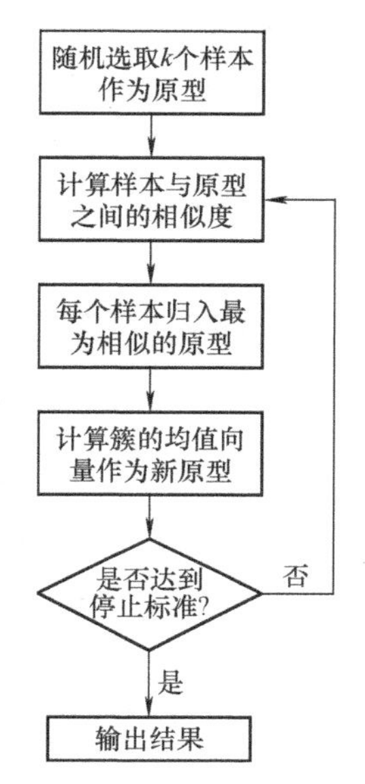

图 3-7　k-means 算法流程图

通常，为避免算法运行时间过长，可以设置一个最大运行轮次或最小均值向量调整阈值，若达到最大运行轮次或均值向量调整变化幅度小于阈值，则停止迭代。

由于 k-means 算法存在一定的局限性，因此衍生出了许多 k-means 的变体。下面介绍了三种最常见的 k-means 变体。

（1）kernel k-means 算法　k-means 算法通常用于解决线性可分的样本，对非线性可分的样本效果较差。因此，针对非线性可分的样本，通常采用核函数将原始样本映射到一个线性可分的高维空间，然后在高维空间中进行 k-means 聚类，这类算法称为 kernel k-means 算法。

（2）k-means++ 算法　k-means 算法对初始原型的选择很敏感，不同的初始原型会产生不同的聚类结果。为了解决这一问题，k-means++ 算法在初始原型选择时不再采用随机选择，而是根据样本间距离进行有偏好的选择，从而确保初始原型的多样化，提高聚类结果的稳定性。初始原型选择结束后，k-means++ 算法依旧采用 k-means 算法对样本进行聚类。

k-means++ 算法的初始原型选择步骤如下：首先，随机选择一个样本作为第一个原型。然后，计算每一个样本距离已选原型的相似度（通常采用欧氏距离），相似度越小，则样本被选择作为下一个原型的概率越大，可采用轮盘赌实现这一过程。最后，重复以上两步，直到找到 k 个原型。

（3）k-medians 算法　k-means 算法在迭代过程中采用簇内样本的均值向量更新原型。噪声和离群值对均值向量的影响较大，因此会导致 k-means 算法的聚类结果产生严重偏离。相比于均值，噪声和离群值对中位数的影响较小。基于这一思想，前人提出了 k-medians 算法，该算法采用簇内样本的中位数更新原型，从而降低了噪声和离群值对聚类结果的影响。

2. 示例分析：基于 k-means 的建筑用能模式识别

表 3-9 为某办公建筑 30 个样本数据，样本由 2 个维度组成，分别是室外温度和建筑冷负荷。采用 k-means 算法对表 3-9 中的 30 个样本进行聚类，旨在揭露建筑在不同室外温度下的用能模式。由于该样本集的 2 个维度量纲差异过大，执行 k-means 算法前需要进行最大最小归一化，消除量纲对聚类算法的影响。

表 3-9　某办公建筑运行数据

样本序号	室外温度 /℃	建筑冷负荷 /kW
0	14.96	1201
1	15.89	1224
2	16.17	1219
3	16.07	1254
4	14.64	1058
5	14.34	1077
6	13.91	1056
7	14.95	893
8	14.99	920
9	15.25	891
10	14.95	872
11	14.99	881
12	14.52	1562
13	15.21	1510
14	14.98	1479
15	24.6	5900
16	24.59	5752
17	24.72	5732
18	24.86	5714

（续）

样本序号	室外温度 /℃	建筑冷负荷 /kW
19	25.09	5690
20	24.78	6754
21	24.81	5658
22	24.64	5760
23	24.6	6035
24	24.64	5962
25	31.06	8421
26	31.15	8358
27	31.32	8293
28	30.42	8320
29	30.17	8318

采用轮廓系数对 k-means 算法的聚类簇数量 k 进行优化，优化范围取 2～9 之间。如图 3-8 所示，聚类簇数量取 3 时轮廓系数最大，聚类效果最好。因此，本示例中 k-means 算法的最佳聚类簇数量取 3，对应的聚类结果如图 3-9 所示。由图 3-9 可知，该建筑的冷负荷与室外温度正相关，室外温度越高，冷负荷越大。当室外气温约为 15～20℃时，其供冷需求约为 2000kW；室外气温约为 25℃时，其供冷需求约为 6000kW；室外气温约为 30℃时，其供冷需求约为 8000kW。

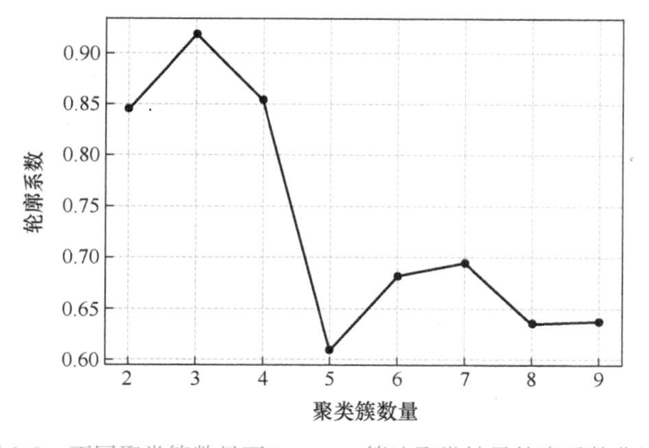

图 3-8　不同聚类簇数量下 k-means 算法聚类结果轮廓系数曲线

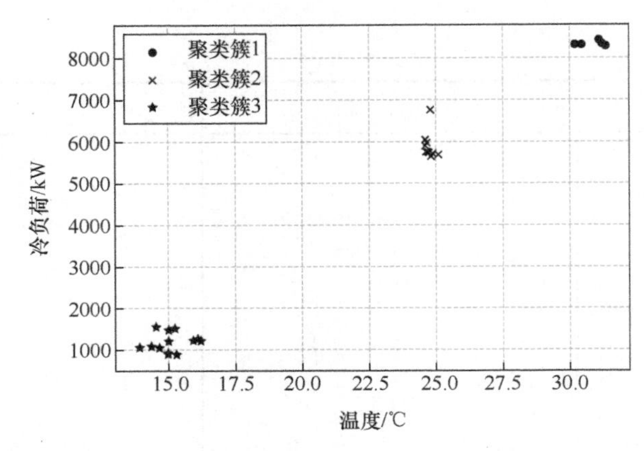

图 3-9 基于 k-means 算法的建筑用能模式识别结果（$k = 3$）

3.2.4 基于密度的聚类

1.算法原理

基于密度的聚类简称密度聚类。它能够依据样本的密度分布对样本进行划分，通过将紧密相邻的样本依次聚合到一起，最终形成不同的聚类簇。密度聚类算法能够发现任意形状的聚类簇，具有更高的灵活性，同时能够有效处理异常值，而原型聚类算法通常只适用于线性可分的聚类簇。例如，对于二维圆环分布的样本（见图 3-10），原型聚类错误地将其一分为二，而密度聚类能够正确将其划分为两个圆环。在能源领域，密度聚类常被用于异常检测任务，例如设备故障检测、传感器异常检测、异常用能模式识别等。

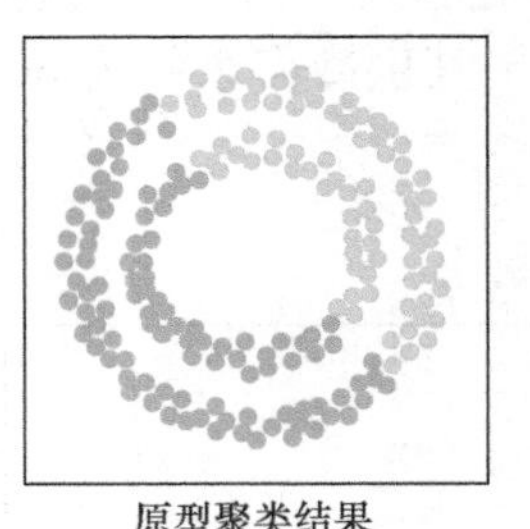
原型聚类结果

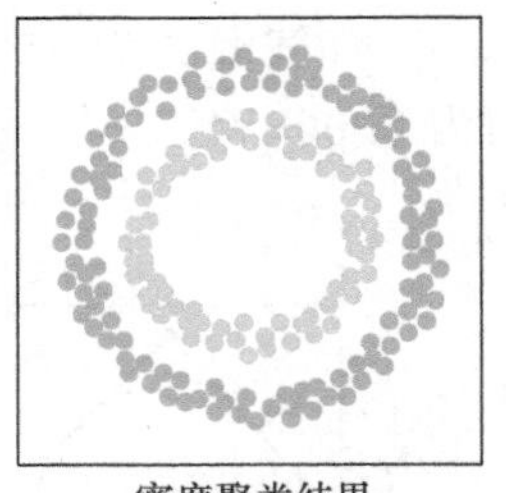
密度聚类结果

扫码查看
图 3-10 彩图

图 3-10 原型聚类结果与密度聚类结果的区别

DBSCAN 是当前最具有代表性的一种密度聚类算法，其核心思想在于从某样本出发，找到与其相邻的样本，并不断往外扩张，直到不存在彼此相邻的样本，最终得到由彼此相邻样本组成的聚类簇。

对于 DBSCAN 算法，存在以下基本概念：

1）ε邻域：对某样本点，以其为圆心，半径为ε的领域称为该样本点的ε邻域。

2）核心对象：若某样本的ε邻域内包含的样本点数量大于等于某一阈值（MinPts），则称该样本为核心对象。

3）密度直达：若样本 p 是核心对象，样本 q 在其 ε 邻域内，则称 q 由 p 密度直达。

4）密度可达：若样本 p 与样本 q 之间存在一组可连续密度直达的样本，则 p 与 q 密度可达。

5）密度相连：对于样本 p 与样本 q，若存在样本 o 使得 p 与 q 均由 o 密度可达，则称 p 与 q 密度相连。

注：密度直达与密度可达均有方向，而密度相连无方向。

基于上述概念，DBSCAN 将聚类簇定义为最大的密度相连的样本集合。若某些样本无法由任何一个样本密度直达，则它们将不属于任何一个簇，DBSCAN 将把它们视为噪声。

DBSCAN 算法具体流程如图 3-11 所示，主要包含以下步骤：

第一步：找出目标样本集中所有核心对象。

第二步：从所有核心对象中随机选取一个样本，从该样本开始计算其密度可达的所有样本，归入一个聚类簇。

第三步：从未被聚类的核心对象中再随机选取一个样本，找到其密度可达的所有样本，归入一个聚类簇。重复此步骤直到遍历所有核心对象。

第四步：其余未被聚类的样本为噪声。

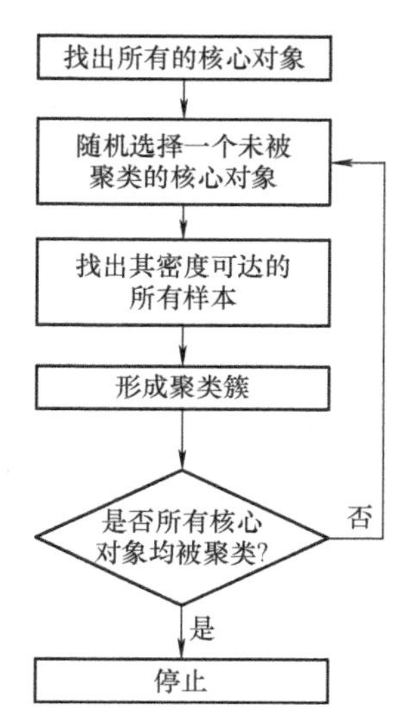

图 3-11　DBSCAN 算法流程图

2. 示例分析：基于 DBSCAN 的建筑异常用能模式识别

表 3-10 为某办公建筑 30 个样本数据，样本由 2 个维度组成，分别是室外温度和建筑冷负荷。采用 DBSCAN 算法对表 3-10 中的 30 个样本进行聚类，旨在找出该建筑的异常用能模式。由于该样本集的 2 个维度量纲差异过大，执行 DBSCAN 算法前需要进行最大最小归一化，消除量纲对聚类算法的影响。

表 3-10 某办公建筑运行数据

样本序号	室外温度 /℃	建筑冷负荷 /kW
0	22.51	3165
1	22.44	3182
2	22.25	3212
3	22.33	3231
4	22.77	3195
5	22.82	3176
6	22.66	3176
7	22.65	3067
8	22.65	2985
9	22.38	3198
10	22.32	3167
11	22.69	3147
12	22.58	3166
13	23.14	4787
14	23.1	4830
15	23.25	4610
16	23.27	4534
17	23.33	4403
18	23.63	4359
19	23.4	1805
20	25.4	1804
21	23.41	3873
22	23.17	3771
23	23.04	3680
24	23.07	3543
25	23.02	3544
26	23.04	3535
27	23.15	1434
28	23.68	9072
29	24.02	8318

DBSCAN 算法的超参数 ε 和 MinPts 通常基于经验进行选取，本案例中设置 ε 和 MinPts 分别为 0.1 和 5。如图 3-12 所示，DBSCAN 算法将所有样本划分到 2 个聚类簇，分别用绿色叉号和橙色圆形表示。绿色叉号样本点为正常样本，其室外温度介于 22～24℃之间，冷负荷介于 3000～5000kW 之间。橙色圆形样本点为离群点，即异常用能模式。图中的离群点反映了三种异常用能模式。第一种为室外温度和正常样本点接近（介于 23～23.5℃之间），但是冷负荷显著低于正常样本点（介于 1000～2000kW 之间）。第二种为室外温度和正常样本点接近（介于 23.5～24℃之间），但是冷负荷显著高于正常样本点（介于 8000～9000kW 之间）。第三种为室外温度高于正常样本点（约 25.5℃），但是冷负荷显著低于正常样本点（约 2000kW）。异常用能模式通常意味着建筑运行过程中存在设备故障、不合理控制、极端室外环境、非典型室内环境变化等，但找出背后蕴含的原因需要更丰富的数据和更深入的专家分析，这里不再展开介绍。

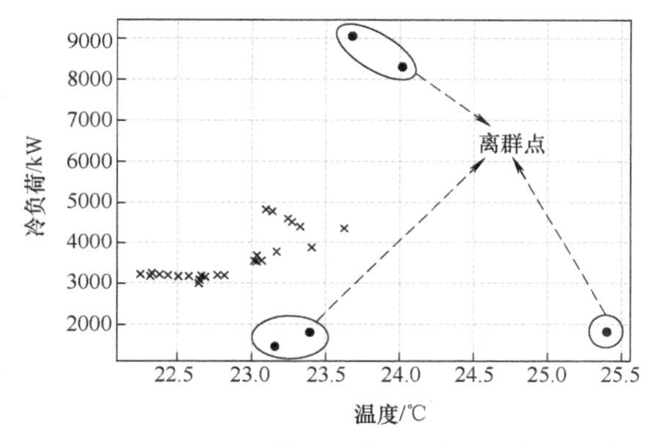

图 3-12　基于 DBSCAN 算法的建筑异常用能模式识别结果

为了进一步对比 k-means 算法和 DBSCAN 算法的差异，使用 k-means 算法对该样本集进行聚类。不同聚类簇数量 k 下的轮廓系数如图 3-13 所示，可知最佳的 k 取值为 2。k-means 算法聚类结果如图 3-14 所示。对比 DBSCAN 算法的聚类结果，k-means 算法仅能识别出一类异常用能模式，其余两类异常用能模式被错误地识别为正常用能模式。对比发现，DBSCAN 算法比 k-means 算法更适合用于异常用能模式识别任务，前者在离群点识别方面有着天然的优势。

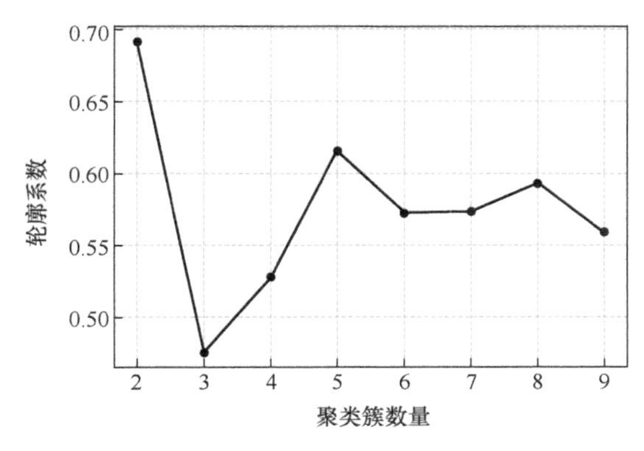

图 3-13　不同聚类簇数量下 k-means 算法聚类结果轮廓系数曲线

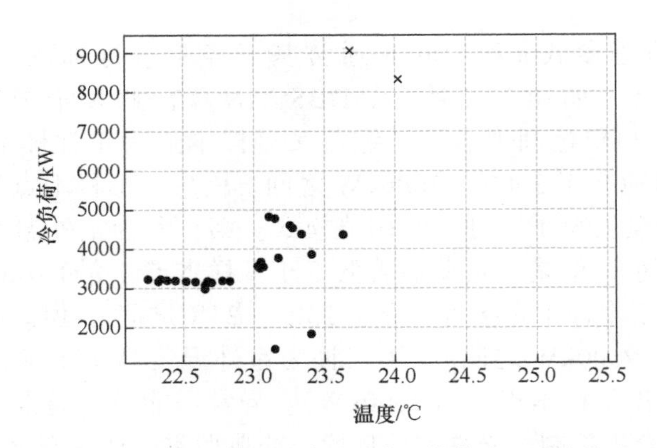

图 3-14 基于 k-means 算法的建筑异常用能模式识别结果（$k = 2$）

3.2.5 基于层次的聚类

1. 算法原理

基于层次的聚类简称层次聚类。它能够以一定的顺序将原始样本点划分到不同的层次，最终能够得到一棵反映聚类过程的层次树。依据样本层次划分方式不同，可划分为凝聚层次聚类和分裂层次聚类。

凝聚层次聚类采用自底向上的层次划分策略。首先，它将每个样本视作一个簇。然后，计算最相似的两个簇合并成新的簇。最后，不断重复这一过程，直到满足收敛条件。

分裂层次聚类采用自上向下的层次划分策略。首先，它将所有样本视作一个聚类簇。然后，通过计算样本间相似度将所有样本分隔成两个簇。最后，通过重复这一分裂过程，直到满足收敛条件。

相比原型聚类和密度聚类，层次聚类能够通过层次树对聚类过程进行可视化，便于分析人员理解聚类结果，并因地制宜地设定聚类的收敛条件。层次聚类的应用场景与原型聚类基本一致，可以被用作系统控制策略识别、系统用能水平划分、人员用能行为检测和系统异常 / 故障运行模式诊断等任务。

AGNES是一种最典型的凝聚层次聚类算法。它的具体流程如图 3-15 所示，主要包含以下步骤：

第一步：将每个样本单独看作一个簇。

第二步：计算簇与簇之间的距离。

第三步：将距离最小的两个簇合并成一个新的簇。

第四步：重复第二步和第三步直到达到收敛条件。收敛条件通常有以下三种选择：

1）所有样本都被划分成一个簇。

2）聚类簇的数量等于某一阈值。

3）最相似的两个簇之间的距离大于等于某一阈值。

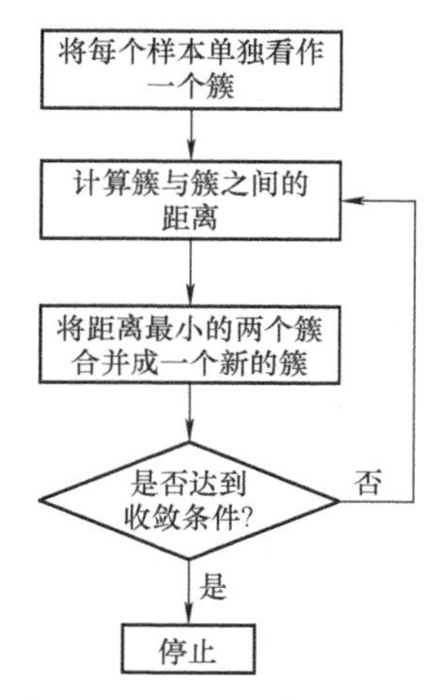

图 3-15　AGNES 算法流程图

第二步中簇与簇之间的距离计算方法有最小连接距离法（single linkage）、最大连接距离法（complete linkage）和平均连接距离法（average linkage）。最小连接距离法如图 3-16a 所示，它取两个簇中距离最近的两个样本间的距离作为这两个簇之间的距离。最大连接距离法如图 3-16b 所示，它取两个簇中距离最远的两个样本间的距离作为这两个簇之间的距离。平均连接距离法如图 3-16c 所示，它取两个簇中所有样本间的距离平均值作为这两个簇之间的距离。

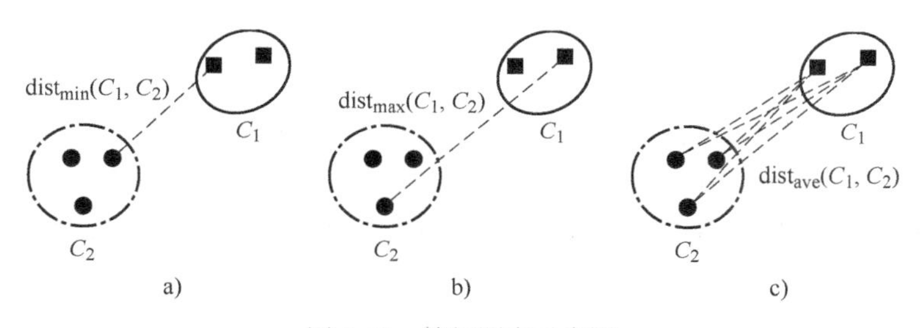

图 3-16　簇间距离示意图

DIANA 是一种最典型的分裂层次聚类算法。它的具体流程如图 3-17 所示，主要包含以下步骤：

第一步：将所有样本看作一个簇。

第二步：找到具有最大直径的簇，簇的直径定义为簇内样本间的最大距离。

第三步：找到具有最大直径的簇中与其他样本的平均距离最大的样本，将它归入新聚类簇，其余样本归入旧聚类簇。

第四步：若旧聚类簇中存在某个样本，它与新聚类簇的平均距离小于它与旧聚类簇中其他样本的平均距离，则将它归入新聚类簇。重复第四步直到旧聚类簇中不存在这样的样本。

第五步：重复第三步和第四步，直到达到收敛条件。收敛条件通常有以下两种选择：

1）所有样本都被划分成一个簇。

2）聚类簇的数量等于某一阈值。

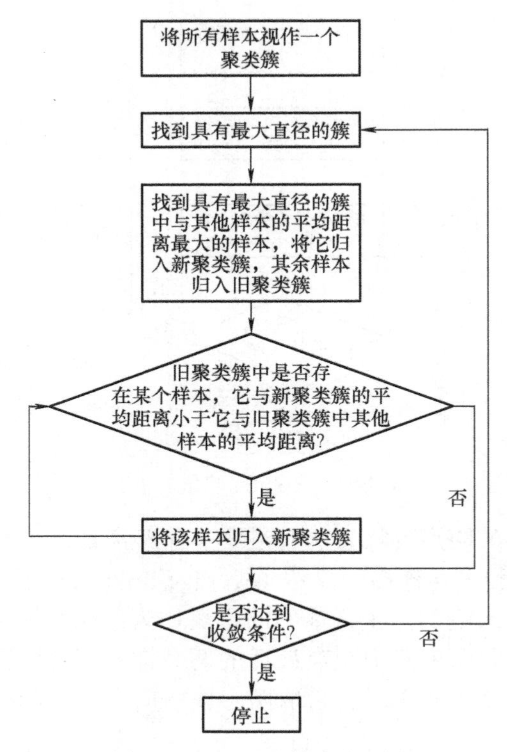

图 3-17 DIANA 算法流程图

2. 示例分析：基于 AGNES 的区域供热系统控制策略识别

表 3-11 为某区域供热系统热源处采集的 30 个样本数据，样本由 3 个维度组成，分别是室外温度、供水温度和供水流量。在能源领域，凝聚层次聚类算法比分裂层次聚类算法更为常用，因此采用 AGNES 算法对表 3-11 中的 30 个样本进行聚类，旨在揭示热源的控制策略。由于该样本集的 3 个维度量纲差异过大，执行 AGNES 算法前需要进行最大最小归一化，消除量纲对聚类算法的影响。

表 3-11 某区域供热系统热源运行数据

样本序号	供水温度 /℃	供水流量 /（kg/s）	室外温度 /℃
0	94.10	886.11	-3.00
1	94.00	850.00	-4.00
2	95.00	872.50	-6.00
3	94.00	844.44	-3.00
4	93.80	873.33	-3.00
5	95.40	880.56	-4.00
6	95.00	901.94	-3.00
7	94.70	845.83	-7.00

（续）

样本序号	供水温度 /℃	供水流量 /（kg/s）	室外温度 /℃
8	94.20	839.44	-2.00
9	94.80	900.83	-2.00
10	84.60	897.22	8.00
11	86.00	895.00	7.00
12	85.40	847.22	6.00
13	90.00	897.22	7.00
14	87.47	888.89	7.00
15	88.40	875.00	6.00
16	84.60	928.06	7.00
17	84.40	910.28	9.00
18	72.00	916.67	18.00
19	74.00	875.00	16.00
20	72.00	863.89	14.00
21	72.00	861.11	15.00
22	74.00	875.00	15.00
23	75.00	861.11	14.00
24	73.00	868.06	16.00
25	75.00	888.89	15.00
26	78.00	865.83	14.00
27	77.00	847.11	14.00
28	76.00	887.40	14.00
29	79.00	850.40	20.00

聚类过程中，簇与簇之间的距离采用平均连接距离法计算，算法收敛条件设置为“所有样本都被划分成一个簇”。AGNES 算法在表 3-11 的数据集上生成的层次树如图 3-18 所示。图中纵坐标表示簇间距离，横坐标为样本序号。图上每一条水平线代表一个层次，每个层次对应一次簇的凝聚过程。基于经验判断，表 3-11 中的 30 个样本可以划分成 3 类，此时各聚类簇间距离较大且不存在孤立样本点。聚类簇 1 中包含样本 18 ～ 29。聚类簇 2 中包含样本 0 ～ 9。聚类簇 3 中包含样本 10 ～ 17。

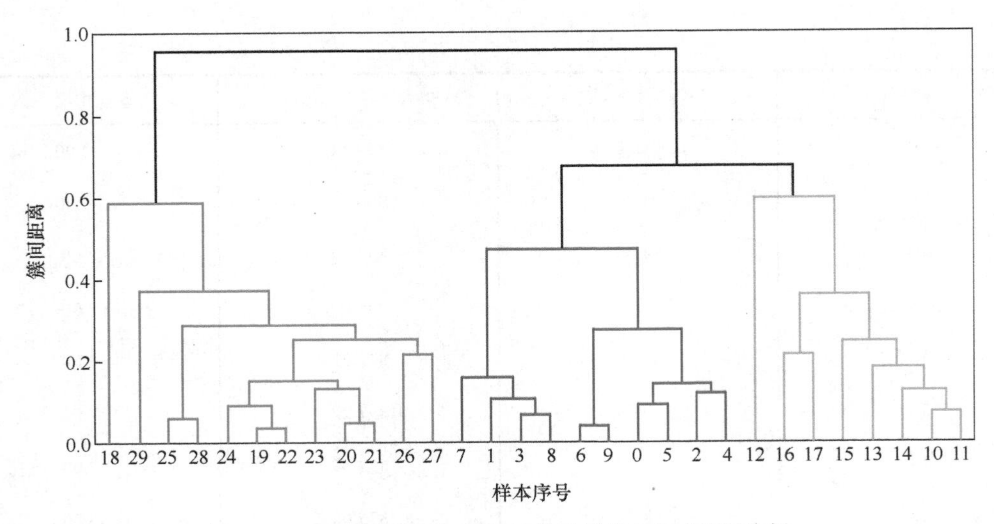

图 3-18 AGNES 算法在表 3-11 的数据集上生成的层次树

最终的聚类结果如图 3-19 所示。由图可知，随着室外温度的降低，热源供水温度逐渐升高，但是供水流量基本不变。这意味着热源通过调整供水温度来增加供热量，这种控制策略通常称作“质调节”。

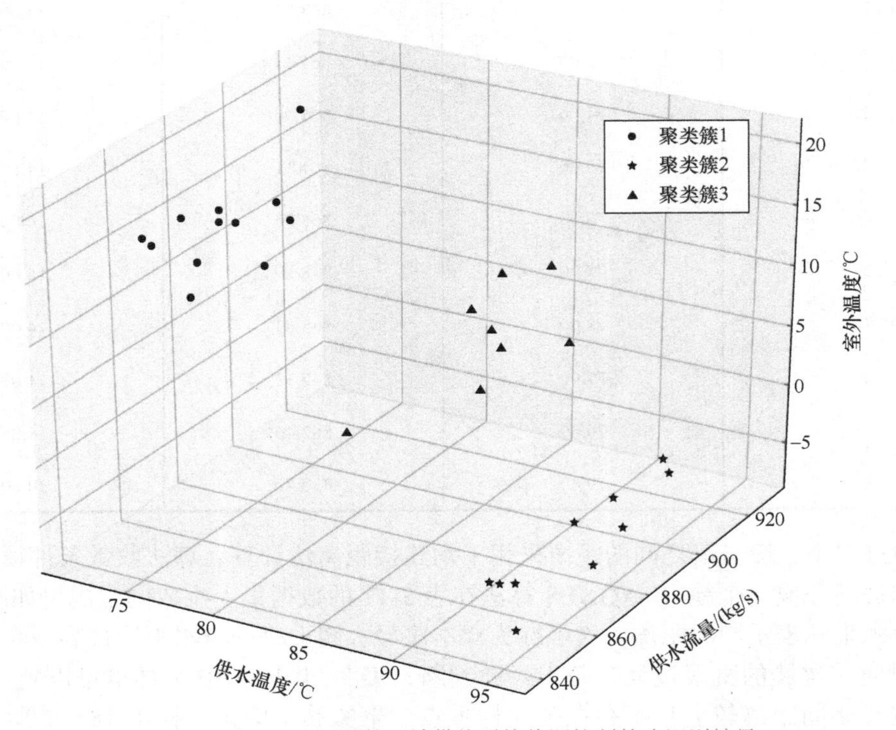

图 3-19 基于 AGNES 的区域供热系统热源控制策略识别结果

3.2.6　课外阅读

本节介绍了能源领域最常见的几种聚类算法，分别是 k-means 算法及其变体、DBSCAN 算法、AGNES 算法和 DIANA 算法。但是，实际中可用的聚类算法数量远不止此。它们往往针对传统算法的局限性提出相应的改进。比如，DBSCAN 算法对超参数 ε 的取值非常敏感，不同的 ε 取值往往会产生显著不同的聚类结果。为了解决这一问题，前人提出了 OPTICS 算法，该算法能够给出 ε 取一定范围时的聚类结果，从而提高了聚类结果的稳定性和可靠性 [1]。又比如，AGNES 算法和 DIANA 算法无法对聚类结果进行回溯和调整。针对这一问题，前人提出了 ROCK[2] 和 BIRCH[3] 等算法。不同的聚类算法各有优缺点，在使用过程中应当根据数据的特点进行选择，找到最合适的算法。

如果难以确定最佳算法或存在多种选择，可以使用聚类集成方法。该方法旨在通过对多个算法在不同超参数和初始条件下的聚类结果进行融合，获得更可靠的聚类结果。聚类集成方法可以充分利用不同聚类算法的优缺点，且克服了聚类算法的随机性。

3.3　基于关联规则挖掘的无监督学习

3.3.1　引言

聚类算法能够有效地发现低维变量间的内在相关性。但是，对于能源领域的高维变量数据挖掘场景（例如复杂热力或电力系统），聚类算法的表现往往不尽人意。原因在于聚类算法无法自动从高维变量中抽取出有效变量，且当前的相似性度量难以有效量化高维变量之间的相关度。

关联规则挖掘算法是能源领域另一种常用的无监督学习算法，被广泛用于高维变量的数据挖掘任务。其核心思想为通过遍历所有可能的变量组合，发现其中存在强相关性的组合。关联规则挖掘算法在能源领域取得成功的主要原因在于能源领域的绝大多数知识（设备故障、传感器故障、系统控制策略等）都可用一组相关变量之间的数值关联表示。例如，冷水机组的供水温度控制策略可以表示为冷机启停与冷机供水温度之间的数值关联，换热器堵塞故障可以表示为换热器前后压差和供回水温差等性能指标之间的数值关联。

本节学习内容安排如下：首先，本节将介绍关联规则挖掘算法的一些基本概念，包括项、事务、关联规则、支持度、置信度、强关联规则、弱关联规则、项集、频繁项集、非频繁项集和频繁项。然后，本节将从算法原理和示例分析两个层面出发，详细介绍能源领域最常见的两种关联规则挖掘算法（Apriori 算法和 FP-growth 算法）。

3.3.2　基本概念

1. 项和事务

项（i）是关联规则挖掘中的最小分析单元，通常为变量本身或变量和数值的组合。例如“冷水机组”或“冷水机组出水温度7.1℃”均可以作为一项，具体形式取决于具体需求。通常可用$I = \{i_1, i_2, \cdots, i_m\}$表示项的全集。

事务（T）是关联规则挖掘中数据库的最小采样单元，通常为多个项的集合（$I \subseteq T$）。例如同一时间采集得到的冷机功率（653.1kW）、冷机冷冻出水温度（6.9℃）和冷机冷冻回水温度（12.3℃）可作为一个事务{“冷机功率653.1kW”，“冷机冷冻出水温度6.9℃”，“冷机冷冻回水温度12.3℃”}。通常可以$D = \{T_1, T_2, \cdots, T_n\}$表示数据挖掘任务的事务集合。

2. 关联规则

假设A和B是两个项集，其中$A \subset I$，$B \subset I$，且$A \cap B = \varnothing$。若在事务集合D的某些事务中，当A中的项出现时，B中的项也会同时出现，则可用蕴含式“$A \to B$”表达这一关系。此类蕴含式称为关联规则，其中A称为前提，B称为结论。例如，{“冷机功率653.1kW”}→{“冷机冷冻出水温度6.9℃”，“冷机冷冻回水温度12.3℃”}为一个关于冷机的关联规则，该规则揭示了当冷机功率为653.1kW时，冷机的冷冻出水温度和回水温度分别为6.9℃和12.3℃。

3. 支持度

支持度（support）是一种衡量关联规则重要程度的指标。假设存在关联规则“$A \to B$”，其支持度为事务集D中前提A和结论B同时存在（$A \cap B$）的事务T所占的比例，具体定义见式（3-45）。支持度介于0～100%之间，某关联规则的支持度越大，则该规则在事务集合中出现的概率越大；反之，该规则出现的概率越小。支持度的概念同样适用于计算某项或项集在事务集合中的出现概率。

$$\text{support}(A \to B) = P(A \cap B) \tag{3-45}$$

例3-7 表3-12反映了某冷机在运行过程中的功率、冷冻出水温度和冷冻回水温度的数值关系。设表3-12为事务集合，关联规则为{“冷机功率1200～1300kW”}→{“冷机冷冻出水温度7～8℃”，“冷机冷冻回水温度9～10℃”}，其支持度计算过程如下：首先，统计该关联规则在事务集合中出现的次数，可知该规则共出现4次（事务1、5、7和9）。然后，该关联规则的支持度等于该规则出现次数4除以事务总数10，即support = 40%。

表3-12 某冷机运行参数的事务集合

事务序号	事务内容
1	“冷机功率1200～1300kW”，“冷机冷冻出水温度7～8℃”，“冷机冷冻回水温度9～10℃”
2	“冷机功率1100～1200kW”，“冷机冷冻出水温度7～8℃”，“冷机冷冻回水温度11～12℃”
3	“冷机功率1600～1700kW”，“冷机冷冻出水温度8～9℃”，“冷机冷冻回水温度9～10℃”
4	“冷机功率1100～1200kW”，“冷机冷冻出水温度7～8℃”，“冷机冷冻回水温度9～10℃”
5	“冷机功率1200～1300kW”，“冷机冷冻出水温度7～8℃”，“冷机冷冻回水温度9～10℃”

（续）

事务序号	事务内容
6	“冷机功率 1600～1700kW”，“冷机冷冻出水温度 6～7℃”，“冷机冷冻回水温度 9～10℃”
7	“冷机功率 1200～1300kW”，“冷机冷冻出水温度 7～8℃”，“冷机冷冻回水温度 9～10℃”
8	“冷机功率 1200～1300kW”，“冷机冷冻出水温度 7～8℃”，“冷机冷冻回水温度 10～11℃”
9	“冷机功率 1200～1300kW”，“冷机冷冻出水温度 7～8℃”，“冷机冷冻回水温度 9～10℃”
10	“冷机功率 1100～1200kW”，“冷机冷冻出水温度 6～7℃”，“冷机冷冻回水温度 9～10℃”

4. 置信度

置信度（confidence）是一种衡量关联规则可信程度的指标。假设存在关联规则“$A \rightarrow B$”，其置信度为事务集 D 中同时包含前提 A 和结论 B 的事务占只包含前提 A 的事务的比例，具体定义见式（3-46）。置信度介于 0～100% 之间，某关联规则的置信度越大，则该规则的结论与前提之间的相关性越强；反之，该规则的结论与前提之间的相关性越弱。

$$\text{confidence}(A \rightarrow B) = P(B \mid A) \tag{3-46}$$

例 3-8　设表 3-12 为事务集合，关联规则为 {“冷机功率 1200～1300kW”} → {“冷机冷冻出水温度 7～8℃”，“冷机冷冻回水温度 9～10℃”}，其置信度计算过程如下：首先，统计该关联规则的前提 {“冷机功率 1200～1300kW”} 在事务集合中出现的次数，可知共出现 5 次（事务 1、5、7、8 和 9）。然后，统计该关联规则在事务集合中出现的次数，可知共出现 4 次（事务 1、5、7 和 9）。最后，该关联规则的置信度等于该关联规则在事务集合中出现的次数 4 除以前提在事务集合中出现的次数 5，即 confidence = 80%。

5. 强关联规则和弱关联规则

支持度和置信度可以衡量关联规则中前提和结论的统计相关性强弱。支持度和置信度的取值均介于 0～100% 之间，且支持度和置信度越大，关联规则中前提和结论的相关性越强。

通常可以设置支持度阈值和置信度的阈值。若关联规则的支持度和置信度均大于或等于对应的阈值，则该关联规则为强关联规则；若两者均小于对应的阈值或仅一方大于或等于对应的阈值，则该关联规则为弱关联规则。强关联规则比弱关联规则更重要也更可信。因此，通常只需考虑强关联规则，无须考虑弱关联规则。

例 3-9　设支持度阈值为 0.8，置信度阈值为 0.9。关联规则 1 的支持度为 0.85，置信度为 0.95；关联规则 2 的支持度为 0.25，置信度为 0.55；关联规则 3 的支持度为 0.45，置信度为 0.95。则关联规则 1 的支持度和置信度均大于对应阈值，为强关联规则；关联规则 2 的支持度和置信度均小于对应阈值，为弱关联规则；关联规则 3 的支持度小于阈值，置信度大于阈值，为弱关联规则。

6. 项集、频繁项集和非频繁项集

项的集合称为项集，包含 k 个项的集合称为 k 项集。若某项集的支持度大于或等于支

持度阈值，则称该项集为频繁项集；反之，则称该项集为非频繁项集。包含 k 个项的频繁项集称为频繁 k 项集。

频繁项集和非频繁项集是关联规则挖掘中最重要的概念，具有如下性质：

（1）频繁项集的所有非空子集也是频繁的项集中任何一个非空子集在事务集合中出现的频率必定大于或等于该项集在事务集合中出现的频率。因此，频繁项集的所有非空子集的支持度必定大于或等于支持度阈值。

（2）非频繁项集的所有超集也是非频繁的包含某非空子集的项集在事务集合中出现的频率必定小于或等于该非空子集在事务集合中出现的频率。因此，非频繁项集的所有超集的支持度必定小于支持度阈值。

有了频繁项集的概念，关联规则挖掘的过程可以概括为以下两步：首先，找出事务集合中所有的频繁项集。然后，由频繁项集组成强关联规则。

例 3-10 设表 3-12 为事务集合，支持度阈值为 60%。项集 {“冷机冷冻出水温度 7～8℃”} 为 1 项集，它的支持度为 70%，大于支持度阈值，因此是频繁项集。项集 {“冷机冷冻出水温度 7～8℃”，“冷机冷冻回水温度 9～10℃”} 为 2 项集，它的支持度为 50%，小于支持度阈值，因此不是频繁项集。

7. 频繁项

若某项的支持度大于或等于支持度阈值，则称该项为频繁项。

例 3-11 设表 3-12 为事务集合，支持度阈值为 60%。项“冷机冷冻出水温度 7～8℃”的支持度为 70%，大于支持度阈值，因此是频繁项。

3.3.3 Apriori 算法

1. 算法原理

Apriori 算法是能源领域最常用的关联规则挖掘算法之一。它通过一种“自底向上”的逐层搜索策略对事务集合进行遍历，旨在找到所有频繁项集，并基于频繁项集生成强关联规则。由于编程难度低，它在能源领域得到了广泛的应用，在系统控制策略识别、人员用能行为分析、设备故障检测等任务上均有很好的表现。

“连接”和“剪枝”是 Apriori 算法的两大核心，它们的定义如下：

（1）连接　由频繁 k 项集的集合 L_k 产生候选 $k+1$ 项集的集合 C_{k+1} 的过程称为“连接”。设 l_1 和 l_2 是 L_k 的两个项集，$l_{i,j}$ 表示 l_i 的第 j 项。若 l_1 和 l_2 中有 $k-1$ 个项相同，则 l_1 和 l_2 可连接。假设 $l_{1,1}=l_{2,1}$，$l_{1,2}=l_{2,2}$，…，$l_{1,k-1}=l_{2,k-1}$，$l_{1,k}\neq l_{2,k}$，那么由 l_1 和 l_2 连接生成的候选 $k+1$ 项集为 $\{l_{1,1}, l_{1,2}, \cdots, l_{1,k-1}, l_{1,k}, l_{2,k}\}$。

（2）剪枝　频繁 k 项集的集合 L_k 是候选 k 项集的集合 C_k 的子集。从 C_k 中删除不频繁 k 项集，从而确定 L_k 的过程称为“剪枝”。该过程可通过计算每个候选 k 项集在事务集合中的支持度实现。考虑到 C_k 中可能包含大量候选 k 项集，遍历每个候选 k 项集会消耗大量计算资源。因此，可充分利用频繁项集的性质对 C_k 进行压缩后再进行遍历计数。由频繁项集的性质可知，非频繁项集的所有超集也是非频繁的。若一个候选 k 项集中的某个 $k-1$ 子集不在 L_{k-1} 中，则该候选 k 项集必定是不频繁的，可以将该候选 k 项集从 C_k 中直接删除。

Apriori 算法具体流程见图 3-20。下面以表 3-13 中所列的假想事务集合 D_1 对算法流程进行详细介绍：

表 3-13　假想事务集合 D_1

事务序号	事务内容
1	A，B，C，E
2	A，B，C，D
3	A，B，C
4	A，B，D
5	A，C
6	B，C
7	A，C
8	A，B，C，E
9	A，B，C
10	B，D

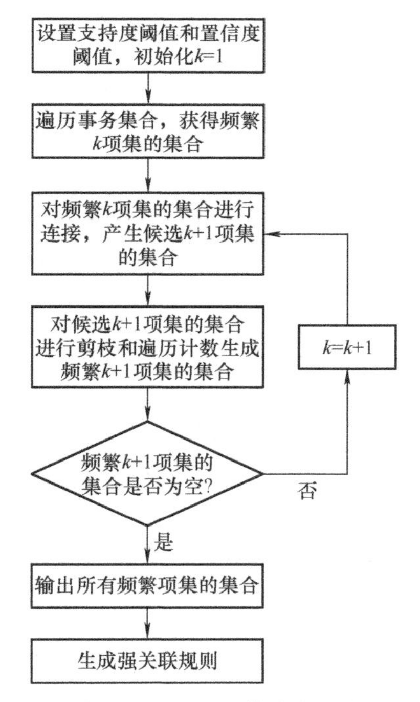

图 3-20　Apriori 算法流程图

第一步：设置支持度阈值和置信度阈值，并初始化 $k = 1$。这里假设支持度阈值为50%，置信度阈值为80%。

第二步：此步骤开始时 $k = 1$，因此遍历事务集合，生成所有1项集的集合构成候选1项集，计算它们的支持度，找出所有支持度大于或等于支持度阈值的1项集，构成频繁1项集的集合。假想事务集合 D_1 的候选1项集和它们的支持度见表3-14，其中的频繁1项集见表3-15。

表3-14 假想事务集合 D_1 中的候选1项集

项集	支持度
$\{A\}$	80%
$\{B\}$	80%
$\{C\}$	80%
$\{D\}$	30%
$\{E\}$	20%

表3-15 假想事务集合 D_1 中的频繁1项集

项集	支持度
$\{A\}$	80%
$\{B\}$	80%
$\{C\}$	80%

第三步：对频繁1项集的集合进行连接，生成候选2项集的集合。对候选2项集的集合进行剪枝和遍历计数，产生频繁2项集的集合。假想事务集合 D_1 的候选2项集和它们的支持度见表3-16。所有候选2项集的支持度均大于支持度阈值，因此它们都是频繁的。

表3-16 假想事务集合 D_1 中的候选2项集

项集	支持度
$\{A，B\}$	60%
$\{A，C\}$	70%
$\{B，C\}$	60%

第四步：判断频繁2项集的集合是否为空集，若为空集则停止迭代，若不为空集则进入迭代（$k = k+1$）。假想事务集合 D_1 的频繁2项集的集合非空集，因此更新 $k = 1+1 =2$。

第五步：此步骤开始时 $k = 2$，因此对所有频繁2项集进行连接，生成候选3项集的集合。对候选3项集的集合进行剪枝，产生频繁3项集的集合。假想事务集合 D_1 的候选3项集和它们的支持度见表3-17。候选3项集只有一个且支持度等于支持度阈值，因此它是频繁的。

表 3-17 假想事务集合 D_1 中的候选 3 项集

项集	支持度
{A, B, C}	50%

第六步：重复第四步和第五步，直到满足收敛条件。假想事务集合 D_1 的频繁 4 项集的集合为空集，仅需再迭代一次便可收敛。

第七步：输出所有频繁项集。假想事务集合 D_1 的所有频繁项集见表 3-18。

表 3-18 假想事务集合 D_1 中的所有频繁项集

项集	支持度
{A}	80%
{B}	80%
{C}	80%
{A, B}	60%
{A, C}	70%
{B, C}	60%
{A, B, C}	50%

第八步：根据每个频繁项集生成关联规则。首先，对每个频繁项集 I，生成它的全部非空子集。然后，对 I 的每个非空子集 h，判断关联规则“$h \rightarrow I\text{-}h$”的置信度是否大于或等于置信度阈值，若大于阈值，则该规则为强关联规则。上述关联规则由频繁项集产生，自动满足强关联规则中对支持度最小值的要求。假想事务集合 D_1 中的所有强关联规则见表 3-19。

表 3-19 假想事务集合 D_1 中的所有强关联规则

强关联规则	支持度	置信度
{A} → {C}	70%	87.5%
{C} → {A}	70%	87.5%
{A, B} → {C}	50%	83.3%
{B, C} → {A}	50%	83.3%

2. 示例分析：基于 Apriori 的冷机控制策略识别

表 3-20 为某冷机在 10 月 30 日 16:20 至 20:20 期间的运行数据，采样时间间隔为 10min，共 25 个样本。采用 Apriori 算法对以上 25 个样本进行关联规则挖掘，旨在揭示该冷机的冷冻阀控制策略和出水温度设定点。关联规则挖掘主要针对 3 个维度，分别是冷机启停、冷冻阀启停和冷冻水出水温度。

表 3-20 某冷机运行数据

样本序号	采样时间	冷机启停	冷冻阀启停	冷冻水出水温度/℃
0	10/30 16:20	Off	Off	15.42
1	10/30 16:30	Off	Off	15.43
2	10/30 16:40	Off	On	11.96
3	10/30 16:50	On	On	8.16
4	10/30 17:00	On	On	7.68
5	10/30 17:10	On	On	7.58
6	10/30 17:20	On	On	7.51
7	10/30 17:30	On	On	7.51
8	10/30 17:40	On	On	7.51
9	10/30 17:50	On	On	7.51
10	10/30 18:00	On	On	7.51
11	10/30 18:10	On	On	7.52
12	10/30 18:20	On	On	7.51
13	10/30 18:30	On	On	7.49
14	10/30 18:40	On	On	7.52
15	10/30 18:50	On	On	7.51
16	10/30 19:00	On	On	7.52
17	10/30 19:10	Off	Off	9.3
18	10/30 19:20	Off	Off	9.6
19	10/30 19:30	Off	Off	10.03
20	10/30 19:40	Off	Off	10.47
21	10/30 19:50	Off	Off	10.79
22	10/30 20:00	Off	Off	11.13
23	10/30 20:10	Off	Off	11.47
24	10/30 20:20	Off	Off	11.79

由于 Apriori 算法仅对分类型变量有效，而表 3-20 中的冷冻水出水温度为连续型变量。因此，需要对冷冻水出水温度进行离散化，本例采用等宽法将该变量的数值划分到间隔为 1℃的区间。同时，为便于理解，将部分变量名直接与其采样值进行拼接。例如，若冷机启停的采样值为 On，可以将其转换为“冷机 On”。转换后的冷机运行数据见表 3-21。

表 3-21　转换后的冷机运行数据

样本序号	采样时间	冷机启停	冷冻阀启停	冷冻水出水温度
0	10/30 16:20	冷机 Off	冷冻阀 Off	冷冻水出水温度 15～16℃
1	10/30 16:30	冷机 Off	冷冻阀 Off	冷冻水出水温度 15～16℃
2	10/30 16:40	冷机 Off	冷冻阀 On	冷冻水出水温度 11～12℃
3	10/30 16:50	冷机 On	冷冻阀 On	冷冻水出水温度 8～9℃
4	10/30 17:00	冷机 On	冷冻阀 On	冷冻水出水温度 7～8℃
5	10/30 17:10	冷机 On	冷冻阀 On	冷冻水出水温度 7～8℃
6	10/30 17:20	冷机 On	冷冻阀 On	冷冻水出水温度 7～8℃
7	10/30 17:30	冷机 On	冷冻阀 On	冷冻水出水温度 7～8℃
8	10/30 17:40	冷机 On	冷冻阀 On	冷冻水出水温度 7～8℃
9	10/30 17:50	冷机 On	冷冻阀 On	冷冻水出水温度 7～8℃
10	10/30 18:00	冷机 On	冷冻阀 On	冷冻水出水温度 7～8℃
11	10/30 18:10	冷机 On	冷冻阀 On	冷冻水出水温度 7～8℃
12	10/30 18:20	冷机 On	冷冻阀 On	冷冻水出水温度 7～8℃
13	10/30 18:30	冷机 On	冷冻阀 On	冷冻水出水温度 7～8℃
14	10/30 18:40	冷机 On	冷冻阀 On	冷冻水出水温度 7～8℃
15	10/30 18:50	冷机 On	冷冻阀 On	冷冻水出水温度 7～8℃
16	10/30 19:00	冷机 On	冷冻阀 On	冷冻水出水温度 7～8℃
17	10/30 19:10	冷机 Off	冷冻阀 Off	冷冻水出水温度 9～10℃
18	10/30 19:20	冷机 Off	冷冻阀 Off	冷冻水出水温度 9～10℃
19	10/30 19:30	冷机 Off	冷冻阀 Off	冷冻水出水温度 10～11℃
20	10/30 19:40	冷机 Off	冷冻阀 Off	冷冻水出水温度 10～11℃
21	10/30 19:50	冷机 Off	冷冻阀 Off	冷冻水出水温度 10～11℃
22	10/30 20:00	冷机 Off	冷冻阀 Off	冷冻水出水温度 11～12℃
23	10/30 20:10	冷机 Off	冷冻阀 Off	冷冻水出水温度 11～12℃
24	10/30 20:20	冷机 Off	冷冻阀 Off	冷冻水出水温度 11～12℃

使用 Apriori 算法对表 3-21 中的数据进行关联规则挖掘。支持度和置信度的阈值分别设置为 40% 和 90%。频繁项集的挖掘过程如图 3-21 所示，最终得到的所有频繁项集见表 3-22。由频繁项集生成的强关联规则见表 3-23。

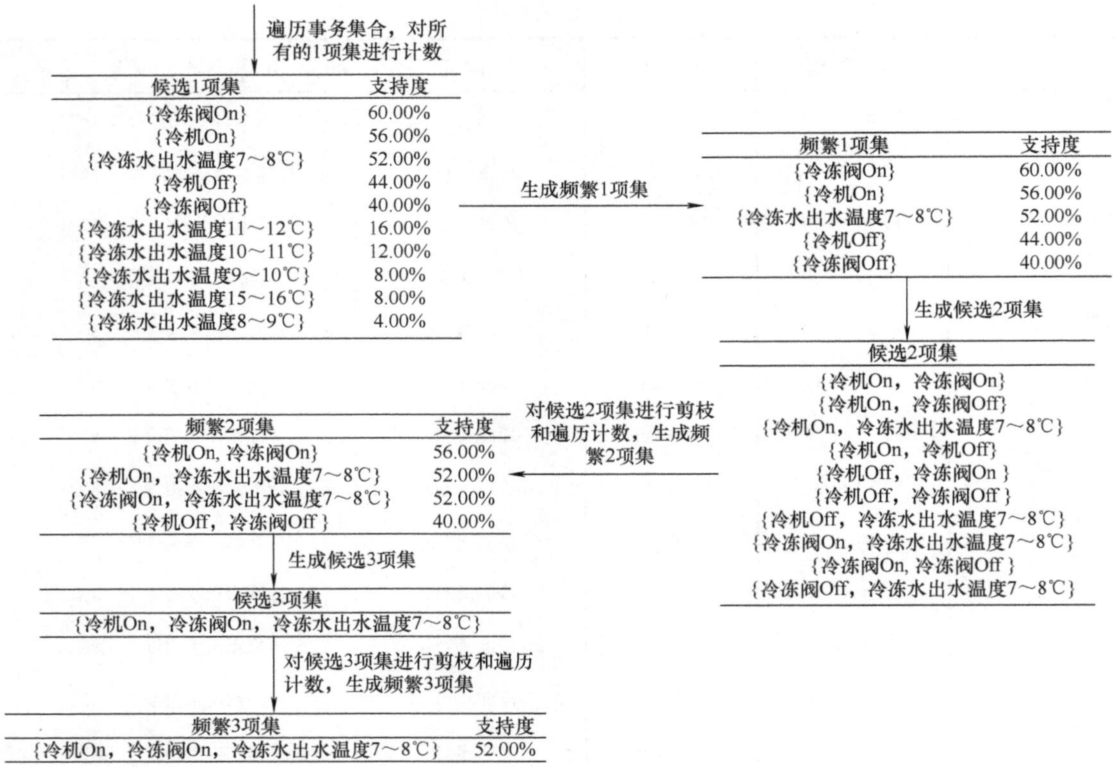

遍历事务集合，对所有的1项集进行计数

候选1项集	支持度
{冷冻阀On}	60.00%
{冷机On}	56.00%
{冷冻水出水温度7～8℃}	52.00%
{冷机Off}	44.00%
{冷冻阀Off}	40.00%
{冷冻水出水温度11～12℃}	16.00%
{冷冻水出水温度10～11℃}	12.00%
{冷冻水出水温度9～10℃}	8.00%
{冷冻水出水温度15～16℃}	8.00%
{冷冻水出水温度8～9℃}	4.00%

生成频繁1项集

频繁1项集	支持度
{冷冻阀On}	60.00%
{冷机On}	56.00%
{冷冻水出水温度7～8℃}	52.00%
{冷机Off}	44.00%
{冷冻阀Off}	40.00%

生成候选2项集

候选2项集
{冷机On，冷冻阀On}
{冷机On，冷冻阀Off}
{冷机On，冷冻水出水温度7～8℃}
{冷机On，冷机Off}
{冷机Off，冷冻阀On }
{冷机Off，冷冻阀Off }
{冷机Off，冷冻水出水温度7～8℃}
{冷冻阀On，冷冻水出水温度7～8℃}
{冷冻阀On, 冷冻阀Off }
{冷冻阀Off，冷冻水出水温度7～8℃}

对候选2项集进行剪枝和遍历计数，生成频繁2项集

频繁2项集	支持度
{冷机On, 冷冻阀On}	56.00%
{冷机On，冷冻水出水温度7～8℃}	52.00%
{冷冻阀On，冷冻水出水温度7～8℃}	52.00%
{冷机Off，冷冻阀Off }	40.00%

生成候选3项集

候选3项集
{冷机On，冷冻阀On，冷冻水出水温度7～8℃}

对候选3项集进行剪枝和遍历计数，生成频繁3项集

频繁3项集	支持度
{冷机On，冷冻阀On，冷冻水出水温度7～8℃}	52.00%

图 3-21 基于 Apriori 算法的冷机运行数据频繁项集挖掘过程

表 3-22 冷机运行数据集中的所有频繁项集

项集	支持度
{ 冷冻阀 On}	60.00%
{ 冷机 On}	56.00%
{ 冷冻水出水温度 7～8℃ }	52.00%
{ 冷机 Off}	44.00%
{ 冷冻阀 Off}	40.00%
{ 冷机 On，冷冻阀 On}	56.00%
{ 冷机 On，冷冻水出水温度 7～8℃ }	52.00%
{ 冷冻阀 On，冷冻水出水温度 7～8℃ }	52.00%
{ 冷机 Off，冷冻阀 Off }	40.00%
{ 冷机 On，冷冻阀 On，冷冻水出水温度 7～8℃ }	52.00%

表 3-23　冷机数据库中的所有强关联规则

序号	强关联规则	支持度	置信度
0	{冷机 On}→{冷冻阀 On}	56.00%	100.00%
1	{冷冻阀 On}→{冷机 On}	56.00%	93.33%
2	{冷机 On}→{冷冻水出水温度 7～8℃}	52.00%	92.86%
3	{冷冻水出水温度 7～8℃}→{冷机 On}	52.00%	100.00%
4	{冷冻水出水温度 7～8℃}→{冷冻阀 On}	52.00%	100.00%
5	{冷机 Off}→{冷冻阀 Off}	40.00%	90.91%
6	{冷冻阀 Off}→{冷机 Off}	40.00%	100.00%
7	{冷冻水出水温度 7～8℃}→{冷机 On，冷冻阀 On}	52.00%	100.00%
8	{冷机 On，冷冻阀 On}→{冷冻水出水温度 7～8℃}	52.00%	92.86%
9	{冷机 On}→{冷冻阀 On，冷冻水出水温度 7～8℃}	52.00%	92.86%
10	{冷冻阀 On，冷冻水出水温度 7～8℃}→{冷机 On}	52.00%	100.00%
11	{冷机 On，冷冻水出水温度 7～8℃}→{冷冻阀 On}	52.00%	100.00%

基于工程经验和领域知识对表 3-23 中的强关联规则进行分析，可以从中揭示出冷冻阀门的控制策略和冷冻出水温度的设定点：

1）根据强关联规则 0，可以知道当冷机启动时，冷冻阀有 100.00% 的概率随之打开。根据强关联规则 5，可以知道当冷机停机时，冷冻阀有 90.91% 的概率随之关闭。上述两条强关联规则揭示了冷冻阀门的控制策略：冷冻阀门随冷机的启动而打开，随冷机的停机而关闭。

2）根据强关联规则 8，可知当冷机启动且冷冻阀门处于打开状态时，冷机的冷冻出水温度有 92.86% 的概率介于 7～8℃之间。由此可知，冷机的冷冻出水温度设定点介于 7～8℃之间。

3.3.4　频繁模式增长算法

1. 算法原理

Apriori 算法对大型事务集合的计算效率较低，因为它会产生大量候选项集，且需要对数据库进行重复扫描。为了解决这一问题，频繁模式增长（frequent-pattern growth，简称 FP-growth）算法应运而生。它采用一种分而治之的“自顶而下”策略对事务集进行遍历：首先，将原始事务集合压缩成一种可查询的树型结构（称为频繁模式树，FP-tree），它保留了原始事务集合中所有频繁项的出现频率和彼此之间的共存关系。然后，将 FP-tree 依照频繁项进行分割，每个频繁项对应一个条件 FP-tree，每个条件 FP-tree 单独进行挖掘。FP-growth 算法仅在第一步中对原始事务集扫描 2 次，且无须生成候选项集，相比 Apriori 算法的重复扫描，它具有更高的计算效率（约快 1 个数量级）。

FP-growth 算法的具体流程如图 3-22 所示。下面以表 3-24 中所列的假想事务集合 D_2 对算法流程进行详细介绍：

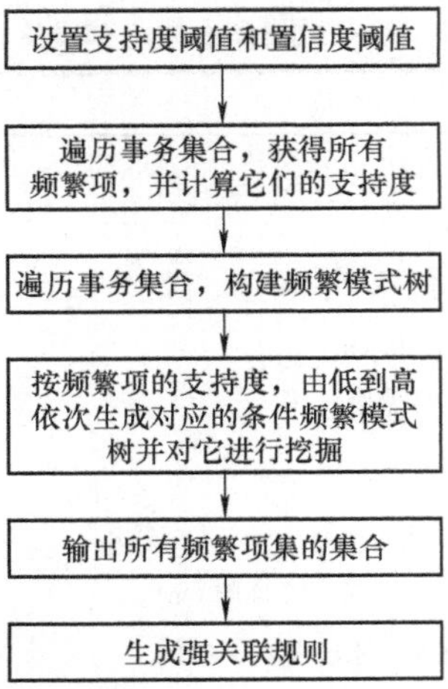

设置支持度阈值和置信度阈值

遍历事务集合，获得所有频繁项，并计算它们的支持度

遍历事务集合，构建频繁模式树

按频繁项的支持度，由低到高依次生成对应的条件频繁模式树并对它进行挖掘

输出所有频繁项集的集合

生成强关联规则

图 3-22 FP-growth 算法流程

表 3-24 假想事务集合 D_2

事务序号	事务内容
1	A，B，C，E
2	A，B，D
3	A，B，C，D
4	A，B，C
5	A，C，E
6	B，C
7	A，C，D
8	A，B，E
9	A，B，C
10	A，B

第一步：设置支持度阈值和置信度阈值。这里假设支持度阈值为 40%，置信度阈值为 80%。

第二步：遍历事务集合，找出所有项并计算它们在事务集合中的支持度，找出所有支持度大于或等于支持度阈值的项，构成频繁项的集合。假想事务集合 D_2 的项见表 3-25，其中的频繁项见表 3-26。

表 3-25 假想事务集合 D_2 中的项

项	支持度
A	90%
B	80%
C	70%
D	30%
E	30%

表 3-26　假想事务集合 D_2 中的频繁项

项	支持度
A	90%
B	80%
C	70%

第三步：扫描原始事务集合，对每个事务创建根节点下的一个分支，最终组成一棵 FP-tree。每个事务的分支创建过程如下：首先，剔除事务中的非频繁项，保留频繁项。然后，根据它们的支持度大小，对该事务中的频繁项进行降序排序。最后，生成频繁项对应的节点，并按照降序后的次序将它们依次相连，构成根节点（Null）的一个分支。若分支已经存在，则对应节点的计数增加 1，反之，则每个节点的计数为 1。假想事务集合 D_2 的 FP-tree 构建过程如图 3-23 所示。

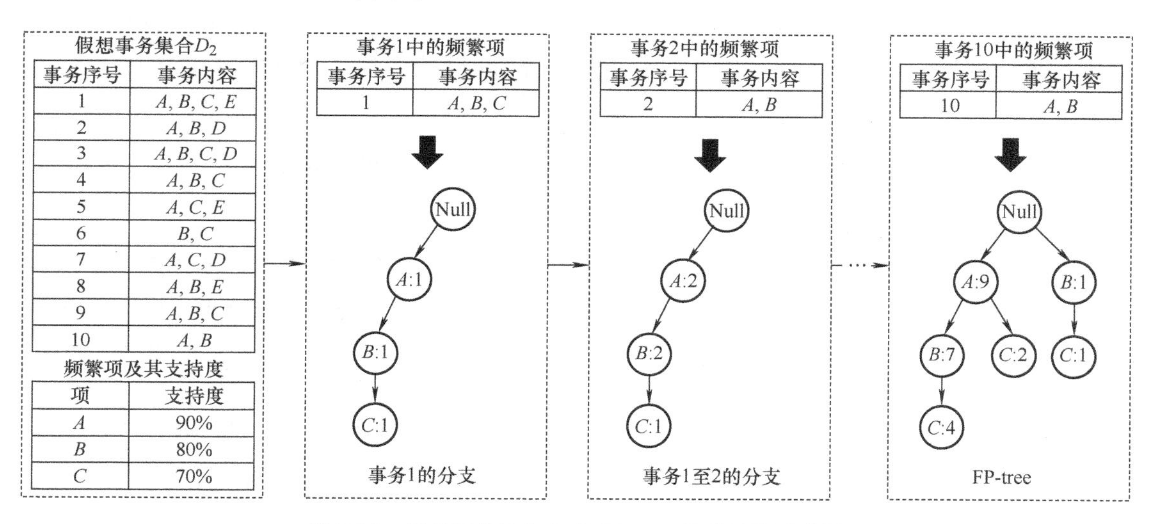

图 3-23　假想事务集合 D_2 的 FP-tree 构建过程示意图

第四步：按频繁项的支持度，由低到高依次生成对应的条件 FP-tree 并对它进行挖掘。为方便遍历，通常可以创建一个项头表，它是降序排序的频繁项组成的表格，每个频繁项通过节点链连接 FP-tree 中的一个或多个节点。从项头表最后一项开始，从下往上依次构建每个频繁项的条件模式基和条件 FP-tree，并对每个条件 FP-tree 进行递归挖掘，最终得到所有的频繁项集。每个频繁项的条件模式基定义为 FP-tree 中所有介于它和根节点之间的路径集合。递归挖掘过程可以理解为对一棵 FP-tree，以每个频繁项为条件生成新的 FP-tree，然后对新的 FP-tree 继续用上述步骤进行处理，直到无法产生新的条件 FP-tree。

下面以假想事务集合 D_2 为例，展开介绍 FP-tree 的挖掘过程（见图 3-24）。假想事务集合 D_2 的项头表中共包含 3 个频繁项 *A*、*B* 和 *C*，支持度依次为 90%、80% 和 70%，按支持度由小到大依次进行挖掘：

1）以支持度最小的 *C* 为条件对 FP-tree 进行挖掘，构建它的条件模式基，生成对应的项头表和条件 FP-tree。C 的条件 FP-tree 不是空集，因此对它继续进行挖掘。

① B 在 C 的条件 FP-tree 中的支持度最小，先以 B 对它进行挖掘。构建 B 在 C 的条件 FP-tree 中的条件模式基，生成对应的项头表和条件 FP-tree。此时的条件模式基和条件 FP-tree 同时以 B 和 C 为条件，因此简称 B 和 C 的条件模式基和条件 FP-tree。可以看到，B 和 C 的条件 FP-tree 依然不是空集，因此还需继续对它进行挖掘。由于 A、B 和 C 的条件模式基为空集，无法生成条件 FP-tree，停止本次递归。

② 以 A 为条件对 C 的条件 FP-tree 进行挖掘。由于 A 和 C 的条件模式基为空集，无法生成条件 FP-tree，停止本次递归。

该过程共生成 4 个频繁项集 $\{C\}$、$\{A, C\}$、$\{B, C\}$ 和 $\{A, B, C\}$。

2）以 B 为条件对 FP-tree 进行挖掘，构建它的条件模式基，生成对应的项头表和条件 FP-tree。B 的条件 FP-tree 不是空集，因此继续以 A 为条件对它进行挖掘。由于 A 和 B 的条件模式基为空集，无法生成条件 FP-tree，停止本次递归。该过程共生成 2 个频繁项集 $\{B\}$ 和 $\{A, B\}$。

3）以 A 为条件对 FP-tree 进行挖掘，构建它的条件模式基，由于 A 的条件模式基为空集，无法生成条件 FP-tree，停止本次递归。该过程共生成 1 个频繁项集 $\{A\}$。至此，对假想事务集合 D_2 的 FP-tree 的挖掘过程结束。

第五步：输出所有频繁项集。假想事务集合 D_2 的所有频繁项集见表 3-27。

表 3-27 假想事务集合 D_2 的所有频繁项集

项集	支持度
$\{A\}$	90%
$\{B\}$	80%
$\{C\}$	70%
$\{A, B\}$	70%
$\{A, C\}$	60%
$\{B, C\}$	50%
$\{A, B, C\}$	40%

第六步：根据每个频繁项集生成关联规则，生成过程参照 Apriori 算法的第八步。假想事务集合 D_2 中的所有强关联规则见表 3-28。

表 3-28 假想事务集合 D_2 中的所有强关联规则

强关联规则	支持度	置信度
$\{B\} \rightarrow \{A\}$	70%	87.5%
$\{C\} \rightarrow \{A\}$	60%	85.7%
$\{B, C\} \rightarrow \{A\}$	40%	80%

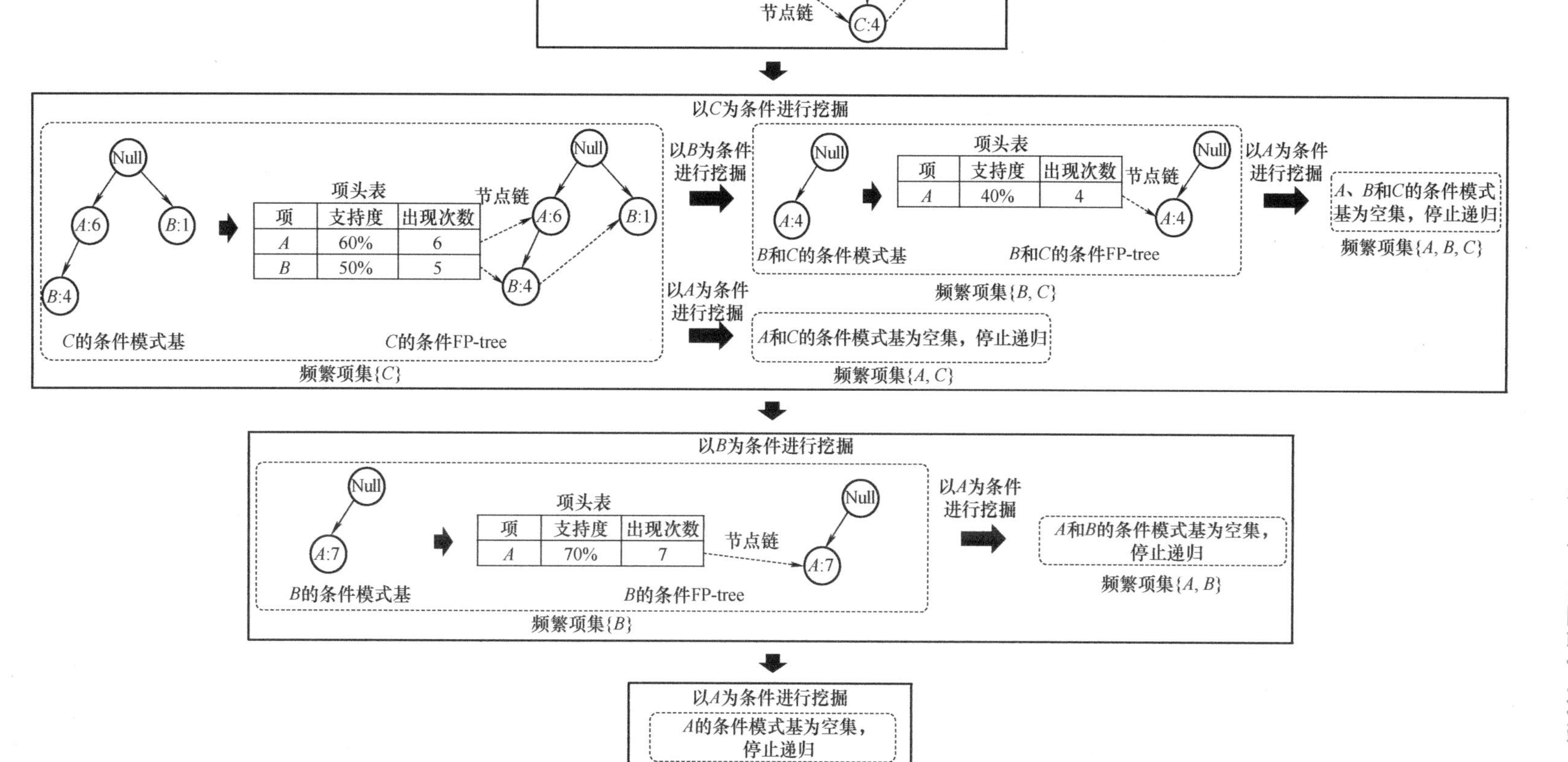

图 3-24　FP-tree 挖掘过程（以假想事务集合 D_2 为例）

2. 示例分析：基于 FP-growth 的教室照明能源浪费行为识别

表 3-29 为某教室 24h 的照明相关数据，共 24 个样本。采用 FP-growth 算法对以上 24 个样本进行关联规则挖掘，旨在揭示该教室在使用过程中的照明能源浪费行为。关联规则挖掘主要针对 4 个维度，分别是时间段、灯光、房间占用情况和课程。为便于理解，将部分变量名直接与其采样值进行拼接。转换后的教室照明相关数据见表 3-30。

表 3-29 某教室照明相关数据

样本序号	采样时间	时间段	灯光	房间占用情况	课程
0	7:00	上午	关闭	空闲	无
1	8:00	上午	关闭	占用	有
2	9:00	上午	关闭	占用	有
3	10:00	上午	关闭	占用	有
4	11:00	上午	关闭	占用	有
5	12:00	上午	关闭	空闲	无
6	13:00	下午	关闭	空闲	无
7	14:00	下午	关闭	占用	有
8	15:00	下午	关闭	占用	有
9	16:00	下午	关闭	占用	有
10	17:00	下午	关闭	占用	有
11	18:00	下午	关闭	占用	无
12	19:00	晚上	开启	占用	无
13	20:00	晚上	开启	占用	无
14	21:00	晚上	开启	占用	无
15	22:00	晚上	开启	占用	无
16	23:00	晚上	开启	空闲	无
17	24:00	晚上	开启	空闲	无
18	1:00	晚上	开启	空闲	无
19	2:00	晚上	开启	空闲	无
20	3:00	晚上	开启	空闲	无
21	4:00	晚上	开启	空闲	无
22	5:00	晚上	开启	空闲	无
23	6:00	晚上	开启	空闲	无

表 3-30　转换后的教室照明相关数据

样本序号	采样时间	时间段	灯光	房间占用情况	课程
0	7:00	时间段　上午	灯光　关闭	房间　空闲	课程　无
1	8:00	时间段　上午	灯光　关闭	房间　占用	课程　有
2	9:00	时间段　上午	灯光　关闭	房间　占用	课程　有
3	10:00	时间段　上午	灯光　关闭	房间　占用	课程　有
4	11:00	时间段　上午	灯光　关闭	房间　占用	课程　有
5	12:00	时间段　上午	灯光　关闭	房间　空闲	课程　无
6	13:00	时间段　下午	灯光　关闭	房间　空闲	课程　无
7	14:00	时间段　下午	灯光　关闭	房间　占用	课程　有
8	15:00	时间段　下午	灯光　关闭	房间　占用	课程　有
9	16:00	时间段　下午	灯光　关闭	房间　占用	课程　有
10	17:00	时间段　下午	灯光　关闭	房间　占用	课程　有
11	18:00	时间段　下午	灯光　关闭	房间　占用	课程　无
12	19:00	时间段　晚上	灯光　开启	房间　占用	课程　无
13	20:00	时间段　晚上	灯光　开启	房间　占用	课程　无
14	21:00	时间段　晚上	灯光　开启	房间　占用	课程　无
15	22:00	时间段　晚上	灯光　开启	房间　占用	课程　无
16	23:00	时间段　晚上	灯光　开启	房间　空闲	课程　无
17	24:00	时间段　晚上	灯光　开启	房间　空闲	课程　无
18	1:00	时间段　晚上	灯光　开启	房间　空闲	课程　无
19	2:00	时间段　晚上	灯光　开启	房间　空闲	课程　无
20	3:00	时间段　晚上	灯光　开启	房间　空闲	课程　无
21	4:00	时间段　晚上	灯光　开启	房间　空闲	课程　无
22	5:00	时间段　晚上	灯光　开启	房间　空闲	课程　无
23	6:00	时间段　晚上	灯光　开启	房间　空闲	课程　无

使用 FP-growth 算法对表 3-30 中的数据进行关联规则挖掘。支持度和置信度的阈值分别设置为 30% 和 90%。教室照明相关数据集中的项和频繁项分别见表 3-31、表 3-32。表 3-30 对应的 FP-tree 如图 3-25 所示。

表 3-31　教室照明相关数据集中的项

项	支持度
课程　无	66.67%
房间　占用	54.17%

（续）

项	支持度
灯光　关闭	50.00%
灯光　开启	50.00%
时间段　晚上	50.00%
房间　空闲	45.83%
课程　有	33.33%
时间段　上午	25.00%
时间段　下午	25.00%

表 3-32　教室照明相关数据集中的频繁项

项	支持度
课程　无	66.67%
房间　占用	54.17%
灯光　关闭	50.00%
灯光　开启	50.00%
时间段　晚上	50.00%
房间　空闲	45.83%
课程　有	33.33%

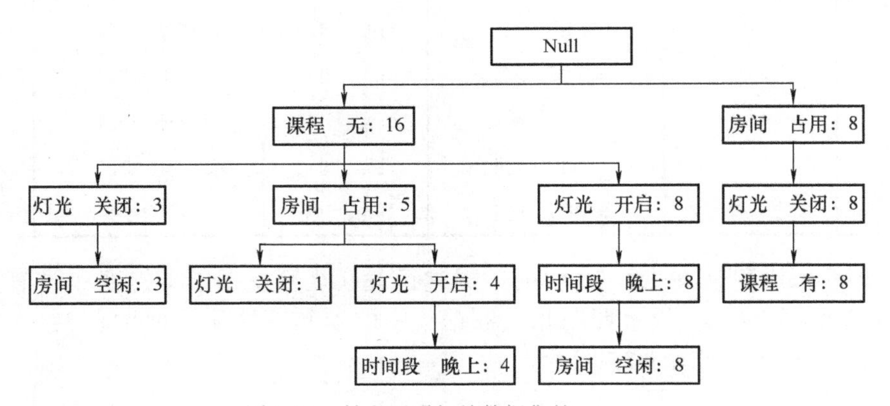

图 3-25　教室照明相关数据集的 FP-tree

按频繁项的支持度由小到大依次进行挖掘，过程如下：

1）构建“课程　有”的条件 FP-tree（见图 3-26），对该条件 FP-tree 进行递归挖掘，得到频繁项集，见表 3-33。

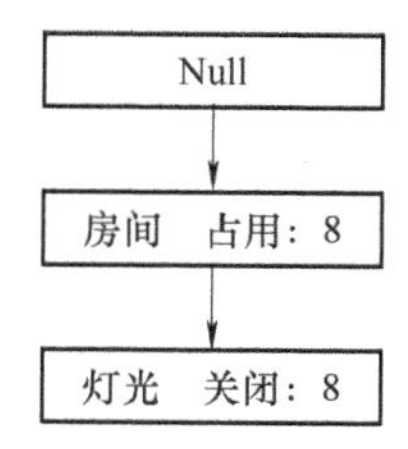

图 3-26　“课程　有”的条件 FP-tree

表 3-33　以“课程　有”为条件得到的频繁项集

项集	支持度
{课程　有}	33.33%
{课程　有，灯光　关闭}	33.33%
{课程　有，房间　占用}	33.33%
{课程　有，灯光　关闭，房间　占用}	33.33%

2）构建“房间　空闲”的条件 FP-tree（见图 3-27），对该条件 FP-tree 进行递归挖掘，得到频繁项集，见表 3-34。

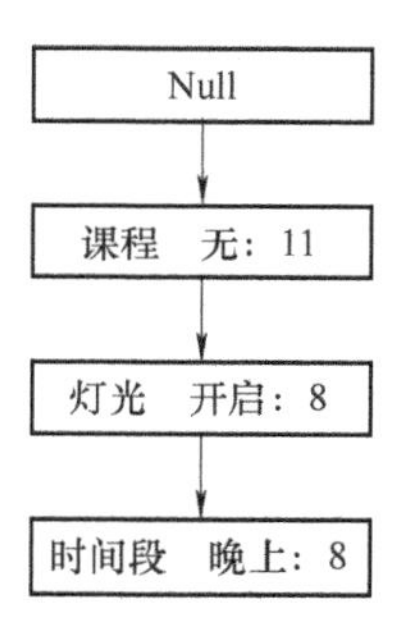

图 3-27　“房间　空闲”的条件 FP-tree

表 3-34　以“房间　空闲”为条件得到的频繁项集

项集	支持度
{房间　空闲}	45.83%
{房间　空闲，灯光　开启}	33.33%
{房间　空闲，时间段　晚上}	33.33%
{房间　空闲，课程　无}	45.83%
{房间　空闲，时间段　晚上，灯光　开启}	33.33%
{房间　空闲，时间段　晚上，课程　无}	33.33%
{房间　空闲，灯光　开启，课程　无}	33.33%
{房间　空闲，时间段　晚上，灯光　开启，课程　无}	33.33%

3）构建“时间段　晚上”的条件 FP-tree（见图 3-28），对该条件 FP-tree 进行递归挖掘，得到频繁项集，见表 3-35。

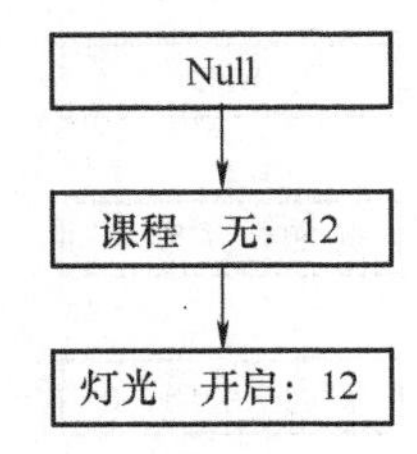

图 3-28 “时间段　晚上”的条件 FP-tree

表 3-35 以“时间段　晚上”为条件得到的频繁项集

项集	支持度
{时间段　晚上}	50.00%
{时间段　晚上，灯光　开启}	50.00%
{时间段　晚上，课程　无}	50.00%
{时间段　晚上，灯光　开启，课程　无}	50.00%

4）构建“灯光　开启”的条件 FP-tree（见图 3-29），对该条件 FP-tree 进行递归挖掘，得到频繁项集，见表 3-36。

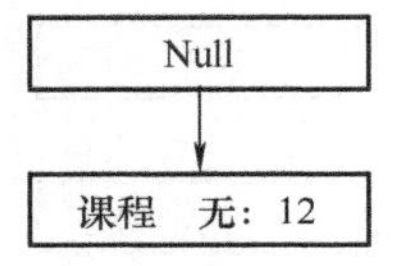

图 3-29 “灯光　开启”的条件 FP-tree

表 3-36 以“灯光　开启”为条件得到的频繁项集

项集	支持度
{灯光　开启}	50.00%
{灯光　开启，课程　无}	50.00%

5）构建“灯光　关闭”的条件 FP-tree（见图 3-30），对该条件 FP-tree 进行递归挖掘，得到频繁项集，见表 3-37。

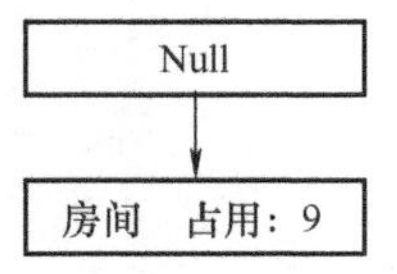

图 3-30 “灯光　关闭”的条件 FP-tree

表 3-37 以“灯光　关闭”为条件得到的频繁项集

项集	支持度
{灯光　关闭}	50.00%
{灯光　关闭，房间　占用}	37.50%

6）“房间　占用”的条件模式基不存在频繁项，因此不存在条件 FP-tree，其频繁项集只有它本身，见表 3-38。

表 3-38　以“房间　占用”为条件得到的频繁项集

项集	支持度
{房间　占用}	54.17%

7）“课程　无”不存在条件模式基，其频繁项集只有它本身，见表 3-39。

表 3-39　以“课程　无”为条件得到的频繁项集

项集	支持度
{课程　无}	66.67%

最终得到的所有频繁项集见表 3-40。由频繁项集生成的强关联规则见表 3-41。

表 3-40　教室照明相关数据集中的所有频繁项集

项集	支持度
{课程　无}	66.67%
{房间　占用}	54.17%
{灯光　关闭}	50.00%
{灯光　开启}	50.00%
{时间段　晚上}	50.00%
{房间　空闲}	45.83%
{课程　有}	33.33%
{灯光　开启，课程　无}	50.00%
{时间段　晚上，灯光　开启}	50.00%
{时间段　晚上，课程　无}	50.00%
{房间　空闲，课程　无}	45.83%
{灯光　关闭，房间　占用}	37.50%
{房间　空闲，灯光　开启}	33.33%
{房间　空闲，时间段　晚上}	33.33%
{课程　有，灯光　关闭}	33.33%
{课程　有，房间　占用}	33.33%
{时间段　晚上，灯光　开启，课程　无}	50.00%
{房间　空闲，时间段　晚上，灯光　开启}	33.33%
{房间　空闲，时间段　晚上，课程　无}	33.33%
{房间　空闲，灯光　开启，课程　无}	33.33%
{课程　有，灯光　关闭，房间　占用}	33.33%
{房间　空闲，时间段　晚上，灯光　开启，课程　无}	33.33%

表 3-41 教室照明相关数据集中的所有强关联规则

序号	强关联规则	支持度	置信度
0	{灯光 开启}→{课程 无}	50.00%	100.00%
1	{时间段 晚上}→{灯光 开启}	50.00%	100.00%
2	{灯光 开启}→{时间段 晚上}	50.00%	100.00%
3	{时间段 晚上}→{课程 无}	50.00%	100.00%
4	{房间 空闲}→{课程 无}	45.83%	100.00%
5	{课程 有}→{灯光 关闭}	33.33%	100.00%
6	{课程 有}→{房间 占用}	33.33%	100.00%
7	{时间段 晚上}→{灯光 开启，课程 无}	50.00%	100.00%
8	{灯光 开启}→{时间段 晚上，课程 无}	50.00%	100.00%
9	{时间段 晚上，灯光 开启}→{课程 无}	50.00%	100.00%
10	{时间段 晚上，课程 无}→{灯光 开启}	50.00%	100.00%
11	{灯光 开启，课程 无}→{时间段 晚上}	50.00%	100.00%
12	{房间 空闲，时间段 晚上}→{灯光 开启}	33.33%	100.00%
13	{房间 空闲，灯光 开启}→{时间段 晚上}	33.33%	100.00%
14	{房间 空闲，时间段 晚上}→{课程 无}	33.33%	100.00%
15	{房间 空闲，灯光 开启}→{课程 无}	33.33%	100.00%
16	{课程 有}→{灯光 关闭，房间 占用}	33.33%	100.00%
17	{课程 有，灯光 关闭}→{房间 占用}	33.33%	100.00%
18	{课程 有，房间 占用}→{灯光 关闭}	33.33%	100.00%
19	{房间 空闲，时间段 晚上}→{灯光 开启，课程 无}	33.33%	100.00%
20	{房间 空闲，灯光 开启}→{时间段 晚上，课程 无}	33.33%	100.00%
21	{房间 空闲，时间段 晚上，灯光 开启}→{课程 无}	33.33%	100.00%
22	{房间 空闲，时间段 晚上，课程 无}→{灯光 开启}	33.33%	100.00%
23	{房间 空闲，灯光 开启，课程 无}→{时间段 晚上}	33.33%	100.00%

表 3-41 中的 24 个关联规则中存在大量冗余信息，为了找出其中有用的规则，可以先对规则前提和结论中的变量进行约束。考虑教室照明能源浪费通常是由于教室的无效照明导致，即教室内无人但是灯光开着，因此，最终有用的关联规则中应该包含灯光使用情况和房间占用情况。同时，为了分析浪费产生的时间和原因，需要借助开课信息和照明时间。基于上述分析，最终的关联规则中应该含有时间段、房间占用情况、课程和灯光四个变量的取值情况。时间段、房间占用情况和课程直接导致灯光开启与否。因此，这三个变量应该包含在前提中，而灯光应该包含在结论中。符合这一条件的强关联规则仅有一条，

即关联规则 22。该规则揭示了当晚上无课时，房间内无人但是灯光开着，这会造成大量的能源浪费。因此，有必要进一步强化“人走灯灭”意识或安装自动感应灯，从而有效避免此类浪费现象。

3.3.5 课外阅读

本节介绍了能源领域最常见的两种关联规则挖掘算法，分别是 Apriori 算法和 FP-growth 算法。这两种算法仅对分类型变量有效，无法直接处理连续型变量。为了克服这一难题，前人提出了一些能够直接处理连续型变量的量化关联规则挖掘算法，例如 QuantMiner 算法 [4]。此类算法能够自适应地对连续型变量进行离散，使得最终挖掘出的关联规则满足一定准则，例如最大化关联规则的置信度。

上述关联规则挖掘算法常用于发现能源系统的稳态运行规律，但难以识别能源系统的非稳态运行规律。如果想要揭示非稳态运行规律，可以使用以下两种关联规则挖掘算法的变体。

1. 渐进模式挖掘

渐进模式的通用表达式为 $\{V_1^{+/-}, V_2^{+/-}, \cdots, V_n^{+/-}\}$，其中 V_1，V_2，…，V_n 为 n 个变量，+ 表示变量的值增加，– 表示变量的值减小。渐进模式可以揭示变量间的协同变化情况，即当某个变量变化时，其余变量如何变化。在能源领域，此类知识普遍存在，例如阀门开度的增加会导致流量的增加，冬季室外温度的降低会导致建筑冷负荷的增加，太阳辐射的增强会导致光伏发电量增加。通过渐进模式挖掘，可以从能源系统的数据中逆向识别出上述知识，从而指导能源系统的故障诊断和优化运行。常见的渐进模式挖掘算法为 ParaMiner 算法 [5]。

2. 时序关联规则挖掘

时序关联规则的通用表达式为“$A \xrightarrow{T} B$”，表示当 A 发生 T 时间后，B 发生。时序关联规则可以用于识别变量间的时序延迟关系，即当某个变量发生变化后，另一个变化要多久才能对该变量产生反应。在能源领域，此类知识同样很普遍，例如管网热源处的供水温度变化需要一段时间后才能影响到热用户，冷机的冷冻阀要等冷机关闭一段时间后才关闭。时序关联规则挖掘算法可以从能源系统数据中抽取上述知识，有助于能源系统的故障诊断和优化运行。常见的时序关联规则挖掘算法如 TRuleGrowth 算法 [6]。

3.4 知识后挖掘

3.4.1 引言

无监督学习本身不具有解释知识的能力，需要借助专家的工程经验对无监督学习得到的知识进行深度解读后，才能提取出知识背后的价值，并将其应用于解决优化控制、节能改造、运维管理等问题，这一过程称为知识后挖掘。知识可视化、知识降维、知识筛选是能源领域最常用的三种知识后挖掘方法。它们可以显著降低知识的维度和冗余度，从而提高知识的可读性和可解释性。

一图胜千言，图是最直观的数据呈现形式。无论是聚类还是关联规则挖掘，都可以通过合适的可视化技术来提高最终结果的可读性和可解释性。对于聚类，常用的可视化图表类型有散点图、折线图、热图、箱型图和小提琴图。对于关联规则挖掘，规则本身具有可解释性，因此一般不需要对其进行可视化。此外，关联规则的数量往往十分巨大，对大量关联规则进行可视化十分困难。

知识降维常用于对高维空间中的聚类结果进行可视化。高维空间中的聚类结果往往由于其维度过高而难以使用简单的图表进行呈现。知识降维旨在通过线性或非线性映射将高维空间的聚类结果映射到低维空间，从而解决高维空间聚类结果难以可视化的难题。

无监督学习，特别是关联规则挖掘，能从能源数据中发现海量知识。但是，其中绝大部分知识是无用或冗余的，这极大增加了专家从中发现价值的难度。因此，高效的知识筛选方法必不可少。它旨在通过预先设定的准则，自动剔除海量知识中的无用知识，从而大幅提高知识的价值浓度，助力专家实现更高效和更精准的知识解读。

由于聚类和关联规则挖掘的知识后挖掘方法略有差异，本节将分别展开介绍，具体如下：首先，本节将介绍聚类中常用的知识后挖掘方法，包括可视化方法（散点图、箱型图、小提琴图、折线图和热图）和降维方法（t-SNE）。然后，本节将描述关联规则挖掘中常用的知识后挖掘方法，主要介绍了两种关联规则筛选方法，分别是基于变量约束的筛选方法和基于评价指标的筛选方法。与前几节一样，本节在介绍过程中也将给出丰富的示例便于读者理解。

3.4.2 聚类后挖掘

1. 聚类结果可视化

（1）散点图　由于极佳的可视化性能，散点图通常是聚类结果可视化的首选。它可以直观地显示二维和三维样本在空间中的分布情况。每个散点图由多个点组成，每个点代表一个样本，样本在直角坐标系中的位置由它在坐标系各个维度上的取值决定。为了直观显示样本对应的聚类簇，通常可以采用不同颜色或形状的点对位于不同聚类簇的样本进行区分。需要特别注意的是，超过三维的结果直角坐标系无法绘制，因此散点图无法直接对超过三维的样本聚类结果进行可视化。此时，可以首先采用知识降维技术将样本维度降低到二维或三维，然后使用散点图对聚类结果进行可视化。知识降维的相关内容将在 4.2.3 节中进行介绍。

3.2.3 节的图 3-9 和 3.2.5 节的图 3-19 分别给出了基于散点图的二维样本和三维样本聚类结果可视化案例，这里不再赘述。

（2）箱型图　对于高维样本的聚类结果，除了可以采用知识降维，也可以采用箱型图对不同维度的聚类结果单独进行可视化。如图 3-31 所示，箱型图通常包含以下几个要素，分别是中位数，上、下四分位数，上、下边缘和异常值。中位数和上、下四分位数需要通过对样本进行升序排序得到。将所有数据从小到大依次排序，排在第 25% 位置的数称为下四分位数（Q_1），排在第 50% 位置的数称为中位数（Q_2），排在第 75% 位置的数称为上四分位数（Q_3）。有了上、下四分位数，可以计算两者之间的四分位距 $IQR=Q_3-Q_1$。

基于四分位距，可以进一步计算得到上边缘（Q_3+1.5IQR）和下边缘（Q_1−1.5IQR）。需要注意的是，上、下边缘并非最大最小值，而是通过大量统计实验得到的正常样本范围，超出这一范围的样本通常为异常值。

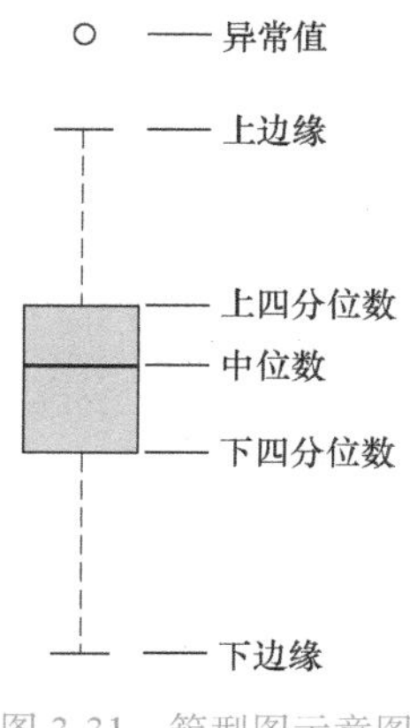

图 3-31 箱型图示意图

每个变量在每个聚类簇中的数据都可以画成一个箱型图。通过对每个变量在不同聚类簇中的箱型图进行横向对比，可以直观地看出它们在不同聚类簇中分布范围的差异。

例 3-12 表 3-42 为 35 处住宅建筑的年分项用电负荷。每个建筑记录了 6 项用电负荷，分别是热水负荷、照明负荷、厨房负荷、制冷负荷、娱乐负荷（电视、计算机、游戏机等）和家务负荷（洗衣机、烘干机等）。由于表中不同用电负荷取值范围之间差异较大，在聚类前需要对表中数据进行最大最小归一化。随后，使用 k-means 算法对表中的住宅建筑年分项用电负荷进行聚类，旨在揭示不同建筑的用电特征。根据轮廓系数对聚类数进行优化，最佳聚类数为 3，最终的聚类结果见表 3-42。

表 3-42 35 处住宅建筑年分项用电负荷 （单位：MJ/ 人）

样本序号	热水负荷	照明负荷	厨房负荷	制冷负荷	娱乐负荷	家务负荷	聚类簇
0	1734.69	508.85	736.01	710.52	410.40	59.59	1
1	1345.88	533.08	760.27	738.11	364.01	57.56	1
2	1555.24	474.93	744.10	772.60	388.99	69.75	1
3	1196.34	436.16	679.39	627.74	321.19	71.78	1
4	1271.11	474.93	889.68	745.01	374.72	77.88	1
5	1550.98	559.62	754.52	689.14	440.33	115.80	1
6	5488.65	688.25	732.10	886.64	731.88	137.73	2
7	3571.92	689.31	613.42	561.48	302.36	669.01	3
8	1305.33	412.29	668.14	776.55	410.48	53.09	1
9	1682.91	765.66	763.97	732.67	591.89	135.19	1
10	3877.61	954.09	807.27	695.53	819.16	114.64	2

（续）

样本序号	热水负荷	照明负荷	厨房负荷	制冷负荷	娱乐负荷	家务负荷	聚类簇
11	4103.13	830.17	490.43	531.93	199.44	692.08	3
12	3835.47	766.51	616.58	604.51	199.75	737.60	3
13	5029.85	839.11	465.97	586.62	243.50	583.59	3
14	3310.62	930.25	703.89	437.48	280.74	749.24	3
15	2811.19	701.07	609.16	469.51	225.10	670.74	3
16	1379.24	653.46	881.59	761.68	416.14	64.83	1
17	1525.01	689.72	1164.30	662.50	367.15	131.59	1
18	1861.17	629.81	1025.32	765.09	614.48	128.12	1
19	3004.08	909.46	670.79	467.30	273.15	511.27	3
20	5072.84	937.91	508.82	690.19	273.79	915.57	3
21	3435.85	978.12	875.67	524.75	201.35	817.47	3
22	3512.49	849.75	660.14	697.42	283.89	740.71	3
23	3793.60	876.83	831.27	545.58	302.36	563.50	3
24	4048.56	903.34	669.04	557.45	286.47	701.09	3
25	5289.87	854.59	790.09	699.62	610.96	138.30	2
26	3567.40	643.90	810.64	780.37	916.06	140.58	2
27	5583.76	881.58	587.04	821.65	756.88	151.17	2
28	3650.67	869.27	860.16	687.54	653.99	120.26	2
29	3949.45	563.26	797.34	696.67	843.10	139.70	2
30	4120.06	645.56	850.64	739.71	811.43	143.07	2
31	4808.64	761.16	914.26	654.94	658.54	148.44	2
32	4283.33	703.71	724.86	576.63	646.11	171.16	2
33	3760.06	796.99	846.25	784.32	804.61	143.07	2
34	3798.42	674.99	742.75	754.60	733.09	178.74	2

使用箱型图对表 3-42 中的聚类结果进行可视化，结果如图 3-32 所示。基于箱型图，可以很直观地看出不同聚类簇中的分项用电负荷高低。例如，聚类簇 1 中建筑的年热水用电负荷显著低于其他聚类簇中建筑的年热水用电负荷，聚类簇 2 中建筑的年娱乐用电负荷显著高于其他聚类簇中建筑的年娱乐用电负荷，聚类簇 3 中建筑的年家务用电负荷显著高于其他聚类簇中建筑的年家务用电负荷。通过了解不同建筑的用能特性，可以制定更个性化的供电策略和节能建议，从而最终实现建筑节能。

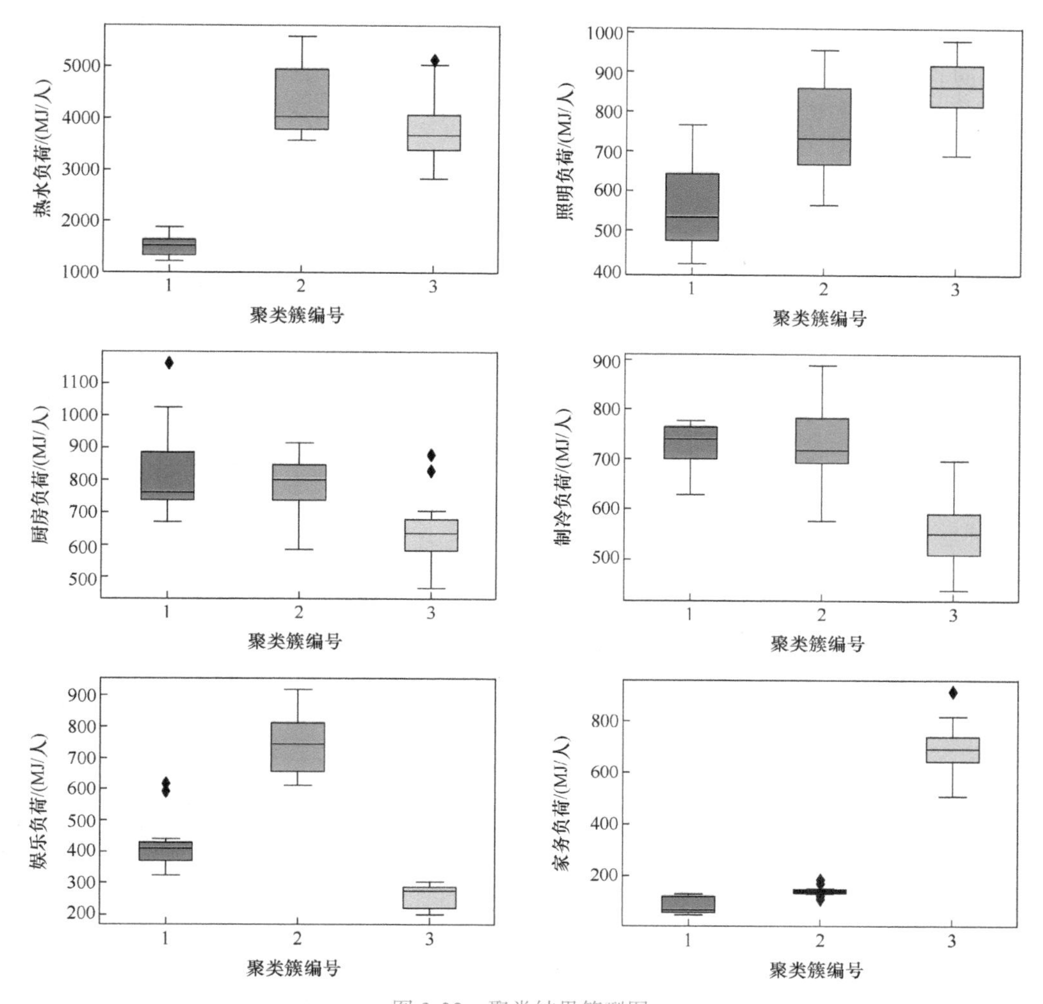

图 3-32 聚类结果箱型图

（3）小提琴图 小提琴图和箱型图类似，均可以反映变量在不同聚类簇中的分布差异。它可以看作箱型图的一种改进，它展示了变量在任意取值位置处的密度。如图 3-33 所示，小提琴图在展示分位数位置的同时，也展示了变量在不同取值时的出现频率。相较于箱型图，小提琴图可以提供更详细的数据分布信息。

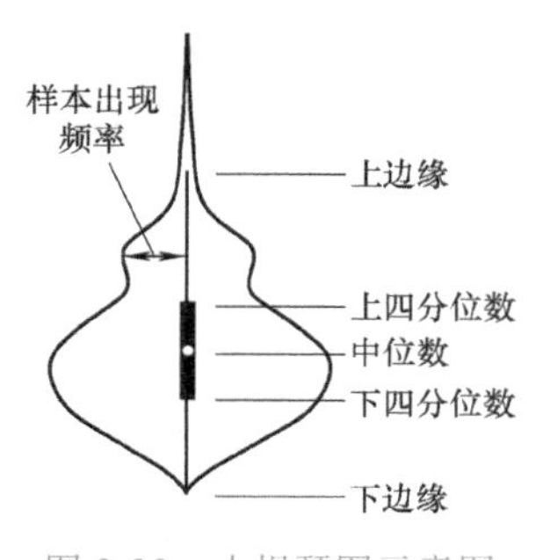

图 3-33 小提琴图示意图

例 3-13 使用小提琴图对表 3-42 中数据的聚类结果进行可视化，结果如图 3-34 所示。可以看出，小提琴图可以实现箱型图全部的功能，对于数据分布的刻画更为精细，因此具有更好的可视化效果。

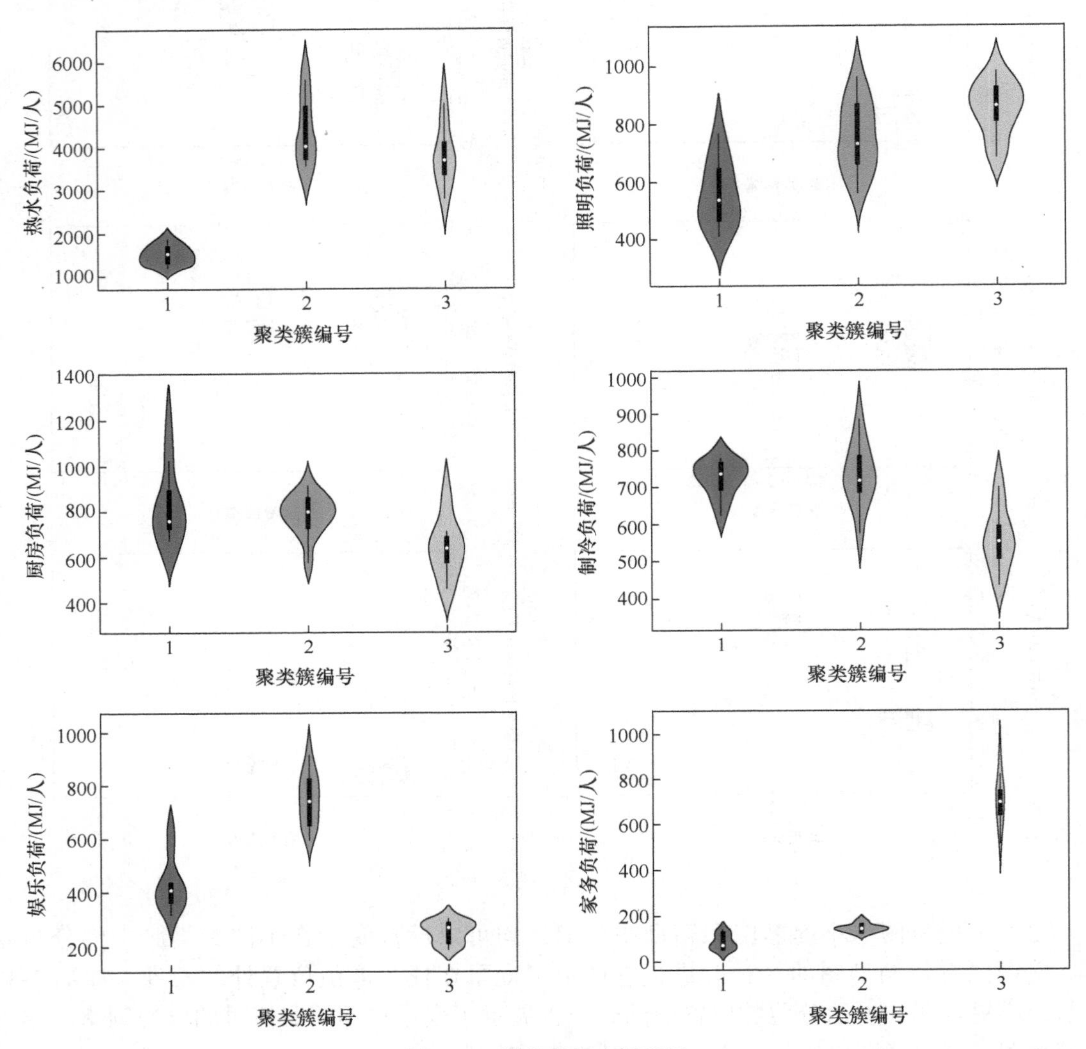

图 3-34 聚类结果小提琴图

（4）折线图 散点图、箱型图和小提琴图常用于非时序样本的聚类结果可视化。实际中，时序样本的聚类任务也十分常见，例如对建筑日能耗曲线的聚类。由于时序数据具有时间属性，因此通常可以采用折线图进行可视化。折线图的横坐标为时间，纵坐标为目标变量。每个时序样本可以用一条折线图表示，位于不同聚类簇的时序样本可以使用不同颜色或者线型的折线进行区分。

例 3-14 表 3-43 为某办公建筑 14d 的小时冷负荷数据，冷负荷通过冷源侧冷冻水的供回水温差与流量计算得到。使用 k-means 算法对表中的日负荷曲线进行聚类，旨在揭示该建筑的日用冷模式。根据轮廓系数对聚类数进行优化，最佳聚类数为 2。9 月 2 日、9

月 3 日、9 月 9 日和 9 月 10 日的日负荷曲线被归为聚类簇 1，其余负荷曲线归为聚类簇 2。

表 3-43　某办公建筑 2017 年 9 月 1 日—14 日冷负荷数据　（单位：kW）

时间	9 月 1 日	9 月 2 日	9 月 3 日	9 月 4 日	9 月 5 日	9 月 6 日	9 月 7 日
0:00	3668.09	3735.28	3829.4	3801.34	3609.97	3969.52	3591.85
1:00	3953.93	3884.56	3587.44	3587.17	3834.44	3566.5	3981.48
2:00	3666.91	3648.16	3618.5	3564.05	3809.54	3720.89	3648.59
3:00	3771.07	3875.79	3860.38	3808.02	3650.5	3479.09	3581.95
4:00	3324.25	3941.62	3547.41	3696.94	3792.71	3407.17	3354.32
5:00	3455.67	3495.99	3904.9	3485.06	3442.48	3326.36	3480.92
6:00	3847.76	3498.79	3773.03	3482.66	3697.95	3773.27	3663.21
7:00	5393.15	3670.07	3555.3	5512.45	5579.58	5433.56	5392.97
8:00	6223.3	3592.5	4035.51	5866.57	6148.08	6007.24	5823.01
9:00	6660.38	3797.83	3946.84	6985.45	6880.93	7041.33	7080.1
10:00	7233.22	3966.37	3912.3	7043.01	7084.37	7089.15	7068.92
11:00	7302.85	3959.72	4140.9	7125.45	7090.28	7305.29	7250.76
12:00	7410.07	3977.04	4011.7	7234.35	7375.71	7407.78	7285.36
13:00	7212.88	4102.08	3853.04	7427.95	7335.05	7125.66	7400.06
14:00	6779.99	5278.63	5283.5	6386.43	6779.32	6604.7	6376.79
15:00	6584.87	4965.01	5254.54	6260.91	6288.72	6516.53	6457.25
16:00	6542.71	5238.19	5385	6642.85	6732.98	6928.75	6742.46
17:00	6708.13	4964.71	5002.33	6742.88	6398.66	6686.1	6712.33
18:00	6164.36	4328.9	3993.36	6427.98	6340.24	6363.16	6428.83
19:00	6008.05	4165.18	4230.17	6058.55	5988.87	5865.04	5712.26
20:00	4774.38	3922.74	3747.72	4833.71	5019.48	4884.79	4889.25
21:00	4735.4	3713.94	3830.68	4337.12	4385.98	4561.9	4770.48
22:00	4173.33	3645.6	3727.35	4013.4	4296.78	4007.96	4215.95
23:00	3748.12	4031.34	4049.19	3517.75	3845.98	3745.37	3976.8
时间	9 月 8 日	9 月 9 日	9 月 10 日	9 月 11 日	9 月 12 日	9 月 13 日	9 月 14 日
0:00	3956.34	3784.97	3969.02	3987.05	3683.15	3828.96	3866.21
1:00	3768.52	3811.93	3696.04	3588.5	3538.36	3936.25	3850.03
2:00	3626.39	3802.94	3750.31	3858.81	3757.8	3537.24	3871.23
3:00	3419.98	3913.62	3598.83	3846.89	3546.28	3450.12	3535.74
4:00	3517.38	3554.83	3660.16	3518.35	3374.16	3786.7	3629.72
5:00	3582.31	3491.29	3577.09	3792.47	3644.31	3485.58	3567.42

（续）

时间	9月8日	9月9日	9月10日	9月11日	9月12日	9月13日	9月14日
6:00	3736.7	3745.78	3719.51	3608.18	3709.69	3608.31	3599.88
7:00	5416.21	3977.85	3536.62	5517.99	5211.73	5535.76	5255.2
8:00	6038.71	4025.3	3616.6	6269.79	6211.26	5846.6	6050.52
9:00	6881.2	4071.96	3742.85	6947.34	6959.56	7013.49	6619.64
10:00	7257.01	3768.76	4182.43	7167.39	7141.73	7442.5	7191.98
11:00	7531.24	3794.25	4084.77	7498.39	7519.07	7396.63	7332.71
12:00	7034.55	3974.16	3902.86	7274.6	7049.27	7136.43	7182.61
13:00	7065.02	3983.37	4259.19	7443.62	6977.25	7199.08	7342.45
14:00	6403.5	5253.76	5604.98	6635.05	6444.99	6594.29	6729.17
15:00	6679.33	5262.69	4899.63	6728.63	6309.19	6481.31	6566.18
16:00	6433.09	5418.5	5458.42	6793.98	6710.42	6845.77	6930.68
17:00	6404.51	4998.96	4589.8	6577.86	6469.98	6706.65	6503.73
18:00	6142.5	4132.69	4431.53	6325.45	6429.25	6045.21	6352.07
19:00	5713.32	4098.45	4074.31	5770.79	5827.98	6029.36	5966.58
20:00	4804.99	3745.59	4105.93	4930.45	4825.04	5045.67	4921.08
21:00	4446.62	3963.99	3882.64	4825.32	4418.41	4587.65	4417.02
22:00	4486.07	4022.25	3665.61	4131.84	4432.67	4442.69	4224.91
23:00	3609.86	3908.27	3734.47	3597.63	3561.8	3855.13	3737.6

使用折线图对聚类结果进行可视化，结果如图 3-35 所示。可以看出聚类簇 1 的冷负荷曲线显著低于聚类簇 2 的冷负荷曲线。这是由于聚类簇 1 中的冷负荷曲线采集自周末，而聚类簇 2 中冷负荷曲线采集自工作日。部分员工周末不上班，因此周末的冷负荷显著低于工作日。

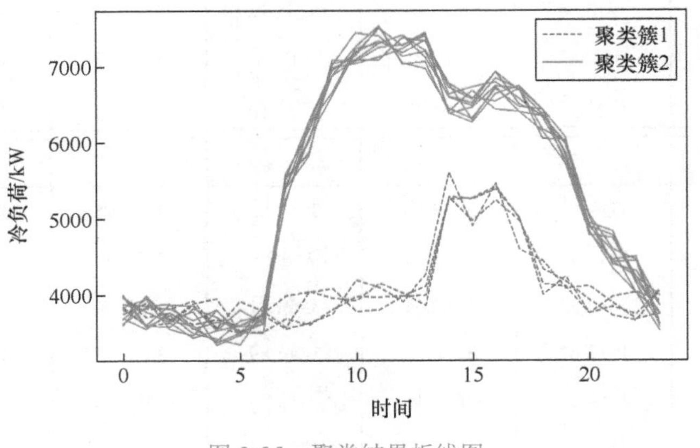

扫码查看
图 3-35 彩图

图 3-35 聚类结果折线图

（5）热图　除了折线图，热图也可以用于时序样本聚类结果的可视化。不同于折线图，热图使用颜色深浅来表示目标变量数值高低。它由多个矩形色块组成，每个矩形色块具有不同颜色，表示目标变量在某个时刻的数值高低。每个时序样本可用一行矩形色块表示，多行矩形色块共同组成了多个时序样本的热图。对不同的聚类簇，可以获得不同的热图，从而实现对时序样本聚类结果的可视化。

例 3-15　使用热图对表 3-43 中数据的聚类结果进行可视化。聚类簇 1 的可视化结果如图 3-36 所示，聚类簇 2 的可视化结果如图 3-37 所示。相比折线图，此处的热图还可以呈现出不同日期的冷负荷分布，因此能够反映更多信息。但是热图不如折线图直观，可读性较差。

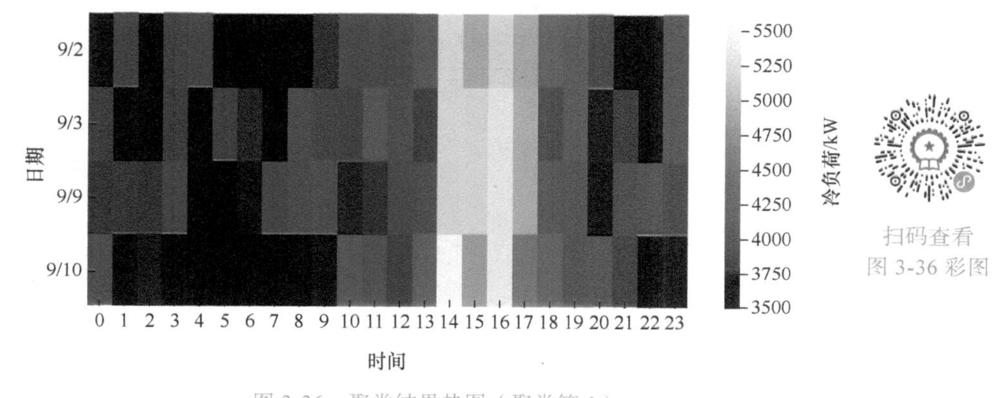

图 3-36　聚类结果热图（聚类簇 1）

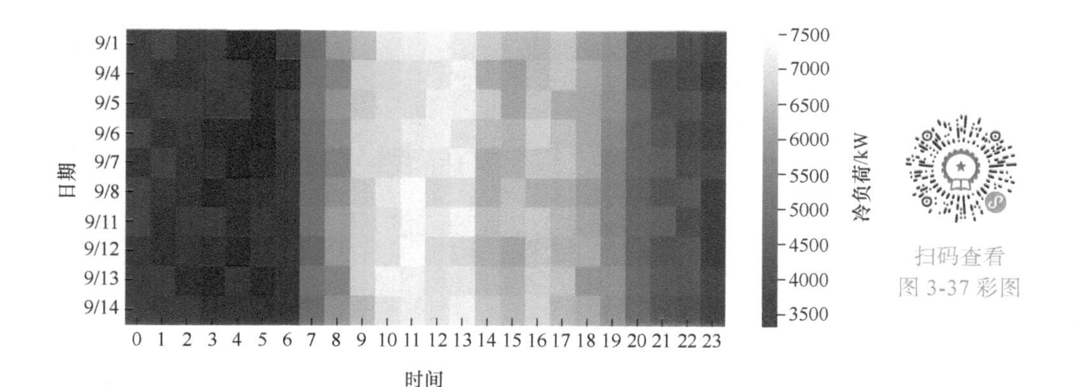

图 3-37　聚类结果热图（聚类簇 2）

2. 聚类结果降维

聚类结果降维旨在将原始高维数据映射到低维空间，从而便于可视化。这一过程与数据预处理中的数据降维过程本质相同，但是最终目的不同。数据预处理中常用的算法（例如主成分分析算法和线性判别分析算法）也可以用于聚类结果降维。但是，上述两种算法均为线性降维算法，无法对存在非线性关联变量的聚类结果进行降维。因此，非线性降维算法在聚类结果降维中更为常用。

目前，t-SNE（t-distributed stochastic neighbor embedding）是聚类降维中最常用的非

线性降维算法。它的基本思想是保证高维空间中距离相近的样本映射到低维空间时距离也相近。但是降维后的聚类结果将损失原有聚类变量的物理意义，因此聚类结果降维仅能提供聚类结果的可视化图表，人员无法对此类图表进行解释。这一缺陷制约了此类方法在实际中的应用。

t-SNE 算法主要包括以下步骤：

第一步：设存在 N 个高维聚类样本（$\boldsymbol{x}_1, \boldsymbol{x}_2, \cdots, \boldsymbol{x}_N$），t-SNE 使用式（3-47）和式（3-48）构建它们之间的概率分布 P。由式可知，样本 $\boldsymbol{x}_i$ 和 $\boldsymbol{x}_j$ 之间的距离越近，它们的概率 p_{ij} 也越高。

$$p_{j|i} = \begin{cases} \dfrac{\exp\left(-\left\|\boldsymbol{x}_i - \boldsymbol{x}_j\right\|^2 / 2\sigma_i^2\right)}{\sum\limits_{k \neq i} \exp\left(-\left\|\boldsymbol{x}_i - \boldsymbol{x}_k\right\|^2 / 2\sigma_i^2\right)}, & j \neq i \\ 0, & j = i \end{cases} \tag{3-47}$$

$$p_{ij} = \frac{p_{j|i} + p_{i|j}}{2N} \tag{3-48}$$

式（3-47）中，$\exp\left(-\left\|\boldsymbol{x}_i - \boldsymbol{x}_j\right\|^2 / 2\sigma_i^2\right)$ 为高斯核函数，它的带宽 σ_i 通常使用二分查找的方式获得。具体计算流程见式（3-49）和式（3-50）。式中，Prep 为困惑度，通常人为给定。给定困惑度后，便可计算出对应的带宽 σ_i。

$$\mathrm{Perp}(P_i) = 2^{H(P_i)} \tag{3-49}$$

$$H(P_i) = -\sum_j p_{j|i} \log_2(p_{j|i}) \tag{3-50}$$

第二步：设存在 N 个低维（通常为二维或三维）样本（$\boldsymbol{y}_1, \boldsymbol{y}_2, \cdots, \boldsymbol{y}_N$），它们的概率分布 Q 见式（3-51）：

$$\boldsymbol{q}_{ij} = \begin{cases} \dfrac{\left(1 + \left\|\boldsymbol{y}_i - \boldsymbol{y}_k\right\|^2\right)^{-1}}{\sum\limits_{l \neq k} \left(1 + \left\|\boldsymbol{y}_k - \boldsymbol{y}_l\right\|^2\right)^{-1}}, & j \neq i \\ 0, & j = i \end{cases} \tag{3-51}$$

第三步：使用梯度下降算法最小化低维分布 Q 与高维分布 P 之间的 Kullback Leibler 散度（KL 散度）。两者之间的 KL 散度定义如下：

$$\mathrm{KL}(P \| Q) = \sum_i \sum_j p_{ij} \lg \frac{p_{ij}}{q_{ij}} \tag{3-52}$$

例 3-16 使用 t-SNE 对表 3-40 中数据的聚类结果进行降维，维度设置为 2。降维后的聚类结果可用二维散点图（图3-38）表示。可以看出，降维后的样本具有很好的可视化效果，来自不同聚类簇的样本彼此之间具有很好的区分度，来自同一聚类簇的样本彼此之间较为接近。但是降维后的两个维度不具有物理意义，因此无法对图3-38中的聚类结果进行解释。

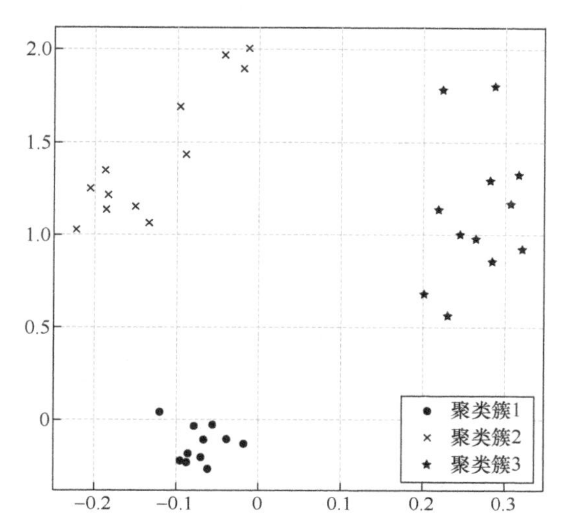

图3-38 对表3-40的聚类结果进行降维后的二维散点图

3.4.3 关联规则后挖掘

1. 基于变量约束的筛选

关联规则的最终目的在于揭示变量背后蕴含的知识。若分析人员对最终想要得到的知识目标明确，可以人为对关联规则前提和结论中存在的变量进行约束，从而找出与目标知识最相关的关联规则。尽管该方法能够快速高效地对关联规则进行筛选，但它过度依赖人工且无法发现目标知识以外的知识。因此，该方法仅适用于变量组合数较少的关联规则挖掘任务，不适用于变量组合数巨大的关联规则挖掘任务。

第3.3.4节中对教室照明能源浪费行为识别的示例中，使用该方法对最终得到的24条关联规则进行了筛选，成功找到了与目标知识最相关的1条关联规则。

2. 基于评价指标的筛选

第3.3.2节对2个常用的关联规则重要性评价指标进行了介绍，分别是支持度和置信度。尽管它们能够剔除部分无用的关联规则，但在实际中的效果往往比较有限。因此，实际中还可以使用其他指标对关联规则进行进一步筛选。

提升度（lift）是当前最常用的一种额外统计学评价指标。假设存在关联规则“$A \rightarrow B$”，其提升度为结论B在前提A的条件下的出现概率与结论B本身的出现概率的比值，具体定义见式（3-53）。它能够反映前提A对结论B出现概率的提升作用，从而判断两者是否存在相关性。它的取值范围介于$0 \sim +\infty$之间。若某关联规则的提升度为1，则表明前提和结论相互独立；若某关联规则的提升度大于1，则表明前提提高了结论的出现概率，即两者之间存在关联，且提升度越大，两者之间的关联就越强；若某关联规则的提升度小于 1，则表明前提降低了结论的出现概率，即两者之间互斥。实际中通常认为提升度大于 1 的关联规则更有价值。

$$\text{lift}(A \to B) = \frac{P(B \mid A)}{P(B)} \tag{3-53}$$

例 3-17 设表 3-12 为事务集合，关联规则为 {“冷机功率 1200～1300kW”} → {“冷机冷冻出水温度 7～8℃”，“冷机冷冻回水温度 9～10℃”}，其提升度计算过程如下：计算该关联规则的结论 {“冷机冷冻出水温度 7～8℃”，“冷机冷冻回水温度 9～10℃”} 在前提 {“冷机功率 1200～1300kW”} 的条件下的发生概率，可知发生概率为 4/5 = 80%。然后计算该关联规则的结论 {“冷机冷冻出水温度 7～8℃”，“冷机冷冻回水温度 9～10℃”}，可知它在事务集中的发生概率为 5/10 = 50%。最后，该关联规则的提升度等于上述两个概率的比值，即 lift = 80%/50% = 1.6。

3.4.4 课外阅读

目前，能源领域关于知识后挖掘的研究主要聚焦于如何对关联规则挖掘得到的海量知识进行高效筛选。有研究表明，传统的统计学评价指标（支持度、置信度和提升度）很难对从能源数据中提取出来的关联规则的价值进行准确评价。为了摆脱统计学的桎梏，前人模仿专家的知识筛选流程提出了一些非统计学的关联规则筛选方法，例如基于关联规则融合的筛选方法 [7]、基于变量间物理距离的筛选方法 [7] 和基于关联规则比较的筛选方法 [8]。本节将对基于关联规则融合的筛选方法进行详细介绍，其余方法较为复杂，这里不再详述。

基于关联规则融合的筛选方法适用于存在大量冗余设备的能源系统的数据挖掘任务。设备的冗余将导致从它们运行数据中挖掘得到的关联规则存在冗余。例如，若一个中央空调系统中的多台同型号冷机具有相似的运行规律，则它们的运行数据产生的关联规则也将十分相似，这意味着它们会产生许多冗余的关联规则。

为了解决上述问题，前人提出了基于关联规则融合的筛选方法 [9]。它的主要思想是将冗余关联规则融合成通用关联规则，从而降低关联规则的冗余度。它主要包含两个步骤。首先，根据关联规则的先验和结论中的变量类型和取值大小，对相似关联规则进行聚类。聚类旨在将先验和结论中变量和取值一致的关联规则归到一组。然后，将同一组内的相似关联规则融合成通用关联规则。

例 3-18 若某中央空调系统有两台冷机，分别为 1 号冷机和 2 号冷机。假设 1 号冷机存在关联规则 {“1# 冷机功率 1200～1300kW”} → {“1# 冷机冷冻出水温度 7～8℃”}，2 号冷机存在关联规则 {“2# 冷机功率 1200～1300kW”} → {“2# 冷机冷冻出水温度 7～8℃”}。使用关联规则融合对上述两个关联规则进行融合。可以看出，上述两个关联规则的先验和结论中的变量类型和取值大小均一致，因此它们属于同一组。它们可以转换成更通用的表达形式 {“冷机功率 1200～1300kW”} → {“冷机冷冻出水温度 7～8℃”}。

3.5　总结与展望

无监督学习在能源领域取得了巨大的成功，是智慧能源领域最重要的技术之一。它能够从海量能源大数据中逆向识别出能源系统的控制策略、低效 / 故障运行模式、能效水平、人员用能行为等知识，实现能源系统的精准化节能改造，最终助力国家双碳目标。

本章介绍了能源领域最常用的无监督学习算法的原理和应用场景，旨在让读者能够快速具备使用无监督学习算法解决领域问题的能力。目前，聚类和关联规则挖掘是能源领域最主流的无监督学习算法。围绕聚类，本章介绍了三种常见聚类算法的原理并给出了典型的应用示例，分别是原型聚类（k-means）、密度聚类（DBSCAN）和层次聚类（AGNES 和 DIANA）。围绕关联规则挖掘，本章阐述了两种主流的关联规则挖掘算法且提供了典型的应用示例，分别是 Apriori 算法和 FP-growth 算法。此外，本章还对无监督学习的三种常用知识后挖掘方法进行了介绍，分别是知识可视化、知识降维和知识筛选。

尽管无监督学习在故障诊断、策略识别、人员行为检测和能效评估等任务上表现优异，但是仍然存在部分问题亟待解决，包括但不限于以下三个关键问题：

（1）如何自动剔除无价值的知识　无监督学习，特别是关联规则挖掘算法，存在“知识爆炸”的领域难题。“知识爆炸”指通过无监督学习得到的知识数量过多，难以直接交由专家分析。最新研究发现，传统基于统计学的评价指标（支持度、置信度和提升度等）往往难以正确区分能源领域的有价值与无价值知识。更好的解决思路是构建领域知识驱动的知识评价体系，让计算机能够像专家一样精准识别有价值知识与无价值知识，从而为专家精准匹配潜在有价值的知识，实现更高效的知识解释。目前，领域知识驱动的知识评价体系十分稀缺，有待进一步深入研究。

（2）如何揭示数据内部蕴含的因果关联　当前能源领域对无监督学习的研究通常局限在发现变量间的统计学关联。但是，统计学关联中往往蕴含许多虚假关联，导致基于统计学关联得到的知识可能对专家产生误导。因果关联比统计学关联的可靠程度更高，基于因果关联得到的知识通常更加可靠且更易理解。这一方向的研究在能源领域仅处于起步阶段，未来具有非常大的发展潜力。

（3）如何使无监督数据挖掘过程实现完全自动化　当前，无监督学习的各个环节均需要专家的深度参与，例如数据预处理算法的选择和评价、无监督学习算法的选择和参数优化，以及知识的解释和使用。如何让计算机自动完成以上步骤，彻底摆脱对专家的依赖，是能源领域无监督学习任务的终极目标。

思考与练习

1. 请简述无监督学习的一般流程。
2. 请简述聚类分析算法的主要类型及其代表算法。
3. Apriori 和 FP-growth 算法在原理上有哪些主要区别？
4. 针对能源系统运行数据使用关联规则算法，一般需要进行哪些数据预处理工作？
5. 试列举适用于关联规则的知识后挖掘方法。

参考文献

[1] ANKERST M, BREUNIG M M, KRIEGEL H P, et al. Optics: ordering points to identify the clustering structure[C]//ACM SIGMOD. Proceedings of the 1999 ACM SIGMOD international conference on management of data. Philadelphia, Pennsylvania, USA: ACM Press, 1999: 49-60.

[2] GUHA S, RASTOGI R, SHIM K. Rock: a robust clustering algorithm for categorical attributes[J]. Information systems, 2000, 25(5): 345-366.

[3] ZHANG T, RAMAKRISHNAN R, LIVNY M. Birch: an efficient data clustering method for very large data bases[J]. ACM sigmod record, 1996, 25(2): 103-114.

[4] FAN C, XIAO F, YAN C. A framework for knowledge discovery in massive building automation data and its application in building diagnostics[J]. Automation in construction, 2015, 50: 81-90.

[5] FAN C, SUN Y, SHAN K, et al. Discovering gradual patterns in building operations for improving building energy efficiency[J]. Applied energy, 2018, 224: 116-123.

[6] FAN C, XIAO F, MADSEN H, et al. Temporal knowledge discovery in big BAS data for building energy management[J]. Energy and buildings, 2015, 109: 75-89.

[7] ZHANG C B, ZHAO Y, LI T T, et al. A post mining method for extracting value from massive amounts of building operation data[J]. Energy and buildings, 2020, 223: 110096.

[8] ZHANG C B, XUE X, ZHAO Y, et al. An improved association rule mining-based method for revealing operational problems of building heating, ventilation and air conditioning(HVAC) systems[J]. Applied energy, 2019, 253(1): 1-13.

[9] ZHANG C B, ZHAO Y, LI T T, et al. A comprehensive investigation of knowledge discovered from historical operational data of a typical building energy system[J]. Journal of building engineering, 2021, 42: 102502.

第 4 章

监督学习方法

4.1 总论

4.1.1 监督学习基础概念

监督学习的主要目的是通过学习若干个输入变量的协同关系来预测输出变量的具体取值。监督学习获取知识的表征形式是预测模型。预测模型的种类可以根据输出变量的数据类型分为回归模型和分类模型两类。其中，回归模型的输出变量为连续型数值变量，分类模型的输出变量为类别型变量。

监督学习在众多能源相关的回归和分类任务上均取得了巨大成功。以建筑领域应用为例，冷水机组的物理运行状态（如冷冻水供回水温度、冷凝水供回水温度等）与冷水机组的能效水平之间存在强相关性。通过监督学习可以拟合冷水机组运行状态与能效水平之间的映射关系，从而帮助运维人员快速评估冷机能效水平。如果通过能效系数（coefficient of performance，COP）来量化冷机能效水平，则输出变量为连续型变量，建立的预测模型是回归模型。如果将冷水机组的能效水平划分成低、中、高三个类别进行预测，则建立的预测模型为三分类模型。

从算法角度来说，监督学习包含各类统计和机器学习建模算法，其本身具有不同的复杂程度或拟合能力。常见的监督学习算法可以从多个维度进行分类：

1）从算法拟合能力上来讲，可以分为线性模型和非线性模型。典型的线性模型包括多元线性回归和自回归模型。前者适用于面板数据分析，后者适用于时间序列分析。典型的非线性模型包括支持向量机、决策树、人工神经网络等。

2）从模型自身结构来讲，可以分为传统的浅层模型和较为前沿的深层模型。绝大多数机器学习算法构建的预测模型为浅层模型，与之相对的为深层模型，如基于神经网络的深度学习模型，其主要区别在于模型结构是否足够复杂。

3）从模型组合形式来讲，可以分为单一模型和集成模型（ensemble model）。其中，单一模型是指对应某一数据集，算法会构建一个单独的模型来进行预测。集成模型是指对于特定数据集，算法会构建若干个子模型，然后通过子模型的集成来实现最终预测。常见的集成模型包括随机森林、梯度下降树等。

在实践应用中并非采用越复杂的监督类学习算法效果越好。复杂的监督学习算法可以处理复杂的非线性问题，在数据量充足、训练方法合理的情况下，理论上可以达到更高的精度。但是，复杂算法构建的预测模型通常称为黑箱模型，即其内部推理机制不清晰，不利于使用者进行解读。比如，对于一个拥有多层网络结构的全连接神经网络模型来说，其输入信息会经过多个隐层的非线性处理，因此很难准确判断每一个输入变量对输出变量的具体影响。相较而言，一个简单的多元线性回归模型可以通过模型参数明确表达每一个输入变量对输出变量的影响，使用者也可以根据模型参数的取值范围或正负形式大致判断模型的可靠性。此外，在工程应用中，特定问题对预测精度的需求也不同，使用者可能更倾向于了解数据变量间的互动关系，而非提升预测精度，需按照实际需求选取合适的监督类算法。因此，使用者经常需要从数据源质量、计算能力和解读需求等多角度出发选取合适的监督学习算法。

4.1.2 典型能源应用场景

1. 建筑能耗预测

建筑能耗预测是建筑领域中一个典型的回归问题，也是建筑能源领域中一个非常重要的基础性问题。很多建筑能源管理任务的实现都以短期建筑能耗预测（如未来24h或未来一周的能耗）为基础，比如系统优化控制、需求侧响应以及能耗诊断等[1, 2]。建筑能耗受到气象条件、建筑围护结构、设备系统、人行为等多种因素影响，具有随机性和复杂性的特点。传统建筑能耗预测的方法是建立物理模型。物理模型由于意义清晰又称为白箱模型，其内部计算过程基于物理原理推导得出，因此具有可解释性。目前，建筑领域已经具有许多技术成熟的物理模型开发软件，如EnergyPlus、DOE-2、TRNSYS、eQUEST、DeST、IESVE、IDA-ICE等。但是，此类软件需要提前获取大量的建筑物理信息及其内部设备的参数信息，并且模型搭建过程一般会花费大量时间。

随着建筑运行数据采集技术的成熟和数据量的积累，利用监督学习方法进行能耗预测的工程实践已经变得越来越多。其主要思路是首先根据历史运行数据建立能够反映建筑能耗影响因素和建筑能耗之间映射关系的数据驱动模型，之后再根据未来建筑能耗影响因素预测出未来建筑能耗。一般来说，为了保障短期建筑能耗预测模型的可靠性，通常需要从以下几个方面进行思考：

（1）预测形式　假如一栋大楼包括商场和居住两部分，一种预测形式是将两者作为一个整体进行预测，而另一种预测形式是分别预测商场部分和居住部分的能耗，而后将两者相加。根据目前已有的研究，通常将两者分开预测而后相加的预测精度会更高。

（2）特征变量　影响短期建筑能耗的因素众多，包括室外温度、室外相对湿度、太阳辐射强度、风速、时间、逐时人数等。模型训练时并不是考虑的因素越多越好，因为过多的影响因素不但会提高计算成本，还可能由于特征变量间存在冗余性和相关性而降低模型预测精度。因此，通常在建模阶段要分析这些影响因素的重要程度，并选取较为重要的影响因素作为模型输入变量。

（3）样本特征　预测模型的训练需要基于历史样本，而历史样本的特征也会影响预测模型的精度。以预测建筑未来 24h 能耗为例，假如所预测时段属于夏季，而历史样本主要包括了过渡性季节甚至冬季的运行数据，由于不同季节的用电形式具有较大差异，由此构建的预测模型精度也会较差。

2. 室内环境预测

室内环境预测通常包括室内人员热舒适以及室内空气品质预测，可以根据输出变量的形式划分为回归问题或分类问题。其中，有关热舒适的预测目标可以是室内温湿度，而后通过室内温湿度是否在舒适度范围内判断室内人员热舒适。热舒适的预测目标也可以是预测不满意百分比（predicted percentage dissatisfied，PPD），用以表示人群对热环境不满意的百分数，又或者是人员对于室内环境的主观评价。该参数可为运维人员提供决策支持，例如在多人共享型办公建筑中应该如何设定环境参数才能满足大多数人热舒适的要求。与能耗预测单纯测量客观数据不同，预测人员热舒适还需要采集个体的主观热评价信息，如热感觉、热舒适、热偏好和热可接受性。需要说明的是，影响人员热舒适的因素较多，除了传统预测平均热感觉（predictive mean vote，PMV）稳态模型中包含的六个影响因素（空气温度、相对湿度、平均辐射温度、空气速度、人体活动量和服装热阻），其他生理因素或心理因素也会影响人体热舒适，如皮肤温度、心率、脉搏、脑电、情绪等。此外，研究者们还尝试将一些普遍被人们认为会影响人体热舒适感的参数纳入其中，如身体质量指数 BMI、年龄、季节、性别等。

传统的室内温湿度预测模型与能耗预测模型相同，属于需要大量建筑信息的物理模型（白箱模型）。电阻电容 *RC* 模型是另一种常用的室内温度预测模型，其中 *R* 指的是电阻，用来表示墙体、屋顶等构筑物的传热特性，*C* 代表电容，用来表示构筑物的蓄热性能[3]。该模型具有一定的物理意义，但模型参数需要通过运行数据拟合得出，介于白箱和黑箱模型之间，因此常被称为灰箱模型。除此之外，监督学习（黑箱模型）算法在室内温度预测领域也得到了广泛应用。此类方法与灰箱模型的区别在于不需要使用者根据物理关系预先设定模型结构，完全基于历史数据确定合适的模型结构及参数，具体建模过程与能耗预测较为相似，在此不作赘述。

室内空气品质的预测目标一般是特定污染物浓度，通常以二氧化碳或 PM2.5 为代表。二氧化碳浓度可以反映出人体代谢污染物的总体浓度，根据世界卫生组织的规定，室内二氧化碳浓度不应超过 0.1%。而以 PM2.5 为预测目标是因为近些年粒径较小的污染物对人体的危害逐渐引起重视。预测污染物浓度的影响因素通常包括室内外温湿度、室外风速、室外污染物浓度、房间尺寸、建筑渗透系数、通风量和居住者人数等。这一预测任务同样也可通过“积累运行数据—建立监督学习模型”的思路解决。

3. 建筑系统故障检测与诊断

建筑系统在运行中存在多种故障，通常会造成多种负面影响。例如，空调系统发生故障会导致室内温度失调、空气品质降低和设备能耗增加，甚至引发安全事故等。因此，故障检测与诊断是建筑运维阶段的主要任务之一。

常规方法主要依靠运维人员的专家经验进行故障检测和诊断。建筑设备系统的复杂程度较高，即便是具有多年实践经验的专业人员也会受到生理、心理、自身能力或知识积累等因素的影响，容易做出错误决策。这一方法的主要局限在于：首先，该方法很难具备实时性和预警性，因为通过专家经验进行判断需要特定的故障征兆，也就是说故障已经发生且已经引起较为明显的运行异常；其次，这一方法的人力成本较高，特别是对大型建筑的复杂系统进行故障诊断和逐点排查时，不仅需要维修人员频繁且长期检测多个系统，还需要配备多种高精度检测设备，这一过程需要耗费大量的人力、物力和时间。

目前，越来越多的建筑开始使用楼宇自动化系统，能够对底层设备进行详细的数据监控，由此获取的运行数据也可以帮助我们建立监督学习模型，通过分类的形式完成数据驱动的故障检测与诊断任务[4]。以空调系统中的冷水机组为例，常用的运行参数包括冷冻水进出水温度和冷却水进出水温度、冷凝器进出水温差、蒸发器进出水温差、压力范围、排气温度和吸气温度等。以这些运行变量为基础，可以有效识别冷水机组的多种常见故障，包括冷却水流量不足和冷冻水流量不足、制冷剂过充或泄漏等。很多研究都已证明数据驱动的故障检测与诊断模型可以学习到很多有效的判断规则，这些判断规则与专家知识通常是相符的，比如冷凝器进出口水温温差增大可能是因为冷却水流量不足，蒸发器进出口水温温差增大可能是因为冷冻水流量不足，蒸发器出水温度升高表明制冷剂可能泄漏等。以这些判断规则为基础，就可以对新数据进行预测，实时诊断冷水机组运行中是否存在故障以及故障的具体类型。相较于传统的基于人力和专家经验的方法，这种解决方案在使用效率和自动化水平上极具吸引力。

4. 室内人行为识别

室内人行为识别有利于更加精准地进行建筑系统预测，同时了解室内人行为也有利于决策者提出更加有效的控制策略，在满足居住者热舒适需求的前提下尽可能地减少建筑系统能耗。目前关于室内人行为的研究主要包括开关窗、开关灯、遮阳调节、人员数量、人员位移等，这些问题都可以转换为回归问题或分类问题，可以基于预测模型形成数据驱动的解决方案[5]。

针对室内人行为进行预测建模时，关键是选取合适的输入变量，以保证预测模型的可靠性。以居住者开窗通风行为为例，可以构建一个三分类模型，预测居住者是否会选择打开窗户、关闭窗户或维持窗户现有状态。影响开关窗行为的因素众多，包括室内温度、室内湿度、室外温度、室外湿度、风速、风向、室外噪声强度、室内二氧化碳浓度、窗户目前状态等。这些因素会直接或间接影响居住者的开关窗行为，因此可以作为模型输入。再比如，以室内人员数量预测为例，同样可以根据室内外环境参数及设备系统用电等信息构建一个回归模型，用于预测室内人员数量。

不同建筑在运行中可能受到建筑功能、室外环境与社会因素等多方面影响，其运行数据隐含的规律也不尽相同。因此，数据驱动模型在建筑领域的应用是有限的，即基于某一建筑建立的模型不一定适用于其他建筑。但是，从方法论层面出发，数据驱动的预测建模方法具备普适性，一旦获取了足够的运行数据资源，就可以通过数据驱动的方式构建定制的预测模型，实现精准预测。

4.1.3　基于监督学习的预测建模流程

如图 4-1 所示，监督学习算法的使用过程一般包含五个主要环节，分别是数据预处理、特征工程、模型设计与优化、模型表现评估、模型解读。每一个环节都具有独特的目的和方法，其终极目的是实现原始数据、可用信息和预测知识的三级转化，最终满足使用者的预测和解读需求。

（1）数据预处理　数据预处理的目的是提升原始数据质量，为预测建模提供可靠的数据基础。能源系统的自动化系统在采集和储存数据时通常会面临多种质量问题，如传感器失效导致的异常值、缺失值和固定死值等。如果将未经处理的数据直接送给监督学习算法进行拟合，那么得到的拟合关系通常也是不可靠的。实践中使用者可以从样本量和多变量角度出发，设计合适的数据预处理方法。

（2）特征工程　特征工程的目的是从原始变量中筛选或构建适合特定预测问题的输入变量。能源系统运行数据通常存在变量冗余，未经过特征工程的建模方法在计算和使用效率上存在缺陷。一方面，将大量变量放到分析算法中会显著提高模型的复杂程度，引起不必要的计算成本和过拟合风险。另一方面，将不相关的变量放到算法中可能会造成信息扰动，导致算法精度降低。在实践中，使用者可以通过专家知识或数据驱动方法来进行特征工程，具体方法将在 4.2 节进行详述。

（3）模型设计与优化　模型设计与优化的目的是构建有效的预测模型，最大化发挥监督学习算法的拟合潜力。虽然在数据科学领域有很多前沿算法，但是在实践中并非简单地将数据扔给算法就能够发挥算法的理论优势，而是需要特定的建模流程来规范模型训练过程，避免模型出现欠拟合和过拟合等问题。针对特定预测问题，我们可以从算法层面、数据层面和训练机制层面确保预测模型的表现，具体方法将在 4.3 节进行详述。

（4）模型表现评估　模型表现评估的目的是准确衡量模型的泛化能力，让使用者大致了解模型在实践中的表现。我们可以通过多种回归指标和分类指标来评价预测模型的泛化能力。当然，每一种指标都只能从有限角度反映模型的部分表现，因此在实践中通常要结合多类指标全方位地评价模型。具体方法将在 4.4 节进行详述。

（5）模型解读　模型解读的目的是分析模型的预测机制，进而帮助使用者判断模型可靠性、理解模型表述的变量关系。很多监督类算法自带解读机制，如线性模型的模型参数和随机森林算法中的变量显著性等，这类解读可以从全局角度描述输入变量对输出变量的影响。除此之外，我们也可以针对每一个预测个体进行局部解读，判断为什么模型会对某一个预测个体作出了特定判断。合理有效地解读预测模型通常可以帮助我们更好地检验模型、发现新规律、拓展专家知识，具体方法将在 4.5 节进行详述。

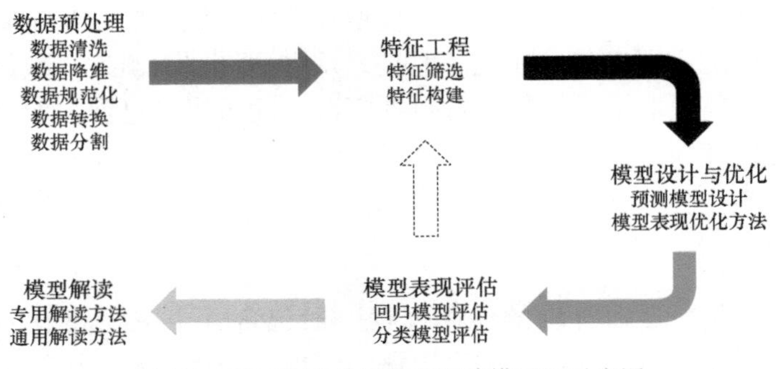

图 4-1 基于监督学习的预测建模过程示意图

4.2 特征工程

4.2.1 引言

监督学习本身是一种数据驱动的建模过程，可以说输入变量很大程度上决定了预测模型的理论精度上限。对于特定的预测问题，只有当输入变量包含足够充分的预测信息时，才能保证模型的预测效果。特征工程的目的就是为监督学习算法提供充分有效的输入信息，其主要内容是从原始数据中筛选或构建出模型的输入变量，进而在保证计算效率的同时，逼近建模算法的精度上限。目前主要采用的特征工程方法包括两类，即特征筛选和特征构建。

特征筛选是最直接的特征工程方法，其核心思想是从既有数据变量中直接筛选出与输出变量高度相关的变量作为模型输入。特征筛选方法主要有两种：第一，使用专家知识筛选与预测任务最相关的特征作为输入；第二，使用统计学指标计算各个特征与输出变量之间的相关程度，选择最为相关的特征作为输入。

特征构建是指在原始数据变量的基础上构建新的特征变量，以更好地满足监督学习算法的学习需求，提升预测模型精度。特征构建方法主要有两种：第一，以专家知识为基础，结合物理过程构建出新的特征变量；第二，使用统计和机器学习方法构建特定映射函数，通过对原始变量进行线性或非线性转换构建出新的特征变量。

本节学习内容安排如下：首先，本节将介绍两种常用的特征筛选方法，包括基于专家知识的特征筛选和基于变量相关性的特征筛选。然后，本节将进一步阐述两种常用的特征构建方法，包括基于专家知识的特征构建和基于数据降维的特征构建。

4.2.2 特征筛选方法

1. 基于专家知识的特征筛选方法

基于专家知识进行特征筛选是最为直接的方法。该方法基于专家对预测任务的理解，手动筛选与输出变量最相关的特征作为输入。比如，针对冷水机组能效水平预测任务，可以从专家知识出发，筛选出可以描述冷水机组运行状态及环境工况的变量作为输入变量，如可以反映冷水机组运行状态的冷冻水和冷却水的供回水温度、流量，可以反映环境工况的室外空气温度及相对湿度等。再比如，在预测未来某时刻的建筑能耗时，可以根据专家知识，筛选最邻近的历史能耗数据和具有同一周期属性的历史能耗数据作为输入变量。对于以小时为单位记录的时序能耗数据来说，当预测 $T+1$ 时刻的能耗时，通常可以采用历史上与该时刻最邻近的 m 个时刻能耗（即 T–m+1、T–m+2……到 T 时刻的能耗）反映近期趋势，以及之前若干周的同一时段能耗（如上一周 T–168 时刻的能耗、上上周 T–336 时刻的能耗）反映周期规律。这种特征筛选方法相当于人为构建了具有时序延迟性的输入变量，进而将传统意义上的时间序列分析转化为与绝大多数监督学习算法兼容的预测建模问题。

需要注意的是，单纯依赖专家知识进行特征筛选具有一定局限性。首先，它要求使用者极为熟悉模型描述的物理过程，如果缺乏相关基础则难以有效筛选输入变量。其次，当针对多个预测目标进行批量化建模时，该方法需要用户逐一分析每一个预测目标涉及的物理过程，这一过程无疑是耗时耗力的。

2. 基于变量相关性的特征筛选方法

除了依靠专家知识外，还可以采用统计方法计算输出变量和输入变量间的相关性，进而实现相对客观的特征筛选。见表 4-1，根据输入和输出变量类型的差异，需要采用不同的统计判断方法，具体可细分为三种情况，即①连续型数值变量—连续型数值变量，②类别型变量—类别型变量，③连续型数值变量—类别型变量。

表 4-1　不同类型变量的相关性评估方法

	类别型输入	连续型输入
类别型输出	克莱姆 V 相关系数	点双线相关系数、逻辑回归
连续型输出	方差分析（ANOVA）、点双线相关系数	皮尔森相关系数、斯皮尔曼相关系数

（1）连续数值型输入输出变量的相关性计算方法

1）皮尔森相关系数。当输入变量和输出变量都为连续型数值变量时，可以采用皮尔森相关系数（Pearson correlation coefficient）筛选出与输出变量高度相关的输入变量，其计算公式为

$$r=\mathrm{Corr}(x,y)=\frac{\mathrm{Cov}(x,y)}{\sigma_x\sigma_y}=\frac{\frac{1}{n}\sum_{i=1}^{n}(x_i-\bar{x})(y_i-\bar{y})}{\frac{1}{n}\sqrt{\sum_{i=1}^{n}(x_i-\bar{x})^2\sum_{i=1}^{n}(y_i-\bar{y})^2}} \tag{4-1}$$

式中，$\mathrm{Cov}(x,y)$ 是变量 x 和 y 的协方差；σ_x 和 σ_y 是变量 x 和 y 的标准方差。皮尔森相关系数的浮动范围为 [–1，1]，其中 –1 和 1 分别代表两个变量间存在完全负相关和完全正相关关系，0 代表不存在相关性。在实践中，可以根据专家经验人为设定相关系数绝对值的阈值，然后选取相关系数绝对值不小于该阈值的变量作为模型输入变量。例如，通常可以设置阈值为 0.8，从而找出与输出变量存在极强相关性的输入变量。

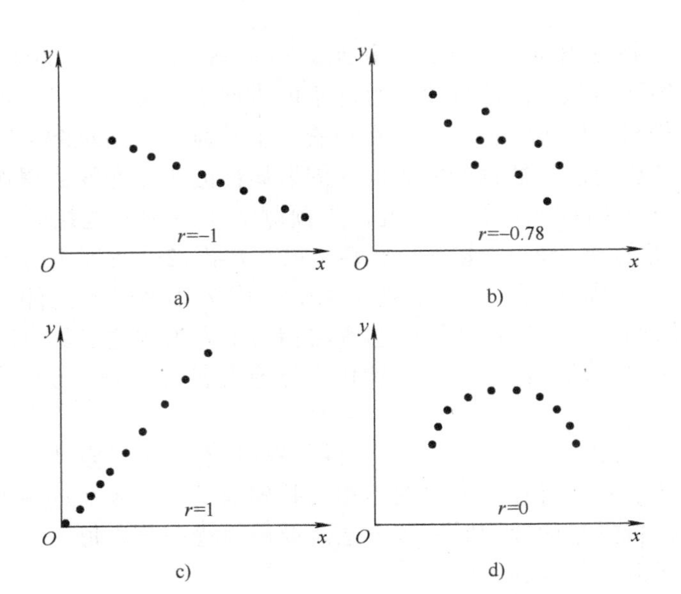

图 4-2 皮尔森相关系数典型关系示意图

图 4-2 展示了不同相关系数下 x 和 y 的分布示意图。可以发现，皮尔森相关系数本身只能描述相对简单的线性关系，筛选出的输入变量也是和输出变量有明显线性正相关性或线性负相关的变量。因此，该方法并不能有效识别与输出变量呈现复杂非线性关系的输入变量。例如，如图 4-2d 所示，对应的显著非线性关系并不能通过相关系数得到有效表征。此外，根据皮尔森相关系数的计算公式，可以发现它容易受异常值影响，因此在使用前通常需要确保待分析的两个变量数据不存在明显的异常值。

例 4-1 冷水机组能耗与室外工况通常存在相关关系。以表 4-2 中数据为例，冷水机组功率与室外干球温度间的皮尔森相关系数计算过程如下：

首先，计算冷水机组功率的均值为 84kW，室外干球温度均值为 27.4℃，根据方差计算公式 $\sigma_x{}^2 = \dfrac{\sum_{i=1}^{n}(x_i - \overline{x})^2}{n}$，可知冷水机组功率的方差为 424、室外干球温度方差为 3.04。

其次，根据协方差公式 $\mathrm{Cov}(x,y) = \dfrac{\sum_{i=1}^{n}(x_i - \overline{x})(y_i - \overline{y})}{n}$，可知两个变量的协方差为 34.4。

最后，根据皮尔森相关系数计算公式，可知两个变量的相关系数为

$$\frac{34.4}{\sqrt{424 \times 3.04}} = 0.958$$

由上述计算结果可知，冷水机组能耗与室外干球温度间存在强相关性，可以使用室外干球温度作为预测冷水机组能耗的输入变量。

表 4-2　冷水机组功率与室外干球温度数据范例

样本序号	1	2	3	4	5
冷水机组功率 /kW	60	90	120	80	70
室外干球温度 /℃	25	28	30	28	26

2）斯皮尔曼相关系数。如果想要判断连续型数值变量间是否存在非线性关系，可以采用秩相关系数（也称相关系数）方法，如斯皮尔曼相关系数（Spearman's rank correlation coefficient），其计算公式如式（4-2）所示。

$$1-\frac{6\sum_{i=1}^{n}D_i^2}{n(n^2-1)} \tag{4-2}$$

式中，n 是样本个数；D_i^2 是第 i 组样本之间的排序之差的平方。

斯皮尔曼相关系数的浮动范围与皮尔森相关系数一样，都是 [−1，1]，其中 −1 代表两个变量之间存在完全的单调递减关系，1 代表完全单调递增关系，0 代表无单调关系，其典型关系如图 4-3 所示。

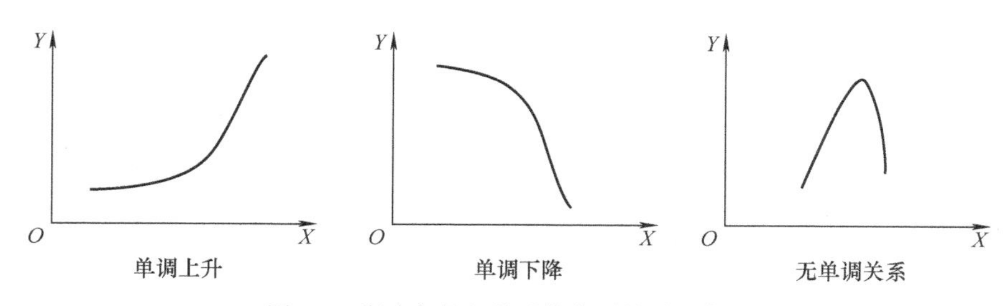

图 4-3　斯皮尔曼相关系数典型关系示意图

例 4-2　两台冷水机组的冷冻水供水温度见表 4-3，它们的斯皮尔曼相关系数计算过程如下：

首先，对 X 变量和 Y 变量进行从大到小排序，可以确定 X 和 Y 的等级排序（用 1～5 来表示）。

其次，计算 X 变量和 Y 变量中每一个样本的等级差 D_i 和等级差二次方 D_i^2，由此可计算出等级差平方和为 0+4+4+9+9=26。

最后，根据斯皮尔曼相关系数计算公式 $1-\frac{6\sum_{i=1}^{n}D_i^2}{n(n^2-1)}$，可知相关系数为

$$1-\frac{6\times 26}{5(25-1)}=-0.3$$

表 4-3 斯皮尔曼相关系数计算范例

样本序号	1	2	3	4	5
冷冻水温度 X/℃	10	6	9	12	8
冷冻水温度 Y/℃	8	7	5	6	9
X 等级排序	2	5	3	1	4
Y 等级排序	2	3	5	4	1
等级差 D_i	0	2	−2	−3	3
等级差二次方 D_i^2	0	4	4	9	9

（2）类别型输入输出变量的相关性计算方法　当输入变量和输出变量都是类别型变量的时候，特别是至少有一个为无序类别变量时，就不能使用皮尔森相关系数或斯皮尔曼相关系数评判其关联性了。此时，可以通过卡方检验和克莱姆 V（Cramer' V）相关系数法进行判断。克莱姆 V 相关系数的取值范围是 [0，1]，0 表示两个变量无相关性，1 表示完全相关，其计算公式为

$$V=\sqrt{\frac{\chi^2}{n(\min(\text{列联表行数，列联表列数})-1)}} \tag{4-3}$$

式中，n 是样本个数；χ^2 是卡方统计量。

例 4-3　某数据集包含 X 和 Y 两个类别型变量，样本量为 25，每个变量均包含三种可能取值，分别用 A/B/C 和 D/E/F 来表示。根据同一组样本中 X 和 Y 取值频率构建的列联表见表 4-4，则 X 和 Y 的克莱姆 V 相关系数计算过程如下：

首先，根据该列联表，可以计算每一行与每一列的发生频率次数之和，同时计算列联表中的期望取值，见表 4-5。

其次，计算卡方统计量，即所用单元格里实际值和期望值之差的平方和除以其期望值。比如，对于第一行第一列来说，其实际值是 0，期望值是 3.60，因此其差值的二次方除以期望值为 $\frac{(0-3.60)^2}{3.60}=3.60$。以此类推，可以计算其他 8 个单元格中的二方值，通过加和计算可知卡方统计量为 24.91。

最后，可以根据克莱姆 V 相关系数的公式进行计算，即

$$\sqrt{\frac{24.91}{25\times(\min(3,3)-1)}}=\sqrt{\frac{24.91}{25\times(3-1)}}\approx 0.71$$

因此，可以判断两个类别变量 X 和 Y 之间存在较强的相关性。

表 4-4 列联表范例

列联表	Y=D	Y=E	Y=F	合计
X=A	0	4	6	10
X=B	1	5	0	6

（续）

列联表	Y=D	Y=E	Y=F	合计
X=C	8	1	0	9
合计	9	10	6	25

表 4-5　列联表期望值计算范例

列联表	Y=D	Y=E	Y=F	合计
X=A	$\frac{9\times10}{25}=3.60$	$\frac{10\times10}{25}=4.00$	$\frac{6\times10}{25}=2.40$	10
X=B	$\frac{9\times6}{25}=2.16$	$\frac{10\times6}{25}=2.40$	$\frac{6\times6}{25}=1.44$	6
X=C	$\frac{9\times9}{25}=3.24$	$\frac{10\times9}{25}=3.60$	$\frac{6\times9}{25}=2.16$	9
合计	9	10	6	25

（3）连续数值型—类别型输入输出变量的相关性计算方法 *　当输入变量和输出变量中有一个为连续型数值变量，另一个为类别型变量时，如何正确评价其相关性就比较有挑战了。这里列举两种解决思路，第一种是基于 ANOVA 方差分析（analysis of variance），第二种是基于点二列相关系数法（point biserial correlation coefficient）。

1）基于方差分析的相关性判断方法。方差分析的目的是判断两组样本之间的均值是否存在显著的不同。在实践中，可以根据单因子方差分析（one-way ANOVA）结果判断某一对连续型数值变量和类别型变量之间是否存在明显的协同关系。但是，该方法并不能直接给出类似相关系数的量化指标，只是从假设检验的角度判别两个变量间的影响。如果想要获得衡量两个变量间相关性的量化指标，可以采用点二列相关系数法。

方差分析的计算步骤如下：

首先，计算连续型数值变量的整体方差 SS_T，计算公式为

$$SS_T=\sum_{i=1}^{n}(x_i-\bar{x})^2 \tag{4-4}$$

式中，n 为样本总数；$\bar{x}$ 为连续型数值变量的均值。

其次，计算连续型数值变量的组内方差 SS_w 和组间方差 SS_B。在计算 SS_B 时，假设类别型变量共有 j 个可能取值，则其计算公式如式（4-5）所示。在计算 SS_w 时，需要针对属于每一类别的样本单独计算其组内的 SS 值，然后进行求和，计算公式如式（4-6）所示。

$$SS_B=\sum_{i=1}^{j}n_i\left(\overline{x_i}-\bar{x}\right)^2 \tag{4-5}$$

$$\mathrm{SS_w} = \sum_{m=1}^{j}\sum_{i=1}^{n_m}\left(\overline{x_i} - \overline{x_m}\right)^2 \tag{4-6}$$

式中，n_i是属于第i个类别的样本量；n_m是属于第m个类别的样本个数；$\overline{x_i}$是该类别对应的连续型数值变量的均值；$\bar{x}$是连续型变量的整体均值；$\overline{x_m}$是该类别中的连续型数值变量的均值。

然后，计算组间平均方差$\mathrm{MS_B}$和组内平均方差$\mathrm{MS_w}$，计算公式如下：

$$\mathrm{MS_B} = \frac{\mathrm{SS_B}}{\mathrm{DF_B}} = \frac{\mathrm{SS_B}}{k-1} \tag{4-7}$$

$$\mathrm{MS_w} = \frac{\mathrm{SS_w}}{\mathrm{DF_w}} = \frac{\mathrm{SS_w}}{n-k} \tag{4-8}$$

式中，n是样本量；$\mathrm{DF_B} = k-1$；$\mathrm{DF_w} = n-k$；k是类别数。

最后，计算用于假设检验的F统计量，计算公式见式（4-9）。给定特定显著性水平α（如0.05），可以通过查表找到自由度分别为$k-1$和$n-k$的F分布临界值，进而通过对比F统计量与F分布临界值的大小进行相关性判断。若F统计量大于F分布临界值，则认为变量间存在统计学意义上显著的相关性，反正，则认为不存在显著相关性。

$$F = \frac{\mathrm{MS_B}}{\mathrm{MS_w}} \tag{4-9}$$

例4-4 以表4-6为例，该数据共包含5个样本，其中变量X代表系统能耗，为连续型数值变量。Y代表日类型，可能取值有两个，即工作日和节假日。Y本质上是一个二分类别型变量，可以用1和0分别代表工作日和节假日。试根据ANOVA方法判断系统能耗X和日类型Y之间是否存在显著相关性。

表4-6 类别型变量与连续型变量相关性计算范例

样本	1	2	3	4	5
系统能耗X	10	15	20	15	5
日类型Y	节假日（0）	工作日（1）	工作日（1）	工作日（1）	节假日（0）

首先，可以计算X的总体均值为13，Y=0和Y=1时的X均值分别为7.5和16.7。

其次，可以根据公式计算连续型数值变量的整体方差、组间方差和组内方差，具体计算过程如下：

$$\mathrm{SS_T} = (10-13)^2 + (15-13)^2 + (20-13)^2 + (15-13)^2 + (5-13)^2 = 130$$

$$SS_B = 2\times(7.5-13)^2 + 3\times(16.7-13)^2 \approx 102$$

$$SS_w = (10-7.5)^2 + (10-7.5)^2 + (15-16.7)^2 + (20-16.7)^2 + (15-16.7)^2 \approx 29$$

以此为基础，根据自由度计算组间平均方差 $MS_B = \dfrac{SS_B}{DF_B}$，其中 $DF_B = k-1$，k 为类别数，在本案例中 k=2，$MS_B = \dfrac{102}{2-1} = 102$。组内平均方差 $MS_w = \dfrac{SS_w}{n-k}$，n 为样本量，k 为类别数，在本案例中 n=5，k=2，$MS_w = \dfrac{29}{5-2} = 9.7$。

最后，可以计算用于假设检验的 $F = \dfrac{MS_B}{MS_w} = \dfrac{102}{9.7} = 10.5$。该统计量需要结合自由度分别为 $k-1$ 和 $n-k$ 的 F 分布临界值进行判断。假设显著性为 5%，通过查表可知 F 临界值约为 10.1，通过计算获得的 F 统计量大于该临界值，因此可以拒绝掉原假设 H_0（H_0：两组连续型数值变量的均值不存在明显差异；H_1：两组连续型数值变量的均值存在明显差异），进而证明 X 变量和 Y 变量间存在显著相关性。

2）基于点二列相关系数的相关性判断方法。点二列相关系数通常可用于量化连续型数值变量和二分类别变量之间的相关性，计算公式见式（4-10）。对于非二分类别变量，可以采用独热转换方法将一个非二分类别变量转换为若干个二分类别变量，然后单独计算连续型数值变量与每一个独热变量的点二列相关系数。点二列相关系数的浮动范围为 [−1，1]，这一性质与常见的相关系数一致。但是，点二列相关系数假设连续型数值变量服从正态分布。如果该假设不满足，可能需要特定的预处理工作对数据进行转换。

$$r = \frac{\overline{x_a} - \overline{x_b}}{S}\sqrt{ab} \tag{4-10}$$

式中，a 和 b 分别是二分类别变量中取值为 1 和 0 的数据比例；$\overline{x_a}$ 和 $\overline{x_b}$ 是对应 a 和 b 两种情况下连续型数值变量的均值；s 是连续型数值变量的标准差。

例 4-5　同样以表 4-6 为例，试通过点二列相关系数法判断系统能耗 X 和日类型 Y 之间的相关性。

首先，可以计算连续型数值变量 X 的标准方差 S 为 5.7，其中对应 Y=0 和 Y=1 的数据比例分别为 40% 和 60%。

其次，计算 Y=0 时 X 的均值为 7.5，Y=1 时 X 的均值为 16.7。

最后，计算 X 和 Y 的点二列相关系数为 $\dfrac{16.7-7.5}{5.7}\sqrt{0.6\times0.4} = 0.79$，即二分类别变量 Y 取值等于 1 会导致 X 的数值变大，即工作日系统能耗大于节假日系统能耗。

4.2.3 特征构建方法

1. 基于专家知识的特征构建方法

该方法与基于专家知识的特征筛选方法类似，不同之处在于用户会通过专家知识对筛选后的变量进行二次组合，形成新的特征变量。比如，在预测冷水机组能效时，可以根据专家知识确定部分负荷率是影响冷机能效的关键变量。然而，该变量并不能通过传感系统进行直接监测，需要用户首先筛选出直接测量变量（如冷冻水供回水温度、冷冻水流量），然后结合设备额定信息进行二次计算，最终获得部分负荷率这一特征变量。由此可知，该方法要求用户深入理解设备运行的主要物理过程，这相当于一种人工的特征构建方法，其使用门槛较高。

2. 基于数据降维的特征构建方法 *

该方法的主要思想是通过特定分析方法对原始数据进行降维，通过构建线性映射函数或非线性映射函数将 p 个原始变量转换为 q 个新的特征变量，其中 q 一般远小于 p，从而实现对原始数据的降维。该方法通常可以通过无监督学习技术实现，特征构建的过程完全由数据驱动，相当于是一种自动化的特征构建方法。从信息角度出发，可以将这种基于数据降维的特征构建方法理解成通过少量新变量最大化表征原始数据的信息，进而避免原始数据中冗余变量对监督学习算法有效性和计算效率的不良影响。但是，通过数据降维构建的特征变量不具备可解读性，用户无法对构建后的变量进行解释，因此不适用于对模型可靠性要求较高的应用场景。

（1）基于主成分分析的线性特征构建方法　以线性数据降维技术为例，主成分分析（principal component analysis，PCA）是最常见的方法。该技术通过协方差矩阵将原始变量进行线性组合，进而形成新的特征变量。新构建的特征变量具有正交特性，即新特征变量之间彼此独立，不会因为高度相关性或多重共线性影响监督学习算法的使用效果。PCA会构建等同于原始数据变量数的主成分（即新的特征变量），但是并不是每个主成分都具有显著意义。其中第一个主成分对原始数据的解释能力最大，第二个主成分其次，以此类推。在实践中，可以计算前 m 个主成分对原始变量方差的解释比例确定所需的新特征数量。比如，假设方差解释比例的阈值为90%，当选取前5个主成分时，方差的解释比例正好超过了90%，则认为这5个主成分可以较好地描述原始数据的隐含信息，以此为输入变量可以保障监督学习算法的使用效率和模型的简洁程度。

PCA的计算过程包括以下关键步骤：

1）PCA只适用于处理连续型数值变量，为了避免不同量纲变量对数据降维的负面影响，首先需要对数据进行标准化处理，如采用数据预处理章节中介绍的Z-score标准化方法或最小最大归一化方法。

2）计算标准化数据的协方差矩阵。协方差矩阵是一个对称的正方形矩阵，其行数和列数均为 p，即原始数据的变量个数。当原始数据包含三个变量 X、Y 和 Z 时，协方差矩阵的行数和列数均为3，主对角线上的三个数值描述了每个变量自身的方差，其余位置描述了不同两个变量间的协方差。协方差的数值可正可负，分别代表正相关关系和负相关关系。

3）计算协方差矩阵的特征向量和特征值。特征向量与特征值是成对出现的，即每一个特征向量都会对应一个特征值，且个数与原始数据的变量数相同。假设原始数据有 3 个变量，那么我们可以获得 3 对特征向量和特征值组合。从数学角度考虑，我们会发现特征向量实际上描述的是协方差矩阵中 p 个最大解释方差的空间方向，而特征值就是特征向量的系数，它描述了对应特征向量可以解释的方差大小。所以，特征向量的维度等于原始数据中的变量个数，特征值是一个标量。接下来，我们可以根据特征值的大小确定不同特征向量的重要性，特征值越大，对应特征向量可以解释的数据方差也更大。举例来说，假设原始数据包括 2 个变量，那么可以计算等得到 2 对特征向量和特征值，假设第一个特征向量对应的特征值是 1.28，第二个特征向量对应的特征值是 0.05，则第一个特征向量的重要性要大于第二个，且第一个特征向量解释的数据方差比例为 $\frac{1.28}{1.28+0.05}=96\%$，第二个为 $\frac{0.05}{1.28+0.05}=4\%$。

4）当我们确定了选用的前 q 个特征向量后，就可以构建新的特征变量了。假设原始数据包含 100 个变量，通过计算特征向量和特征值，我们发现只选用前 5 个特征向量就可以解释超过 90% 的数据方差，那么接下来就根据前 5 个特征向量构建新的特征变量。具体来说，可以将 5 个特征向量（每一个的长度均与原始数据中的变量个数相同，即 100）按照列进行合并，形成行数为 100、列数为 5 的矩阵 $\boldsymbol{A}$，假设原始数据形成的矩阵为 $\boldsymbol{B}$，其大小是行数为 n（即样本容量）、列数为 100，因此将矩阵 $\boldsymbol{B}$ 和矩阵 $\boldsymbol{A}$ 进行矩阵相乘，可以得到线性转换后的特征变量矩阵，其大小是行数为 n、列数为 5，此时每一列代表一个新的特征变量。

5）当完成第四步后，实际上就已经完成了线性特征变量的构建。如果我们想基于新构建的 q 个特征变量对原始数据进行还原，可以用特征变量矩阵乘以选用的特征向量转置矩阵。如步骤 4）中的例子，假设只使用前 5 个特征向量，构建的特征变量矩阵行数为 n（即样本数）、列数为 5，即 $n\times5$。由于选用了前 5 个特征向量，因此特征向量矩阵大小为 100×5，其转置矩阵大小为 5×100。两矩阵相乘，可以获得行数为 n，列数为 100 的矩阵，即通过特征变量矩阵和特征向量转置矩阵还原的数据。

（2）基于自编码器的非线性特征构建方法　除线性数据降维方法外，也可以借助无监督神经网络中的自编码器技术构建具有非线性关系的特征变量。以全连接自编码器为例，可以将输入层和输出层设置成具有 p 个神经元节点的结构，用来表征原始数据中的 p 个数据变量。然后，通过设计一种类似瓶颈结构的对称隐层来实现信息压缩。该训练过程是一种无监督的学习过程，因为输入数据和输出数据是相同的，该模型的训练目标是最小化输入与输出的区别，其本质是对数据进行压缩和还原。

当自编码器模型训练完毕后，可以将原始数据输入模型，然后提取最中间隐层 q 个节点的输出作为新的特征变量，其维度为 q，且 q 一般远小于 p。图 4-4a 展示了一种典型的基于全连接自编码器的特征构建过程。假设原始数据包含 10 个变量，目标是通过 2 个新的特征变量来表征原始数据的信息，因此该模型的输入层和输出层都包含 10 个神经元，中间的隐层包含 5 个神经元。当然，将 10 个原始变量包含的信息直接压缩到 2 个维度可能会造成较大的信息损失，为了增加自编码器的压缩及还原能力，也可以设计具有对称属性的多个隐层。如图 4-4b 所示，可以设计一个具有 3 个隐层的自编码器，其中前 2 个隐层具有逐渐减少的神经元，以实现逐步压缩信息，后 2 个隐层具有对称的、逐步增加的神经元，以实现逐步信息还原。自编码器是神经网络的特殊应用，其训练过程与监督类神经网络具有共同性。

总结来说，数据驱动的特征构建方法本质上是一种数据降维过程，旨在通过较少的新特征变量表征原始数据信息，其主要好处在于可以避免原始数据中冗余变量和高度相关变量对监督学习算法的不良影响，同时可以降低后续监督学习模型的复杂度，提高计算效率。另一方面，通过 PCA 或自编码器构建的特征变量通常不具备可解读性，因为每一个特征变量都是原始变量的线性组合或非线性组合。某些特殊的监督学习算法，如深度学习算法，由于拥有较深的模型架构，可以某种程度上实现非线性特征构建的功能，这也是深度学习与传统浅层监督学习算法的区别，即深度学习模型拥有自主构建特征变量的能力。举例来说，适用于处理二维图像数据的卷积神经网络，可以通过多层卷积运算逐步提取图像中的隐含特征，并利用这些特征进行图像识别、目标检测等任务，并不需要人为定义图像特征。换句话说，当选用的监督学习算法不具备深层结构时，特征工程可以大幅降低学习任务的难度，提升预测效果，但当模型本身具备自动识别特征变量的能力时，特征工程的潜在帮助也会有所下降。

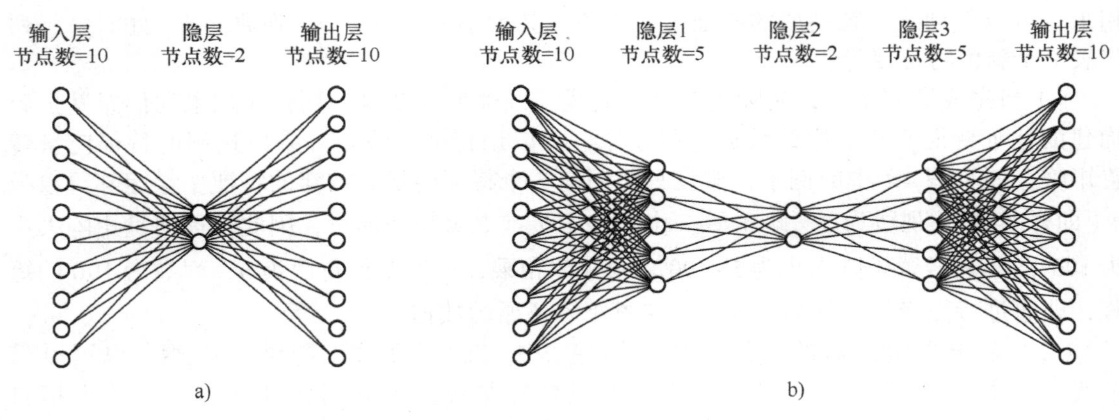

图 4-4　基于全连接形式的自编码器结构范例

4.3 模型选择与优化

4.3.1 引言

如图 4-5 所示，预测模型本身可以表示为函数 $f(\boldsymbol{X})$，其中 $\boldsymbol{X}$ 指代模型输入矩阵，$\boldsymbol{Y}$ 指代模型输出矩阵。给定标签训练数据集 $D=\{X, Y\}$，监督学习算法可以通过特定形式表征函数关系 $f(\ )$，进而用于新样本预测。如前文所述，预测模型可以根据输出变量类型分为回归模型和分类模型。当输出变量为连续型变量时，预测模型为回归模型；当输出变量为类别型变量时，预测模型为分类模型。

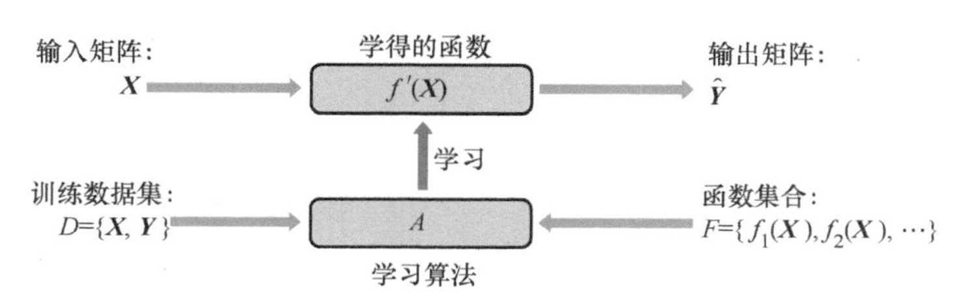

图 4-5　预测建模过程示意图

预测模型的实际表现通常取决于两方面因素，即训练数据的完备性和监督学习算法的复杂性。完备的训练数据是保证预测模型质量的基础。俗话说“巧妇难为无米之炊”，如果不具备足够的、高质量的数据集，那么再强大的监督学习算法也不能保证预测模型的可靠性。数据集的完备性可以从多个角度理解，首先，数据本身应当是准确的，可以反映能源系统变量的真实状态，这意味着传感器本身应当具备足够精度，不存在读数偏差等问题。其次，数据本身应当经过合理的预处理，包括数据标准化或归一化处理、缺失值处理和异常值剔除等。最后，数据本身应当与拟采用的监督学习算法相契合，这里的契合主要包括数据格式上的契合，以及算法假设上的契合。举例来说，在数据格式上，为了保证模型有效性，绝大多数监督类学习算法要求类别型变量以独热编码矩阵的形式存在，而有些监督类学习算法（如决策树）则没有这类限制。在算法假设上，不同的监督学习算法对数据变量的分布和相关性等有特定的数学假设，如果实际数据集与假设相违背，那么很有可能导致算法学习到错误的规律。比如，朴素贝叶斯算法假设输入变量间是相互独立的，如果实际输入变量间存在明显的相关性，那么很有可能导致算法产出低质量的预测结果。再比如，多元线性回归模型假设输入变量间不存在严重的多重共线性，如果实际数据与该假设相违背，那么很有可能导致模型参数不可求解或无法正确衡量输入变量对输出变量的影响。

综上所述，在建立基于监督学习的预测建模方法时，应当从数据本身的特性和监督学习算法的特点出发，先进行顶层设计，选取合适的监督学习算法和模型结构，然后再进行底层优化，针对模型各类参数进行训练和优化，确保预测模型的可靠性和有效性。因此，本节将首先介绍模型选择原则，从四个方面对基于监督学习的预测模型进行分类，帮助读者了解如何根据实际需求选择合适的模型；然后，将阐明常见预测模型的原理，包括多元线性回归、逻辑回归、全连接神经网络、决策树和集成学习等；最后，将介绍模型优化方法，主要包括模型超参数类别，以及模型训练、优化和评估的方法。

4.3.2　模型选择

在进行预测算法选择之前，需要大概了解现有的监督学习算法，明确每一类算法的优缺点，在思维层面上厘清各类算法的适用问题和应用场景。数据科学和计算机领域的快速发展为我们提供了海量的监督学习算法，可以说每时每刻都有新的算法出现，因此很难准确描述监督学习算法的发展全貌。本节从四个角度展现了能源领域常见监督学习算法的主要特点和区别，包括①预测任务类型：回归还是分类；②监督学习算法拟合能力：线性拟合还是非线性拟合；③预测模型决策机制：单一还是集成；④预测模型结构：浅层结构还是深层结构。

1. 回归模型与分类模型

当预测目标或输出变量 y 为连续型数值变量时，预测模型为回归模型。比如，在预测建筑能耗时，模型的输出通常为建筑系统的总电耗，该变量具有连续属性，因此建立的模型属于回归模型。再比如，当输出变量是建筑室内环境温度时，对应的预测模型同样为回归模型。绝大多数监督学习算法都可以直接用于处理回归问题，或者经过微调改成与回归问题相兼容的形式。

当预测目标或输出变量为类别型变量时，预测模型就成为分类模型。其中，最简单的分类问题是二分类问题，即输出变量 y 只包含两种可能取值，通常用 0 和 1，或者用 -1 和 1 来表示。比如，在预测设备开启状态时，该输出变量只可能是“开”或“关”，因此为二分类模型。再比如，在预测室内空间是否有人时，该预测模型同样为一个分类模型。当输出变量拥有大于两个可能取值时，需要采用的模型为多分类模型。在实践中，一些二分类监督学习算法也可以应用到处理多分类问题中。假设输出变量包含三个可能取值，即 A、B、C。那么我们可以通过二分类监督学习算法建立多个二分类模型，第一个二分类模型的输出变量为 A 和非 A，第二个模型的输出变量是 B 和非 B，第三个模型的输出变量是 C 和非 C。这种建模思想也称为“one-vs-rest”方法，其好处是可以将相对简单的二分类算法拓展到多分类任务中，不足之处是需要建立多个模型，同时在作新样本预测时，需要结合多个模型的输出作出最终判断。

实际上，每一种监督学习算法在发明之初都是为特定预测任务服务的，比如支持向量机（support vector machine，SVM）的初衷是处理分类问题。通过对算法进行调整，有时可以对其功能进行拓展，延伸到回归问题或分类问题中，因此很多监督学习算法都兼备建立回归模型和分类模型的能力。

2. 线性模型与非线性模型

监督学习模型本身有不同的复杂度。有些较为简单，适用于处理相对简单的线性问题，称为线性模型；有些则比较复杂，可以拟合输入变量和输出变量间的复杂非线性关系，称为非线性模型。线性模型的形式一般较为简单，方便用户解读其预测机制，但是这种模型的拟合能力有限，当输入变量和输出变量的关系比较复杂时，预测模型的精度也会较差。常见的线性模型包括多元线性回归和逻辑回归等。当输入变量和输出变量之间存在非线性关系时，用户可以选取模型形式更为复杂、同时学习能力也更强的非线性模型。常见的非线性模型包括人工神经网络、决策树和支持向量机。

3. 单一模型与集成模型

俗话说“三个臭皮匠，能顶一个诸葛亮”，这句话从预测和决策的角度来说也具有一定启发性。对于特定的预测问题，可以根据一个预测模型的输出结果进行决策，也可以通过对多个预测模型的结果进行“集成”作出最终决策，即建立集成模型（ensemble models)。可以想象，后者通常会带来更好的预测效果，因为每一个监督学习算法或预测模型都有自己的假设和局限，通过组合多个模型有望“取长补短”，实现更精准的预测。实际上，在很多预测类的数据竞赛中，能够取得好成绩的模型一般都采用了集成学习（ensemble learning）的思想。

基于决策树（decision tree）的集成学习算法已在多个领域得到广泛引用，如随机森林（random forests）、极度梯度提升树（extreme gradient boosting trees，XGBoost）、LightBoost 等。这些方法的基础模型都是决策树，只不过采用了不同的集成方法，通过改变训练数据和模型集成方法，建立多个模型，进而实现集成决策。

4. 浅层模型与深层模型

从预测模型结构出发，可以从另一个新的维度来理解监督学习算法的主要类别，即模型结构是否足够复杂，或者具有足够的深度。前文提及的多元线性回归、支持向量机和决策树都是经典的监督学习算法，其建立的预测模型结构并不复杂，可以看作浅层模型。可以想象，复杂的深层结构模型拥有更多的模型参数，因此当训练数据充足时，其形成的决策机制也更有可能达到更高的理论精度。

为了保证预测模型的有效性和准确性，通常需要借助特征工程方法预先筛选或构建特定的特征变量作为监督学习算法的输入变量，这相当于从原始数据中筛选或重组预测信息的过程。在建筑运维领域，特征工程并不是一项简单任务，经常需要大量工程经验和物理知识，因此具有一定的使用门槛。和浅层模型不同，深层结构模型具备自动化特征工程的能力。它可以对输入变量进行多次线性或非线性转换，实现从原始数据中提取有用信息，这一过程相当于自主完成了特征工程。深度学习是近年来热度极高的数据分析技术，基于深度学习技术建立的预测模型通常具有复杂的模型结构，比如以神经网络为基础形式的深度学习模型通常拥有几十层，甚至几百层隐层。这类技术在能源领域的应用还处于发展初期，未来有望在复杂场景下的故障检测与诊断、CFD 仿真建模、热红外温度图像预测等涉及高维复杂特征的任务上大放异彩。

综上，当理解预测模型浅层或深层结构的主要区别时，除了理论精度的高低差别之外，也可以从特征工程的角度明确其差异，即深层结构模型更有可能自主完成特征工程，降低建模过程对人力和专家经验的依赖。但是，深层结构模型对数据量和计算资源的需求也更高，需要结合实际情况判断深层结构模型的适用性。很多时候，运维数据量并不大，因此在设计模型结构时，不应当盲目追求模型结构复杂性，以免出现过拟合问题。

深度学习技术之所以获得了极高的热度，一方面是因为它在多领域预测问题中都取得了明显优于浅层模型的精度；另一方面是因为它具有多种网络结构，可以很好地适配多种数据类型（如面板数据、时序数据、图像数据等），同时在功能上也具有极强的拓展性，以此为基础可以完成多类数据学习任务（如用于非监督学习的自编码器模型、用于产生虚拟样本的生成式对抗神经网络、用于迭代优化决策任务的强化学习网络等）。需要明确的是，绝大多数深度学习模型都是基于神经网络，想要解密深度学习这一复杂的前沿技术，其关键就是要理解神经网络的基本原理和常见结构。

4.3.3 模型原理

1. 多元线性回归

多元线性回归是最基础的线性回归方法。假设模型输入包含 k 个输入变量，多元线性回归模型的形式可以用式（4-11）表示。给定一组训练样本后，可以根据模型预测误差的二次方和设定损失函数，如式（4-12）所示。该损失函数之所以采用二次方形式，是为了避免预测误差出现正负相抵的情况。在模型求解过程中，需要找到一组最合适的模型参数，使得目标函数 Q 最小，这也就是通常所说的最小二乘法。

$$y = \beta_0 + \beta_1 x_1 + \cdots + \beta_k x_k \tag{4-11}$$

$$Q = \sum_{i=1}^{n}(y_i - \widehat{y_i})^2 \tag{4-12}$$

式中，β_0 是截距项；β_1 到 β_k 是不同输入变量的模型系数；y_i 和 $\widehat{y_i}$ 分别是第 i 个数据样本的真实 y 值和预测 y 值。

除了上述损失函数外，也可以采用其他形式的损失函数，只要其能够避免预测误差出现正负相抵的情况即可。比如，通过绝对值的方式，可以设目标函数为 $Q = \sum_{i=1}^{n}\left|y_i - \widehat{y_i}\right|$，由此建立的模型参数求解方法即最小绝对误差法，也称为最小一乘法。这两类方法的主要区别是对异常值的敏感性不同。当数据存在明显异常值时，异常点的预测误差 $y_i - \widehat{y_i}$ 通常数值也较大，对其二次方会进一步放大数值，导致整体损失函数受异常点的影响极大，容易使模型参数发生较大的偏差。相较而言，使用绝对值的形式描述异常点的预测误差并不会产生额外的放大效果，因此使用最小绝对误差法求解对异常值相对不敏感。但是，采用最小绝对值作为损失函数在数学角度上会对模型求解产生负面影响，比如损失函数在零点处不可导、模型参数不一定唯一等。

2. 逻辑回归

逻辑回归模型是最基础的线性二分类模型，其模型形式如下：

$$y = \mathrm{sigmoid}(z) = \frac{1}{1 + \mathrm{e}^{-z}} \tag{4-13}$$

式中，预测值 y 通常指代样本属于某个类别的可能性；$z = \beta_0 + \beta_1 x_1 + \cdots + \beta_k x_k$，是一个关于输入变量 $\boldsymbol{x}$ 的多元线性回归模型。

逻辑回归模型实际上是对多元线性回归模型的拓展。多元线性回归模型的输出通常没有界限（上至正无穷、下到负无穷），而样本属于某一类别的可能性 P 的取值范围是有限的（即 [0，1]），因此将多元线性回归模型直接应用到分类任务中显然不合适。为解决这一问题，逻辑回归应运而生，其核心思想是把多元线性回归模型的输出值放入到 sigmoid 函数中，进而将模型输出锁定到 0 和 1 之间，如图 4-6 所示。

结合 sigmoid 函数特征可知，当 z=0 时，$e^{-z}=1$，整体函数输出为 0.5；当 z 趋向于正无穷时，e^{-z} 趋近于 0，整体函数输出趋近于 1；当 z 趋近于负无穷时，e^{-z} 趋近于正无穷，整体函数输出趋近于 0。在实际应用中，可以结合判断阈值（如 0.5）预测样本的具体类别。具体来说，假如某二分类问题的输出取值分别为 0 和 1，判断阈值设定为 0.5，那么当 z 大于 0 时，模型预测该样本属于 y=1 类别，当 z 小于 0 时，则预测属于 y=0 类别。

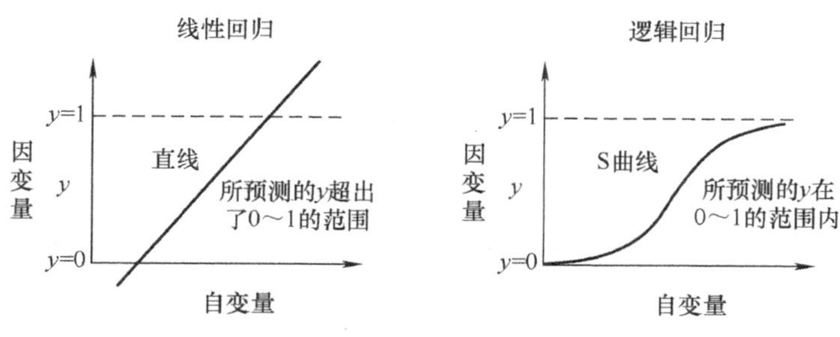

图 4-6 线性回归与逻辑回归示意图

为了模型参数求解方便，通常会采用对数几率（log odds）函数形式进行模型转换。以 y=1 代表正例、y=0 代表负例，可以计算样本属于 y=1 和 y=0 的概率之比的对数，如式（4-14）所示。可以发现，逻辑回归中多元线性回归项 z 的输出值实际上反映的是正例与负例发生概率比值的对数。通常，我们把正例与负例发生的概率比值称为几率（odds=$\frac{y}{1-y}$）。因此，逻辑回归中的多元线性回归项输出的实际上就是对数几率（log odds）。

$$\ln\frac{y}{1-y}=\ln e^{z}=z=\beta_0+\beta_1 x_1+\cdots+\beta_k x_k \tag{4-14}$$

逻辑回归模型的参数通常采用统计学中的最大似然估计法进行估计。假设 y 的可能取值为 1 和 0，则逻辑回归模型的似然函数可表示为

$$L(\boldsymbol{w})=\prod_{i=1}^{n}[p(\boldsymbol{x}_i)]^{y_i}[1-p(\boldsymbol{x}_i)]^{1-y_i} \tag{4-15}$$

式中，$p(\boldsymbol{x}_i)$ 是逻辑回归模型的输出，即 $\frac{1}{1+e^{-z_i}}$，代表第 i 个样本属于 y=1 类别的模型预测概率；$1-p(\boldsymbol{x}_i)$ 是第 i 个样本属于 y=0 类别的模型预测概率；y_i 是第 i 个样本的实际类别值；n 是样本个数。

将似然函数两侧取对数，可以对上述函数进行简化，简化后的函数为

$$\ln\left(L(\boldsymbol{w})\right)\sum_{i=1}^{n}\left[y_i\ln(p(\boldsymbol{x}_i))+(1-y_i)\ln(1-p(\boldsymbol{x}_i))\right] \tag{4-16}$$

上式取值范围为负无穷至零，且越接近 0，表示预测概率和实际概率越接近，即模型参数越优。但是，为了方便计算，大部分优化算法都是朝着最小化损失函数设计的。因此，可以对上式取负解决这一问题，便有了著名的交叉熵损失函数：

$$-\ln\left(L(\boldsymbol{w})\right)=-\sum_{i=1}^{n}\left[y_i\ln(p(\boldsymbol{x}_i))+(1-y_i)\ln(1-p(\boldsymbol{x}_i))\right] \tag{4-17}$$

通过最小化上述损失函数，便可以得到模型的最优参数。这一过程能够使用随机梯度下降法等寻优算法实现。

3. 全连接神经网络

如图 4-7 所示，最基础的神经网络采用全连接形式，它包含多层结构，每一层由神经元节点组成。所谓全连接，是指每一个节点都与相邻层的每一个节点相连接，所谓的连接即存在一个权重 w，使得每一个节点的取值 z 都与上一层所有节点相关。当不使用激活函数时，z 相当于上一层所有节点取值的线性组合，如式（4-18）所示。可以发现，当神经网络模型只包含输入层和输出层时，那么它实际上就是一个多元线性回归模型。

$$z=\sum_{i=1}^{m}w_i x_i+b \tag{4-18}$$

式中，m 是上一层的节点个数；x_i 是上一层第 i 个节点的取值；w_i 是对应上一层第 i 个节点的权重；b 是截距项。

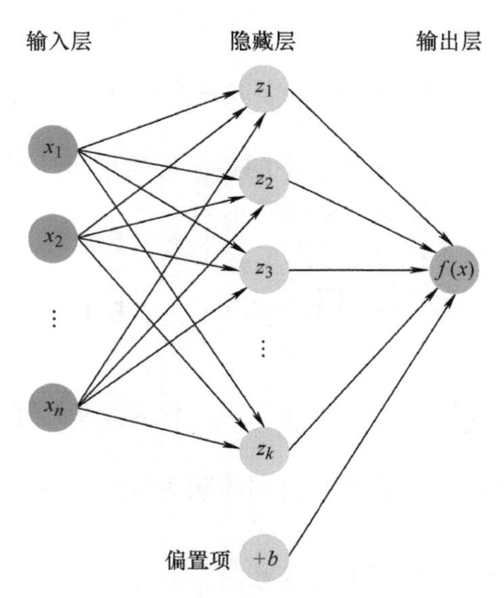

图 4-7 全连接神经网络示意图

为了提升神经网络的数据拟合能力，通常可以从两个角度出发：

1）在输入层和输出层之间加设一个或多个隐藏层。随着隐藏层数量及其节点数的增加，模型的学习能力会有所提升，但是也会带来模型权重数和计算量的增加。

2）使用激活函数，使得每一个节点的取值不仅仅是上一层节点的线性组合，而是其经过非线性转化后的结果。在讲述逻辑回归时，我们介绍过用于二分类的逻辑回归模型实际上就是在多元线性回归的基础上，套加一个 sigmoid 函数，使其输出值从正负无穷转换为 [0，1]。实际上，sigmoid 函数就是一种典型的激活函数，图 4-8 展示了常见的神经网络激活函数，它们并不复杂，却可以大幅提升神经网络模型的非线性拟合能力。

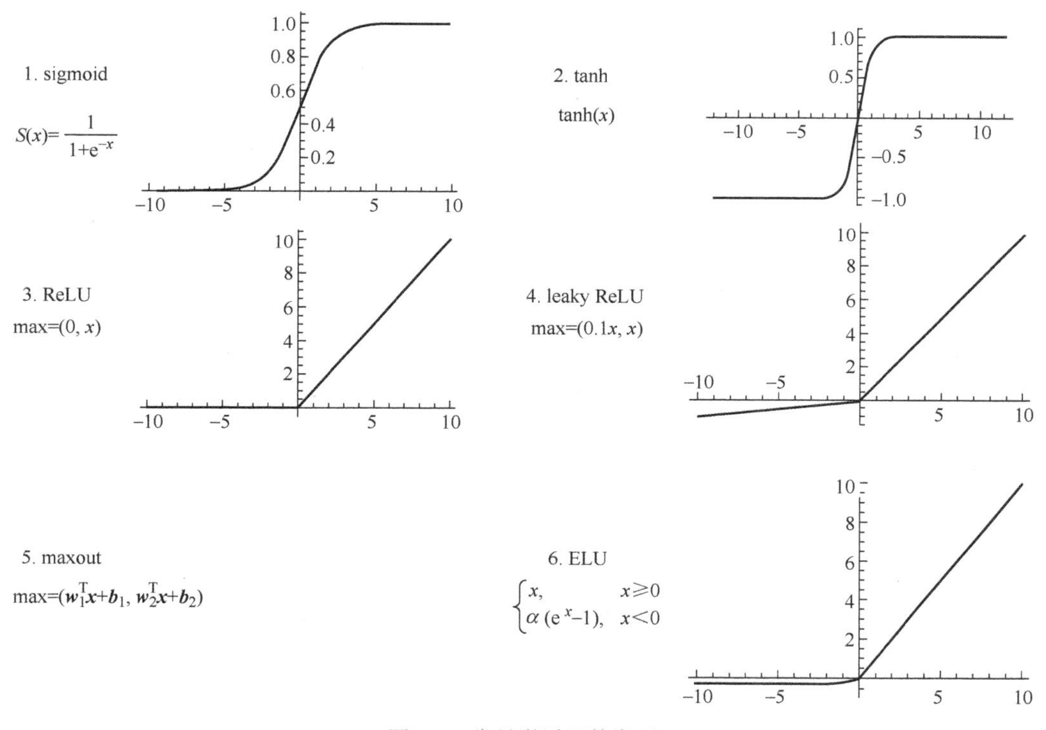

图 4-8　常见激活函数类型

在使用全连接神经网络模型时，输入层和输出层的结构是固定的。比如某预测任务包括 k 个输入变量，那么神经网络输入层的节点个数就是 k。如果预测问题是回归问题或二分类问题，则输出层的节点个数是 1，其中回归问题中输出层节点输出是上一层节点取值的线性组合，在二分类问题中可以在输出层设置 sigmoid 激活函数使其输出 0～1 之间的值，代表样本属于某类别的可能性。如果预测问题是多分类问题，可以在输出层设置对应类别数的节点（如五分类问题设置 5 个输出层节点），通过式（4-19）中的 Softmax 激活函数输出各类别的可能性。经过 Softmax 转换的输出值具有加和等于 1 的属性，可以很直观地代表可能性。比如，当 5 个输出层节点的 z 值为 2、5、2、1、1 时，通过 Softmax 函数可知对应类别的可能性为 0.04、0.88、0.04、0.02、0.02。

$$\text{Softmax}(z) = \frac{e^{z_i}}{\sum_{i=1}^{q} e^{z_i}} \tag{4-19}$$

式中，q 是类别个数；z_i 代表输出层第 i 个节点的取值。

除了输入层和输出层，构建全连接神经网络时还需要定义隐层个数及其节点数。对于这两个参数，目前仍没有明确的取值指南，一般需要将其作为模型的超参数进行优化。

假设已经选取了某一种模型结构，那么如何求解模型参数（包括权重和截距项）呢？神经网络的训练过程通常包含了正向传递（forward passing）和反向传导（back propagation）两部分。

正向传递阶段，假设给定一组模型参数，根据输入数据可以获得每一个样本的预测值。根据预测值和实际值之间的差异程度，可以衡量该神经网络参数的优劣程度。对于回归问题和分类问题，需要采样不同的损失函数来衡量上述差异程度。

1）对于回归问题，通常采用均方误差作为损失函数，它的定义见式（4-20）。该损失函数越小，意味着预测值与实际值之间侧差异程度越小，模型参数也就越优。

$$L = \frac{1}{n}\sum_{i=1}^{n}(y_i - \widehat{y_i})^2 \tag{4-20}$$

式中，n 是样本个数；y_i 和 $\widehat{y_i}$ 分别是实际值和预测值。

2）对于分类问题，可以采用交叉熵损失函数衡量实际分类与预测分类之间的差异程度。对于每个样本来说，预测分类与实际分类之间的交叉熵损失可通过式（4-21）计算得到。所有样本交叉熵损失的平均值便是该模型的交叉熵损失。

$$L = -\frac{1}{q}\sum_{i=1}^{q}\left[y_i \ln\widehat{y_i} + (1-y_i)\ln(1-\widehat{y_i})\right] \tag{4-21}$$

式中，q 是类别个数。

比如，对于五分类问题来说，某一个样本属于第 2 个类别，则对应的真实值表示形式为 {0，1，0，0，0}。假设通过正向传递获取的模型输出值为 {0.1，0.6，0.1，0，1，0.1}，则对应每一个类别的损失值为 {0.021，0.102，0.021，0.021，0.021}，整体加和为 0.186。假设预测值是 {0.6，0.1，0.1，0，1，0.1}，则对应的损失值为 0.707。可以发现，当预测值越接近与实际值时，损失值越小。在训练神经网络模型时，我们的目标是最小化损失函数的取值。

反向传导阶段的核心任务是根据正向传递求得的损失函数对模型参数进行微调。目前最常用的参数调整算法为梯度下降算法。所谓的梯度下降，就是通过计算损失函数与模型参数的偏微分，确定使得损失函数变小的改变方向，进而在下一次训练迭代中增加或减少模型参数。为了便于理解，可以把梯度下降比作下山的过程，其中的梯度概念就好比脚在不同位置感受到的山体倾斜方向，有了这种感觉，即使把一个人的双眼蒙住，也可以通过慢慢踱步的过程走到山下。梯度下降算法对模型参数的迭代遵循式（4-22）。在迭代过程中，参数增加量或减少量可以通过学习速率控制。选取合适的学习速率对神经网络模型训练过程来说至关重要，如图 4-9 所示，过大的学习速率容易导致损失函数发散或无法有效下降至最优点，过小的学习速率容易导致算法收敛速度过慢。

$$\theta^{i+1} = \theta^{i} - \eta \nabla J(\theta) \tag{4-22}$$

式中，$\nabla J(\theta)$ 是损失函数关于模型参数 θ 的梯度；θ^{i+1} 和 θ^{i} 分别是第 $i+1$ 和第 i 次的模型参数取值；η 是学习速率。

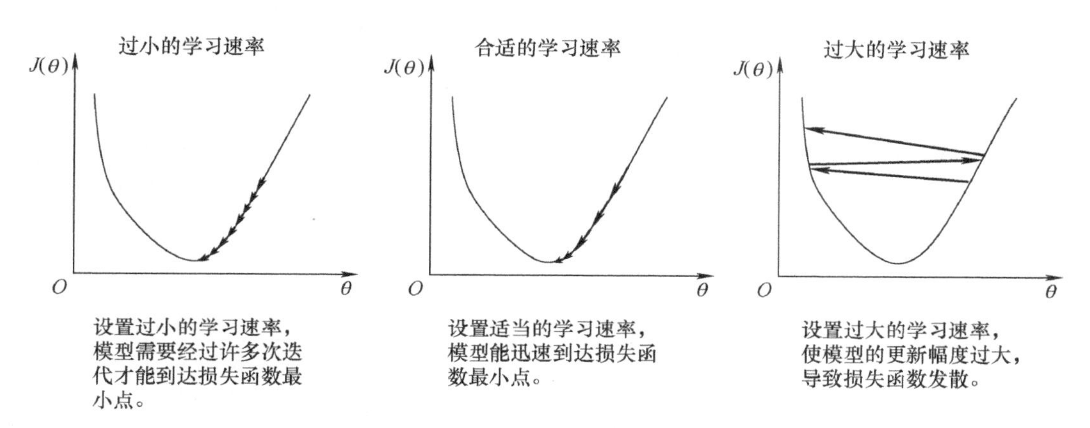

图 4-9 学习速率与梯度下降效果示意图

梯度下降算法具有很多形式，常见的有批量梯度下降（batch gradient descent）和随机梯度下降（stochastic gradient descent）。批量梯度下降使用整个批次的数据进行计算，如果数量较大时，容易造成计算量过大、计算设备内存不足的情况。随机梯度下降则根据每一个样本进行计算，因此优化过程存在震荡现象。需要进一步说明的是，梯度下降方法理论上要求损失函数本身可导，且是凸函数。如果损失函数不是严格意义上的凸函数，那么可能会存在局部最优，同时鞍点的出现也会导致对应位置的导数为 0，从而找不到下一次迭代的方向。为了解决这一问题，计算机领域提出了很多基于梯度下降的优化算法，如 AdaGrad、RMSprop、Adam 算法等，可以通过冲量突破鞍点的寻优局限。

4. 决策树

决策树算法的初衷是解决分类问题，它可以通过多个输入变量的判断条件逐步确定数据样本的类别信息。如图 4-10 所示，决策树模型包含一个根决策节点或根节点、若干个决策节点或判别节点和叶子节点。基础的决策树模型为二分类决策树，即每一个上层节点都会根据某个输入变量的判断规则或分割规则分成两个下层节点。决策树构建的关键是找到合适的决策变量及其判断规则或分割规则。通常可以采用三种指标（即基于信息熵的信息增益、基尼不纯净度、分类错误率）评价不同决策节点的划分效果，进而找到最优化分策略。

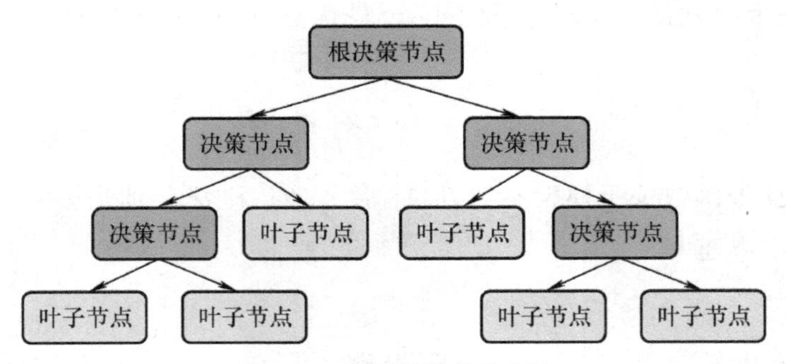

图 4-10 决策树模型示意图

决策树划分的基本原则是使得同一叶节点包含的数据样本具备尽可能相似的类别信息，即拥有较高的“纯净度”。信息熵可有效描述节点的纯净度。对于数据集 X 的信息熵，可用式（4-23）计算。

$$H(X)=-\sum_{i=1}^{m}P_i\log_2 P_i \tag{4-23}$$

式中，m 是数据集 X 中包含的类别种类；P_i 是第 i 类在数据中的占比。

通过下面三个极端案例可以直观反映信息熵与数据混乱度的关系。

1）假设数据集 X 包含 5 个正例，5 个负例。此时，该数据集十分混乱，无法准确识别该数据集属于正例还是负例。该数据集的信息熵为

$$-\frac{1}{2}\log_2\frac{1}{2}-\frac{1}{2}\log_2\frac{1}{2}=1$$

2）数据 X 包含 10 个正例、0 个负例。此时，该数据集很纯净，可以明确判断该数据集属于正例。该数据集的信息熵为

$$-1\log_2 1-0\log_2 0=0$$

3）数据 X 包含 0 个正例、10 个负例。和上一案例一样，该数据集也很纯净，可以明确判断数据属于负例。该数据集的信息熵为

$$-0\log_2 0-1\log_2 1=0$$

由上述案例可知，信息熵的浮动范围为 [0，1]，数据包含的类别信息越纯净，信息熵越趋近于 0；样本类别越混乱，信息熵越趋近于 1。基于这一基本概念，决策树算法可以构建信息增益（information gain，IG）指标判断分割规则的质量。具体来说，根据特定规则对数据样本进行分类，可以将上层节点分割成下层的两个节点，每个下层节点包含不同

的数据样本。此时，该分割规则的信息增益 IG 等于上层节点的信息熵减去下层两个节点的熵之和。如前文所述，熵值越低，代表节点纯净度越高，分类效果越好，所以好的分割规则会产生较大的信息增益，即将上层较为混乱的类别信息转换成较为纯净的节点。

例 4-6　某上层节点包含 10 组样本，其中 5 个为正例、5 个为负例。考虑以下两个分割规则：①分割规则 A 会将 4 个正例和 1 个负例划分到下层的一个节点中，将剩余的 1 个正例和 4 个负例分割到下层的另一个节点中；②分割规则 B 会将 4 个正例和 2 个负例划分到下层一个节点，将剩余的 1 个正例和 3 个负例划分到下层另一个节点。试根据信息增益指标确定更优的分割规则。

首先，计算上层节点的信息熵，即

$$H_{上层}=-\frac{5}{10}\log_2\frac{5}{10}-\frac{5}{10}\log_2\frac{5}{10}=1$$

当使用分割规则 A 时，下层两个节点的信息熵加权和为

$$\begin{aligned}H_{下层}&=\frac{5}{10}H_{下层节点1}+\frac{5}{10}H_{下层节点2}=\frac{5}{10}\left(-\frac{4}{5}\log_2\frac{4}{5}-\frac{1}{5}\log_2\frac{1}{5}\right)+\frac{5}{10}\left(-\frac{1}{5}\log_2\frac{1}{5}-\frac{4}{5}\log_2\frac{4}{5}\right)\\&=\frac{5}{10}\times0.72+\frac{5}{10}\times0.72=0.72\end{aligned}$$

由此可知其信息增益为

$$\mathrm{IG_A}=H_{上层}-H_{下层}=1-0.72=0.28$$

即第一个分割规则的价值为 0.28。

当使用分割规则 B 时，下层两个节点的信息熵加权和为

$$\begin{aligned}H_{下层}&=\frac{6}{10}H_{下层节点1}+\frac{4}{10}H_{下层节点2}=\frac{6}{10}\left(-\frac{4}{6}\log_2\frac{4}{6}-\frac{2}{6}\log_2\frac{2}{6}\right)+\frac{4}{10}\left(-\frac{1}{4}\log_2\frac{1}{4}-\frac{3}{4}\log_2\frac{3}{4}\right)\\&=\frac{6}{10}\times0.92+\frac{4}{10}\times0.81=0.88\end{aligned}$$

其信息增益为

$$\mathrm{IG_B}=H_{上层}-H_{下层}=1-0.88=0.12$$

即第二个分类规则的价值为 0.12。

由此可以判断，第一个分割规则可以减少更多的信息熵，即提高更多的节点“纯净度”，因此也是更优的分割规则。以这种判断思路为基础，可以用计算机技术探索不同输入变量及其分割条件，进而自动化确定每个决策树节点的最优分割规则。

除了信息熵之外，用于评价决策树分割规则质量的指标还有基尼不纯度系数（Gini impurity index）和分类错误率（misclassification error）。基尼不纯度系数的定义见式（4-24）。考虑上述三个极端二分类案例可知，当每个类别各占比 50% 时，基尼系数为 0.5，而当某一类别占比为 100% 时，基尼系数为 0。由此可知，基尼系数的浮动范围为 [0，0.5]。基尼系数等于 0 表示数据集最为纯净，等于 0.5 表示数据集最为混乱。

$$\text{Gini}=\sum_{i=1}^{m}P_i(1-P_i)=1-\sum_{i=1}^{m}P_i^2 \tag{4-24}$$

式中，P_i是属于第i类的样本比例；m是类别个数。

分类错误率是指以节点中占比多的类别为预测值时对应的分类错误率，同样可以用来评价决策树分割规则质量。对于上述三个二分类案例中最混乱的案例 1），由于每个类别占比都为 50%，所以不管以哪个类别为预测值，对应的分类错误率都为 0.5。当节点中 90% 的样本对应 A 类别，剩余 10% 对应 B 类别时，分类错误率就是 10%。当节点中包含的样本都属于同一类别时，分类错误率就是 0。由此可知，分类错误率的浮动范围与基尼不纯度系数一样，都是 [0，0.5]。

以二分类问题为例，图 4-11a 展示了以上三种评价指标随着y=1 类别数据占比不同而呈现的变化规律。以分类错误率为评价标准时，容易发生决策树无法生长的情况。比如，假设样本总数为 120，其中正例为 40 个，负例为 80 个，由此可知，此节点的分类错误率为$\frac{40}{40+80}=0.33$。假设通过特定分割规则，两个节点包含的正负例分别为 28–42 和 12–38，则左侧子节点的分类错误率为$\frac{28}{28+42}=0.40$，右侧节点的分类错误率为$\frac{12}{12+38}=0.24$，加权分类错误率为$0.40\times\frac{70}{120}+0.24\times\frac{50}{120}=0.33$，与上层节点相同，因此该分割条件被认为没有价值。同样的分类结果，如果使用信息熵或基尼不纯度系数，则会认定该分割条件有价值，决策树也得以继续生长。

实践中，信息熵和基尼不纯度系数是主要采用的评价指标，比如 CART 算法使用基尼不纯度系数，ID3 算法和 C4.5 算法使用信息熵。有研究指出两种评价标准对不同的数据类型有偏好，但是一般不会导致明显的决策树精度差异，其主要区别在于：①基于信息熵的计算量偏大，因为涉及对数运算；②信息熵偏向于选择具有较多类别的类别型变量作为分割变量，因为类别数量越多，其建立的下层节点会更加细化，因此更有可能获得较大的信息增益。为避免这种偏差，有算法提出了信息增益率（information gain ratio）这一概念，即将信息增益除以有关下层节点样本树的熵。比如，通过特定分割条件将上层节点分割成 3 个下层节点，每个下层节点的样本数为 2、3、5，则有关下层节点样本数的信息熵为$-\frac{2}{10}\log_2\frac{2}{10}-\frac{3}{10}\log_2\frac{3}{10}-\frac{5}{10}\log_2\frac{5}{10}=1.49$，这也是计算信息增益率时的分母；③如图 4-11b 所示，如果把信息熵除以 2，使其浮动范围与基尼不纯度系数一致，就会发现基尼不纯度系数要小于同条件下信息熵的值，更容易使模型忽略子节点存在少量不纯的情况。因此，当数据存在不均衡情况时，采用信息熵的决策树构建方法更加严谨。

5. 集成学习

实践中采用的集成学习建模思路主要有三种，分别是自举汇聚法（bootstrap aggregating，即 bagging）、提升法（boosting）和堆叠法（stacking）。

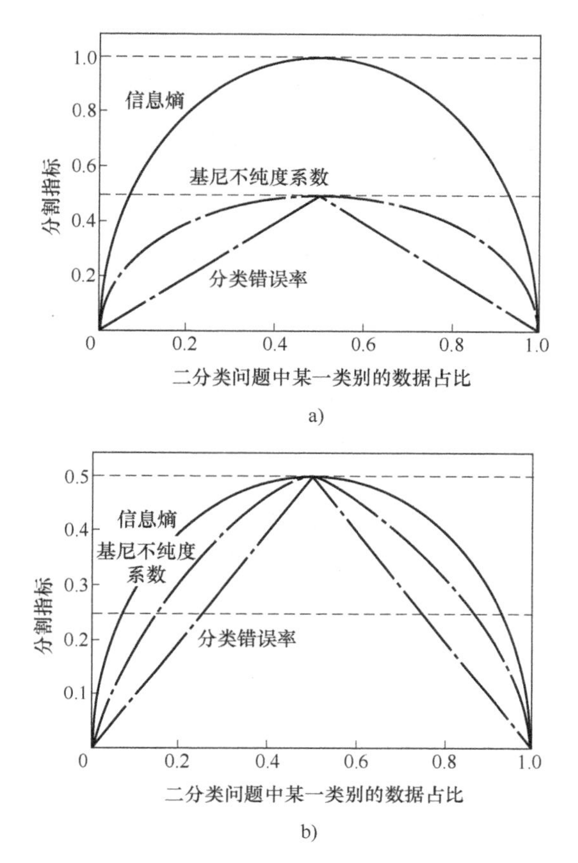

图 4-11 常见的决策树分割规则质量评价方法

（1）自举汇聚法 如图 4-12 所示，自举汇聚法的基本思路是通过对原始数据集进行有放回的采样构建多个不同的训练集，从而获得多个子模型，然后通过对多个子模型的结果进行集成获得最终结果。实践表明，该方法可以有效减少模型的预测方差。

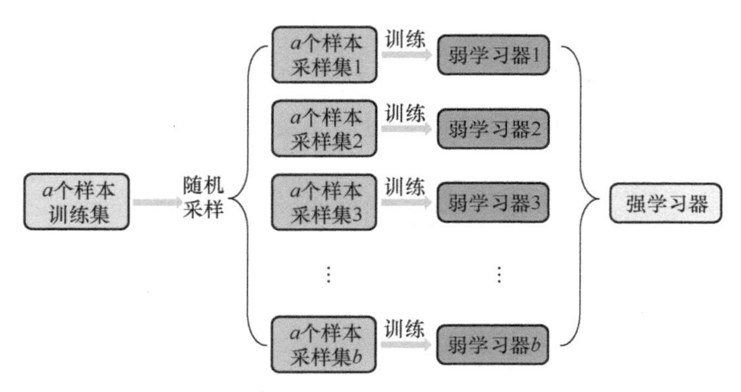

图 4-12 自举汇聚法示意图

假设待分析的数据为面板数据，包含 n 个组样本和 p 个变量，在该数据集上采用自举汇聚法的步骤如下：

首先，从样本和变量维度出发，分别构建多组新的数据集用于模型训练。从样本维度出发，通过随机重置抽样的方式，可以构建多组样本数同样为 n 的新数据集，这种抽样方法也称为自助法。需要强调的是，由于采用了有放回抽样的方式，每次生成的新数据中的样本很有可能存在重复，且通常只会涵盖原始数据中约 63.2% 的样本。从变量维度出发，可以通过随机抽样方法选取特定比例的变量作为新数据中的变量。

然后，通过把某一种固定的监督学习算法应用到这些新数据集，构建出不同的子模型。

最后，由于训练数据不同，这些子模型具有相互独立的属性，针对不同数据样本也会产生不同的预测结果，用户可以采用平均法或投票法对不同子模型的输出结果进行集成。

基于决策树的随机森林算法就是应用这类集成思想的典型代表。为了保证集成学习的质量，不同子模型间应当具有一定独立性，如果很多个子模型都高度相似，那么就没有了子模型间“取长补短”的现象，即使建立再多的“臭皮匠”也无法起到一个“诸葛亮”的作用。为满足这一需求，随机森林算法主要通过两类随机过程确保这一性质：

第一，采用自助法构建每一个决策树的训练数据，通过放回抽样的方式抽取与原始训练数据样本数相同的数据，由于每次抽样获取的数据不同，建立的决策树模型也是不同的。

第二，当进行节点分割规则筛选时，只随机选取 q 个输入变量作为待筛选变量，且 q 远小于原始数据的变量数。

通过这两类随机过程，可以确保子模型间相互独立。最后，通过平均法或投票法集成子模型的回归结果或分类结果，作为集成模型的最终输出。相较于单一的决策树，随机森林算法具有很强的泛化能力，可以通过集成有效避免过拟合现象。在这一过程中，可以发现在第一种集成学习思想下，子模型的构建过程是相互平行的，即任意一个子模型的建立过程并不会对其他子模型产生影响。

（2）提升法 提升法同样采用某种固定的监督学习算法（如决策树），只不过子模型的建立过程并不是相互独立的，而是依次进行的，每一个新建立的子模型的目的都是要修正上一个模型的预测误差，该方法是减少预测偏差的有效手段。

以典型算法 AdaBoost 为例，假设迭代次数为 T，那么该算法首先会根据训练数据建立一个子模型，然后根据该模型的预测误差对训练数据进行加权，增加预测误差较大的数据样本的权重，并以此训练下一个子模型。以二分类问题为例，提升法的训练过程如图 4-13a 所示。此外，在集成多个子模型时，提升法也会对不同的子模型施加不同的权重，错误率较高的子模型权重较低，错误率较低的子模型权重较大，最后通过加权平均法或最多投票法获得最终的集成预测结果，如图 4-13b 所示。

（3）堆叠法 如图 4-14 所示，对于同一组训练数据，堆叠法一般会选取不同的监督学习算法建立结构不同的子模型，再通过特定的一种监督学习算法对不同子模型的输出结果进行集成。该方法通常具有同时减少预测方差和偏差的效果。相较于前两种方法，堆叠法在建立子模型时会涉及多种监督学习算法，如何选取合适的算法并保证子模型效果需要进行大量的数据实验，因此其计算量和分析数据量较大。

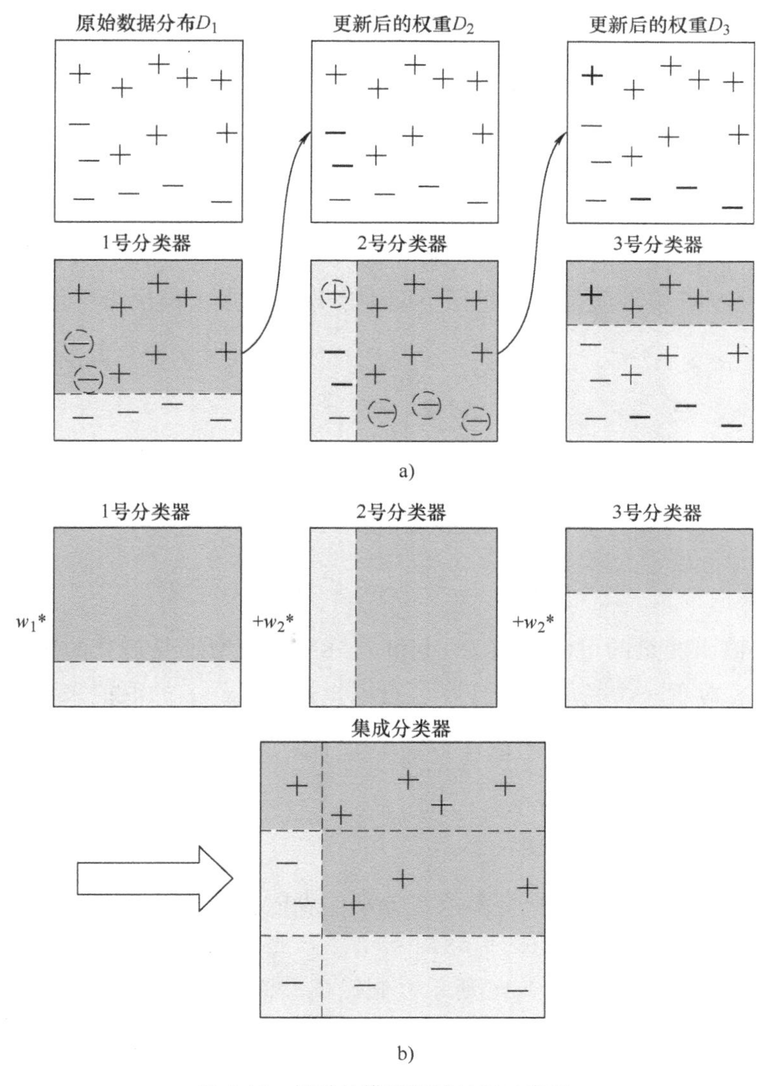

图 4-13　提升法模型训练过程示意图

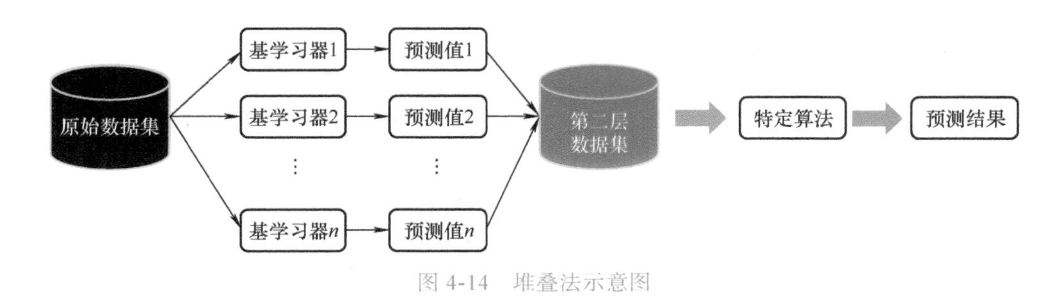

图 4-14　堆叠法示意图

6. 支持向量机 *

支持向量机（SVM）最初用于处理二分类问题。为了便于理解，图 4-15 展示了二分类模型的决策平面概念。在 X_1 和 X_2 定义的二维空间中，存在两类数据样本，黑色圆点代表正例样本（y=1），白色圆点代表负例样本（y=–1）。图中 H_1、H_2 和 H_3 是三个模型的决策平面，可以很直观地发现 H_1 的分类精度最低，而 H_2 和 H_3 两个决策平面都可以完全正确地判别两类样本，分类精度为 100%。那么，H_2 和 H_3 中哪一个决策平面质量更好呢？这时候需要思考决策平面的“容错率”或“鲁棒性”。从图上直观理解，可以发现 H_2 与 H_3 相比，其决策平面和正负例样本的最小距离（即 H_2 与最近正例样本的垂直距离）更小，可以想象 H_2 能够提供的决策“鲁棒性”或“容错率”也更小。这种距离就是我们说的决策间隔，而 SVM 模型就是要在特征空间中发现间隔最大的决策平面。

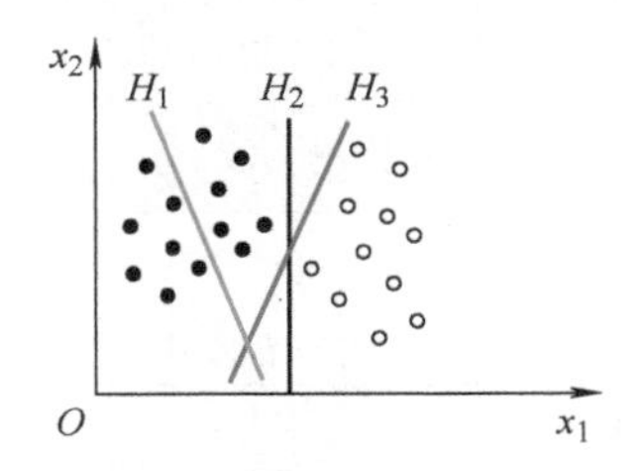

图 4-15 不同线性分类器的决策平面间隔示意图

假设二分类输出变量的可能取值为 –1 和 1，SVM 模型想要建立的决策边界可以通过式（4-25）描述。对于一个新的数据样本，可以根据 $\boldsymbol{w}\cdot\boldsymbol{x}+b$ 的取值来判断样本的具体类别。比如，当 $\boldsymbol{w}\cdot\boldsymbol{x}+b\geqslant 1$ 时，预测该样本属于 y=1 类别，当 $\boldsymbol{w}\cdot\boldsymbol{x}+b\leqslant -1$ 时，该样本属于 y=–1 类别。

$$\boldsymbol{w}\cdot\boldsymbol{x}+b=0 \tag{4-25}$$

式中，$\boldsymbol{x}$ 是输入变量；$\boldsymbol{w}$ 和 b 是模型参数，分别代表输入变量系数和截距项。

SVM 模型的关键是根据给定的训练数据集拟合出合适的模型参数 w 和 b，使得模型的决策平面具有最大间隔。如图 4-16 所示，假设模型输入包含两个变量（x_1 和 x_2），SVM 学习的决策边界会形成一个有宽度的条带，其中中间实线表示 $\boldsymbol{w}\cdot\boldsymbol{x}+b=w_1x_1+w_2x_2+b=0$，任意一条虚线与中间实线的距离为 $\gamma=\dfrac{1}{\|\boldsymbol{w}\|}=\dfrac{1}{\sqrt{w_1^2+w_2^2}}$，在两条虚线的三个样本点称为支持向量。具体求解时，可以通过损失函数评估不同 $\boldsymbol{w}$ 和 b 取值的合理性。对于每一个训练数据样本，如果给定 $\boldsymbol{w}$ 和 b 下预测结果与实际 y 值相符，那么损失值是 0，如果不符，其损失值设定见式（4-26）。SVM 的优化目标是找到这个决策宽带，使其宽度 γ 最大，考虑到 $\gamma=\dfrac{1}{\|\boldsymbol{w}\|}$，而 $\|\boldsymbol{w}\|$ 是模型参数，为了求导方便，可以将该优化目标等价于最小化 $\|\boldsymbol{w}\|^2$。

$$L=-y(\boldsymbol{w}\cdot\boldsymbol{x}+b) \tag{4-26}$$

式中，y 是样本的真实 y 值；$\boldsymbol{w}\cdot\boldsymbol{x}+b$ 是模型的预测值。

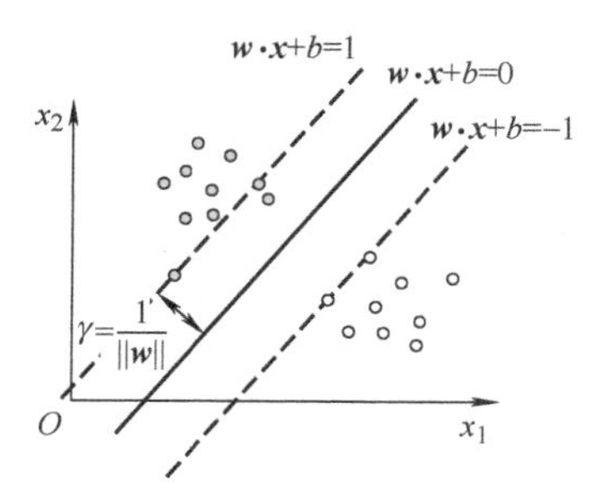

图 4-16　SVM 分类示意图

在图 4-16 展现的例子中，两类数据样本是线性可分的，即不存在空间重叠，这种二分类任务也是相对简单的。但是，实践中的数据很有可能是近似线性可分或线性不可分的。当数据是近似线性可分时（即线性决策平面不能百分百地正确预测类别信息），可以加入松弛变量 ξ，将损失函数转化为最小化 $\|\boldsymbol{w}\|^2+C\sum_{i=1}^{n}\xi_i$，其中 $y_i(wx_i+b)\geqslant 1-\xi_i$ 需要对所有样本均成立。由此，模型可以允许不同类别数据间存在一定比例的预测错误，具体比例可以通过参数 C 进行控制，即 C 越大，允许出错的比例越低。需要说明的是，如果数据本身线性不可分，设置过大的 C 值容易导致模型不收敛。当数据本身是线性不可分时，可以通过核技巧（kernel trick）建立非线性 SVM 模型。其出发点是很多低维空间中不可分的数据在高维空间中可以通过线性决策平面进行分割。如图 4-17 所示，在左侧二维空间中很难找到一个线性决策平面判别正负例样本，而在三维空间中很有可能通过一个二维线性决策平面实现准确分类。核技巧即通过变换函数将原始数据映射到高维空间中，常见的核函数包括多项式核函数和高斯核函数，其中多项式核函数可以将原始数据映射到有限高维空间中，而高斯核函数可以将原始数据映射到无限维中，其中具体的数学原理这里不作详解。在实践中，SVM 建模步骤如下：

1）当输入数据变量数远大于样本数时，可以优先尝试线性 SVM，避免出现过拟合问题。

2）当输入数据变量数远小于样本数时，可以通过核技巧探索高维空间中的决策平面，以提高预测表现。

3）SVM 算法涉及输入数据的内积计算，因此对量纲敏感，在建模前需要通过预处理方法对输入变量进行标准化或归一化处理。

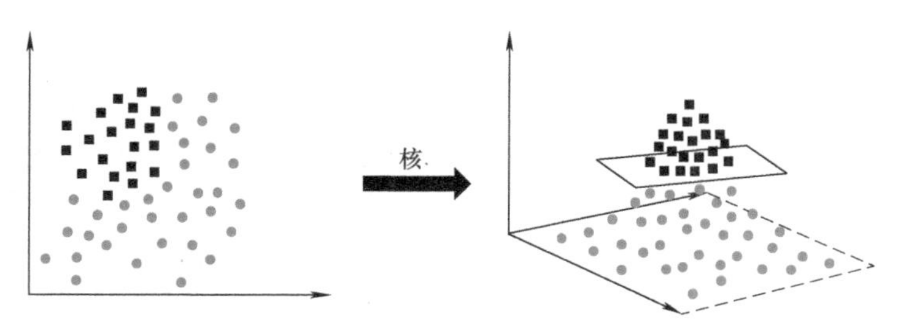

图 4-17　低维空间线性不可分问题解决思路示意图

那么 SVM 方法是否可以应用于回归任务中呢？如图 4-18 所示，考虑 SVM 的决策平面实际上是一个条带，在分类问题中我们想要最大化条带的宽度，使得不同类别的样本处于条带两侧。当用于回归任务时，可以通过设置参数ε来表示特定的决策宽度，即图中任意一条虚线到中间黑色实线的距离为ε，并通过形成的决策条带覆盖尽可能多的数据样本。通过这种形式建立的模型称为SVR（support vector regression）回归模型，任何决策条带之外的点被称为支持向量，其预测误差将被用来计算目标函数，任何处于决策条带之中的样本的预测误差计为0。通过以上算法微调，即可将SVM移植到回归问题上，建立SVR回归模型。

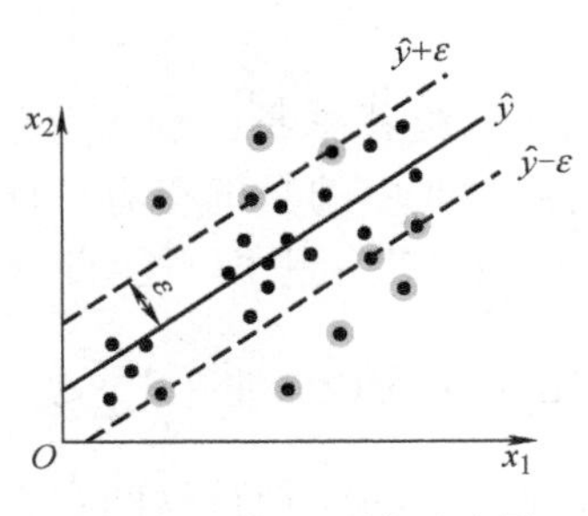

图4-18 SVR回归示意图

7. 卷积/循环神经网络*

除了全连接神经网络之外，常见的神经网络还包括卷积神经网络和循环神经网络。与全连接神经网络相比，卷积神经网络适合处理具有固定格式的序列数据，如适用于时序数据的一维卷积网络和适用于图像数据的二维卷积网络。

卷积神经网络一般包括卷积层、池化层和全连接层。其中，卷积层包含若干个过滤器或核，这些过滤器或核就是模型的具体参数，它们描述了特定的数据特征，卷积计算的本质就是判断这些特征在数据中是否出现。如图4-19所示，对于二维图像来说，卷积计算就是将过滤器从左到右、从上到下进行扫描，并截取同样大小的数据进行点积计算，进而形成特征层。可以发现，当过滤器描述的特征在原始数据中匹配时，其点积值应当较大，因此通过观察特征层的具体取值，就可以发现过滤器描述的特征在原始数据中的匹配情况。卷积神经网络同样可以设计成包含多个隐层和大量过滤器的形式，其目的就是通过对海量数据进行学习，获取适用于回归或分类任务的特征，进而根据特征匹配情况作出预测。此外，相较于全连接网络形式，卷积神经网络具有参数共享的特点，即基于过滤器进行卷积计算时，其参数对于模型输入来说是通用的。比如，图4-19中3×3的过滤器从左到右、从上到下地应用到6×6的原始图片中。因此，卷积神经网络通常可以通过更少的模型参数获取序列数据中的有价值信息。池化层的目的是对特征层进行下采样，以减小数据维度，提高计算效率，避免过拟合。同样以图4-19为例，假设使用3×3的过滤器进行卷积运算，当不采用填补策略时，步长（即过滤器每次左右平移或上下平移的长度）设为1会得到特征层大小为4×4。设定池化层的步长为2，则会将4×4的特征层转换为2×2的形式，如图4-20所示，可采用最大值或均值方式对特征层进行降维。通过若干次卷积和池化计算，我们可以逐步将二维图像数据降维，最终将其展平，并通过全连接层输出最终的回归或分类预测值。

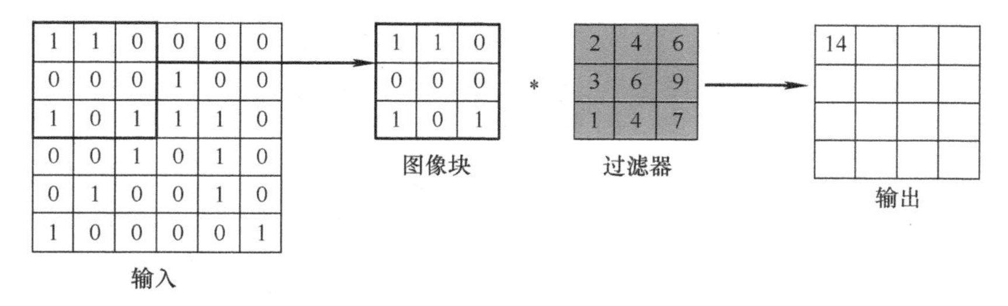

图 4-19　二维卷积计算示意图

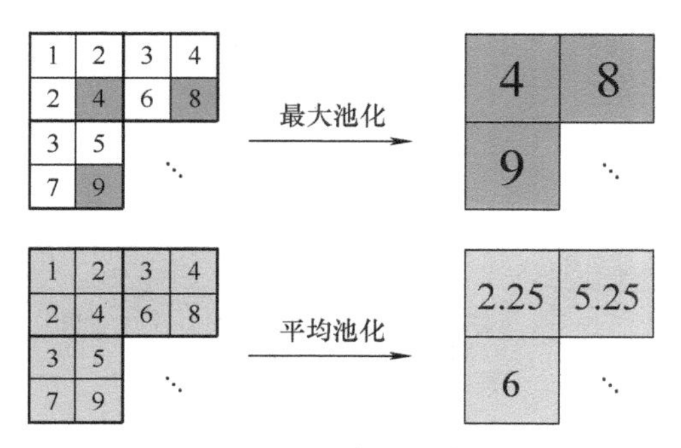

图 4-20　池化层降维运算示意图

循环神经网络主要应用于时序数据分析中。如图 4-21 所示，循环网络的主要思想是 t 时刻的输出不仅取决于 t 时刻的输入，同时也受 $t-1$ 时刻输出的影响，其描述的学习过程可以通过式（4-27）和式（4-28）表示：

$$O_t = g(\boldsymbol{V} \bullet \boldsymbol{S}_t) \tag{4-27}$$

$$\boldsymbol{S}_t = f(\boldsymbol{U} \bullet \boldsymbol{X}_t + \boldsymbol{W} \bullet \boldsymbol{S}_{t-1}) \tag{4-28}$$

式中，O_t 是循环单元 t 时刻输出层的预测值；$\boldsymbol{V}$ 是隐藏层到输出层的权重矩阵；$\boldsymbol{U}$ 是输入层到隐藏层的权重矩阵；$\boldsymbol{W}$ 是上一时刻隐藏层输出值的权重矩阵；$\boldsymbol{X}_t$ 为 t 时刻的输入数据。

基础版的循环神经网络在计算过程中存在短期记忆问题，即 t 时刻的预测受到邻近数据的影响较大，往往无法有效描述较长时间的时序关联。为了解决这一问题，深度学习领域提出了多种前沿循环单元，如长短记忆单元（long short-term memory units）和门控循环单元（gated recurrent units）。与基础版的循环单元不同，这类单元的主要思路是记住长时间序列中的重要信息，而不是简单记忆最邻近的信息。此外，循环神经网络还涉及双向循环等机制，用于模拟时序决策中从过去时间获取记忆、从未来时间获取信息的决策过程。有兴趣的读者可以自行学习这类循环网络的计算原理，这里不作详述。

上述两种神经网络模型的结构比全连接神经网络更加复杂，因此具有更强的推理决策能力。在建筑运行数据分析中，全连接神经网络的应用场景最多，通常用于分析建筑系统变量的非时序关系，如建筑面积、环境工况、人员作息与建筑冷负荷间的关系。通过人为增加表达时序影响的输入变量，也可以利用全连接网络处理建筑领域的时序建模问题，如

人为构建出 $t-1$、$t-2$、$t-3$ 时刻的能耗变量用以预测 t 时刻的建筑能耗。当然，在处理时序问题上，也可以应用循环神经网络和一维卷积神经网络进行建模。一般来说，循环神经网络在时序分析中的理论精度更高，但是计算量也更大，使用者可以首先采用一维卷积运算对原始时序数据进行降维和时序特征提取，然后采用循环神经网络描述建筑运行中的复杂时序模式。此外，相较于其他领域，建筑运行数据的体量并不大，尤其是当分析对象局限于某一栋特定建筑时。因此，在使用神经网络方法时，通常不需要过多的隐层，比如通常小于 5 层的全连接网络就可以获取较好的预测结果，过于复杂的模型结构会引发不必要的计算消耗，同时导致过拟合问题。

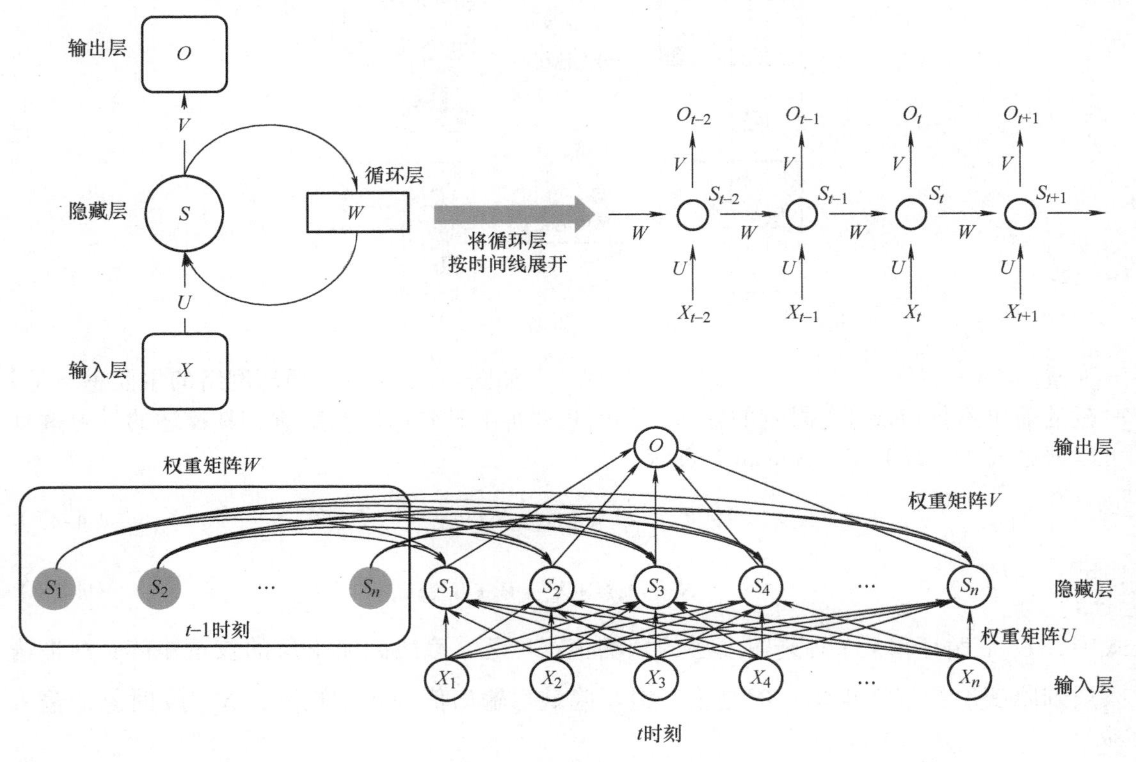

图 4-21 循环神经网络模型结构示意图

4.3.4 模型优化

理想的预测模型应该具有较好的泛化能力，即训练后的模型不仅在已知的训练数据上表现良好，还应在未知的测试数据上表现出良好的预测能力。同时，模型应具备低偏差和低方差的属性。偏差和方差分别从两个角度描述了模型的预测能力。偏差代表模型预测值是否无偏，即预测值的期望是否与真值相同。方差代表的是模型预测值是否会因为样本的细微变化而呈现明显不同。

统计分析涉及样本的采集，每一次获取的数据样本都可以看作一次随机采样过程，因此通过随机采样样本建立的预测模型也具有一定差异。如图 4-22a 所示，假设预测目标是红色的靶心，蓝色图标代表的是不同数据样本下模型的预测值。可以发现第一排的两类模型具有无偏性，因为蓝色图标的均值处于红色靶心内部。但是左上方的模型效果更好，因为其方差更小，也就是说模型的表现相对稳定，受随机样本的影响较小。与此相对的，可以看到下排两个模型的预测值都是有偏差的，其均值始终与红色靶心不符。在实践中，最优目标是建立左上方的这类模型，实现低偏差、低方差的预测。

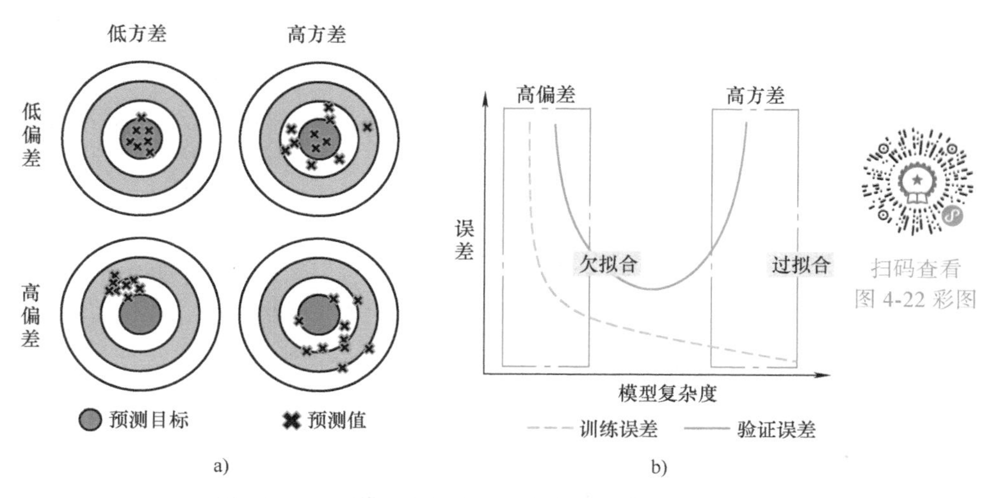

图 4-22　预测模型中的偏差与方差示意图

但是，实践中很难同时保证低偏差和低方差属性。因此，在建立预测模型时，需要考虑偏差与方差间的权衡（即 bias-variance tradeoff）。如图 4-22b 所示，一个模型的偏差和方差属性与算法本身复杂度高度相关。当模型复杂度较低时，算法难以有效描述变量间的复杂关系，因此可能存在高偏差的问题。当模型复杂度较高时，算法很有可能过度关注训练数据中个体的变化，当训练数据发生改变时，其预测能力会发生较大变化，即产生大方差线性。

举例来说，假设只有 5 个样本，它们的输入变量 X 的取值为 1、2、3、4、5，它们的输出变量 Y 的取值为 1、8、27、64、125。不难发现，X 和 Y 之间存在三次方关系，即 $Y=X^3$。假如此时只能选取一次线性模型，可以想象模型会产生较大的偏差，其根本原因是算法本身过于简单，建立的模型将具有高偏差、低方差属性，此类现象被称为欠拟合（under-fitting）。再比如，当 X 和 Y 本身存在的关系可以通过一次线性模型进行有效表征，但是此时采用了更为复杂的高阶函数，那么建立的模型会很容易出现低偏差、高方差的问题，即过拟合（over-fitting）。图 4-23 所示为回归问题和分类问题中的欠拟合、过拟合现象。

根据上述分析，可知当选定了某一监督学习算法后，需要根据既有数据对模型进行训练和优化，终极目的是避免模型出现欠拟合和过拟合现象。具体来说，可以从两方面保证预测模型的可靠性：①从数据层面来说，可以设计合理的模型训练、优化及评估流程；②从算法层面来说，可以采用特定训练技巧确定合适的模型复杂度。

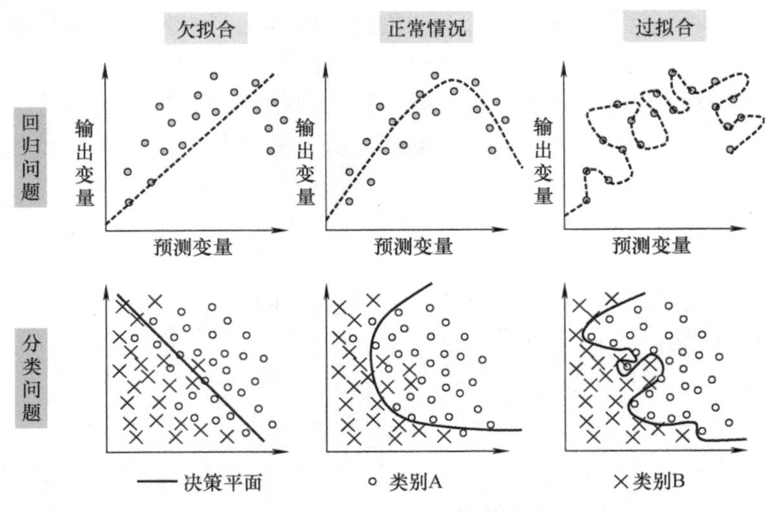

图 4-23 模型欠拟合与过拟合示意图

1. 模型训练、优化及评估流程

为了保证模型训练、优化和评估的有效性，通常要对既有数据进行预先分割。如图 4-24a 所示，最常见的分割方法是按照特定比例对既有数据进行随机无放回采样，比如按照 70% ∶ 30% 的比例随机抽选数据样本，形成训练和测试数据集。上述比例不是固定的，可以根据实际情况进行调整，只需保证有足够的测试数据即可。其中，训练数据集用于训练预测模型，测试数据集用于评估模型在实际应用中的泛化能力。模型在训练过程中应避开测试数据，这是确保模型表现评估公平性的关键。当用精度指标量化模型性能时，也应当使用测试数据中的精度指标，不能以训练数据的精度指标为准。

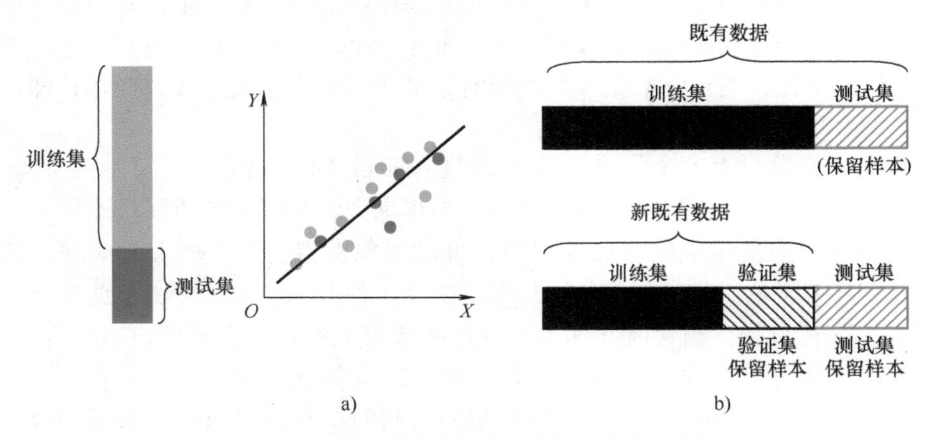

图 4-24 常见的数据分割方法及预测建模示意图

上述方法的主要局限在于没办法满足在测试阶段前对不同模型的对比需求。这一需求对模型超参数优化至关重要。比如，对于图 4-24a 所示的案例中，假设想要对比不同超参数下某一监督学习算法（如全连接神经网络的隐藏层数及神经元数）的预测效果，那么只能基于训练数据建立不同超参数下的模型，然后根据其在测试数据中的表现筛选出最优的模型超参数。但是，此时便没有多余的、算法未见过的数据来公平地评价最优模型的泛化能力了，这显然与设置测试集的初衷背离。

因此，为了满足模型对比和超参数调优需求，实践中通常会采取图 4-24b 所示的分割方法，即按照特定比例将数据分为训练数据集、验证数据集和测试数据集，如按照 60% ：20% ：20% 的比例划分。这一比例同样不是固定的，可以根据既有数据的样本量进行调整，只需保证有足够的数据用于验证和测试即可。具体的建模步骤如下：

1）根据训练数据建立不同类型或不同超参数下的预测模型。

2）根据不同模型在验证集中的表现确定最优模型设置。

3）使用最优模型设置，综合运用训练数据和验证数据建立最优预测模型。

4）使用测试数据评估最优模型的泛化能力。

图 4-24b 所示的分割方法较好地满足了模型训练、优化和评估的需求，但是在特殊数据场景下依然存在局限，主要包括：第一，基于一次数据分割形成的训练数据和验证数据存在随机性，因此基于一组训练和验证数据集确定的最优模型设置可能存在偏差；第二，当数据资源较为稀缺时，该方法的数据利用率并不高，可以发现模型在首次训练过程中并未充分考虑划分到验证数据集中的样本信息。

为解决上述问题，学者们进一步提出了基于交叉检验（cross-validation）的方法。所谓的交叉检验，就是通过将训练数据和验证数据的分割过程重复 K 次生成 K 折（K-fold）数据。如图 4-25 所示，使用者需要将模型训练和验证过程重复 K 次，每一次都使用 K–1 折数据训练模型，剩余的 1 折数据用于模型验证。在实践中，可以把 K 折交叉检验融合到模型的训练与评估过程中，具体步骤如下：

1）将原始数据按照特定比例分为训练数据和测试数据，如 70% ：30%。

2）在训练数据中使用交叉检验的概念，根据 K 次交叉检验的验证结果均值确定最优的模型形式或超参数。

3）以所有训练数据为基础，根据最优模型形式或超参数建立最终的预测模型，并根据测试数据集量化其泛化性能。

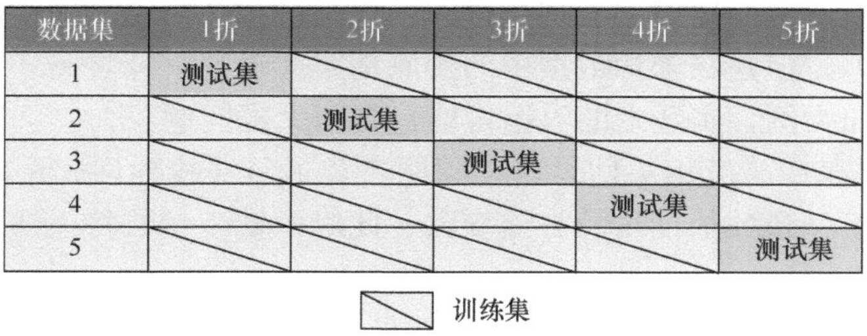

数据集	1折	2折	3折	4折	5折
1	测试集				
2		测试集			
3			测试集		
4				测试集	
5					测试集

训练集

图 4-25　5 折数据分割示意图

作为小结，在建立预测模型的过程中，需要对数据资源进行有效分割和利用，以保证模型训练、优化和评估结果的可靠性和公平性。本节按照复杂度逐渐上升的顺序总结了三类数据分割利用方法：

1）将原始数据按照特定比例分割为训练数据集、测试数据集的方法适用于建模算法及参数已确定的情况，即不涉及不同模型的对比选择与超参数优化。

2）将原始数据分割为训练数据集、验证数据集、测试数据集的方法适用于数据样本量丰富的情况，可以满足模型对比和超参数优化需求。

3）将原始数据分割为训练（内部采用 K 折交叉检验的训练和验证机制）数据集、测试数据集的方法同样可以满足模型对比和超参数优化需求，且数据利用率较 2）中所提方法更高，适用于数据资源相对短缺的场景。

2. 模型超参数类型及优化方法

监督学习算法一般具有一个或多个超参数，这些超参数决定了预测模型的复杂度，因此会显著影响预测模型性能。给定同一组数据，即便使用同一种监督学习算法，不同超参数下的模型结果也会呈现明显差异。因此，在模型训练和优化过程中，需要使用者能够明确算法最关键的超参数及其作用机理，然后结合上一小节介绍的数据分割方法对其进行优化，找到最优的模型超参数，消除欠拟合或过拟合现象。

在处理能源领域问题时，大量实践表明过拟合现象通常更为常见和严重。其主要原因如下：

1）相较于其他领域（如计算机视觉、语音识别等），能源领域预测问题的复杂度并不高，因此常规监督学习算法就具备足够的复杂度进行有效预测，一般不存在欠拟合问题。比如，在预测建筑系统能耗时，可以通过加大神经网络隐藏层及节点个数提升模型复杂度，但在实践中一般并不需要隐藏层层数大于 5 的大体量神经网络模型。

2）能源领域的数据量有限，且一般存在明显周期特性。比如，对于成熟运行的商业建筑来说，其冷热负荷需求会呈现明显的周期规律。因此，在使用高度复杂的监督学习算法时，能够提供有价值信息的数据量并不大，容易出现过拟合现象。

具体来说，监督学习算法的超参数可以归为三类，分别是有关损失函数的超参数、有关模型拓扑结构的超参数和有关模型训练过程的超参数。本节将以典型算法为例对这三种超参数进行详细介绍，同时阐明如何对上述超参数进行优化。

（1）损失函数超参数　监督学习算法的损失函数主要以预测精度为目标。比如，在回归问题中，算法试图找到能够最小化预测值和实际值之差平方和的最优模型参数。但是，单纯以预测精度为目标容易使模型在训练过程中出现过拟合问题，即模型在训练数据上会得到很小的预测误差，但是在未知数据中的预测精度会迅速下降。

以多元线性回归为例，实践中的数据可能包含两大类问题：

1）输入变量间存在高度相关性。这一问题违背了经典线性回归中数据变量相互独立的假设，容易导致模型参数估计量的方差变大。此时，模型参数将无法正确反映每一个数据变量对输出变量的影响。

2）输入变量维度高，导致模型所含参数数量过大，整体复杂性显著提高。

这两类问题可以通过在损失函数上施加正则化约束条件解决。比如，套索回归（lasso regression）的损失函数如下：

$$Q=\sum_{i=1}^{n}(y_i-\widehat{y}_i)^2+\lambda\sum_{i=1}^{p}|w_i| \tag{4-29}$$

式中，第一项是预测值与实际值之差的平方和，反映了模型的预测误差水平；第二项是

L1 正则项，其中 w_i 代表第 i 个输入变量的参数，p 代表输入变量个数，λ 可以控制 L1 正则项在目标函数中的重要性。不难发现，λ 越大，则 L1 正则项在损失函数中的影响就越大。此时，算法寻优过程不再只是寻求最小的预测误差平方和，而是要最小化预测误差平方和与模型参数绝对值之和的综合结果。

与套索回归相似，岭回归（ridge regression）同样引入了关于模型参数的正则项，其损失函数如下：

$$Q=\sum_{i=1}^{n}(y_i-\widehat{y_i})^2+\lambda\sum_{i=1}^{p}w_i^2 \tag{4-30}$$

不难发现，岭回归损失函数第二项与套索回归不同，它采用了模型参数的平方和，称为 L2 正则项。

套索回归和岭回归都是基于多元线性回归的算法，它们的基本思想是以牺牲模型偏差为代价，降低模型方差，进而提高模型泛化能力。如图 4-26 所示，假设训练数据中只包含红色样本点（左侧两点），通过最小二乘法建立的模型可以很好地描述训练样本，但应用到未知数据时模型表现会很差，即模型存在低偏差、大方差的问题。如橙色线（点画线）所示，通过加入正则项，可以减小模型斜率参数的绝对值，虽然训练数据中的预测误差变大，但是模型在未知数据中的表现会更好。套索回归可以将一部分变量的回归系数限制为 0，进而实现特征变量筛选功能，同时使模型具备更简洁的形式。岭回归也会对模型参数进行缩小，但是通常不会限制到 0，因此它不具备特征筛选功能，更多的是用于克服输入变量间的多重共线性影响。为了理解这种现象，可以参考图 4-27。假设模型只有两个输入变量，其对应参数为 w_1 和 w_2，左图中菱形边界实线代表 L1 正则项取值，右图中圆形边界实线代表 L2 正则项取值，形如椭圆的圆圈代表预测误差平方和的等高线。可以发现，算法寻优的目标就是找到等高线与边界正则项相交的点，此时两项之和最小。由于 L1 正则项存在“尖角”，而 L2 正则项是一个圆，因此套索回归中的相交点更有可能落在部分参数等于 0 的点上，而岭回归中参数绝对值也会变小，但是一般不为 0。

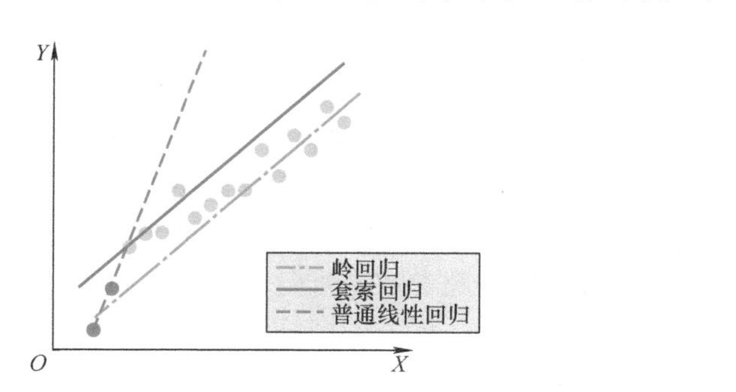

扫码查看
图 4-26 彩图

图 4-26 通过正则项提升模型泛化能力示意图

套索回归在应用中的主要局限在于：

1）当输入变量数量明显大于样本数量 n 时，即使所有输入变量都与输出变量相关，算法最多也只会识别 n 个参数不为零的输入变量。

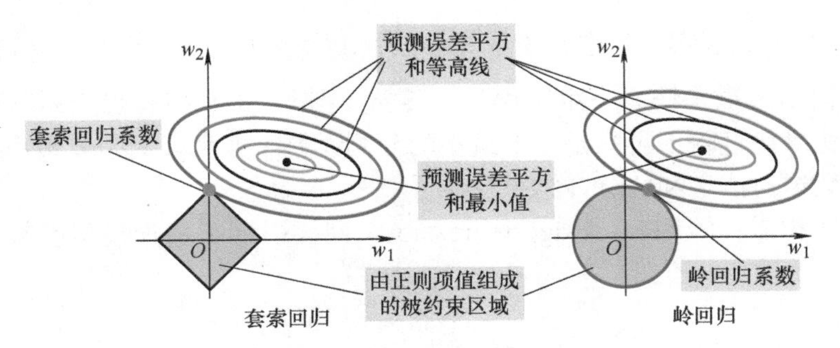

图 4-27 套索回归和岭回归的损失函数示意图

2）当两个或多个输入变量间存在高度相关性时，算法会随机从中选取一个变量，使其参数不为零，这显然会影响模型解读工作。

岭回归可以克服多重共线性的影响，但不具备特征筛选的功能。为了结合两类算法的优点，学者们提出了弹性网络（elastic net）算法。该算法同时具备特征筛选和克服多重共线性的功能，其损失函数同时考虑了 L1 正则项和 L2 正则项，具体如下：

$$Q=\sum_{i=1}^{n}(y_i-\widehat{y}_i)^2+\lambda[(1-\alpha)\sum_{i=1}^{p}w_i^2+\alpha\sum_{i=1}^{p}|w_i|] \tag{4-31}$$

式中，α是除λ之外的另一个超参数，它控制了 L1 正则项和 L2 正则项的相对强度。

除了上述三类算法，损失函数正则项在神经网络等监督学习算法中也被广泛应用。但是，无论使用哪一种回归方法，都需要预先设定损失函数的超参数（如α和λ等)，以找到预测误差与正则项之间的最优平衡。

（2）模型拓扑结构超参数　很多监督学习算法具备不同的拓扑结构，这些拓扑结构会影响预测模型的复杂度。比如，对于决策树算法来说，模型复杂度受决策树的深度、叶节点个数等拓扑结构超参数影响。对于不同的数据集和预测问题，很难预先知道最合适的模型结构超参数。再比如，对于神经网络模型来说，隐藏层的数量、隐藏层节点个数、卷积核个数、循环单元个数等均为有关模型拓扑结构的超参数。

可以想象，随着拓扑结构复杂度的增加，模型处理问题的能力也会有所上升，但这同样也会引发过拟合的风险。举例来说，假设训练数据只包含 10 组数据，此时如果使用包含几千个模型参数或权重的神经网络模型进行拟合，模型可以轻易地掌握 10 组数据的规律，实现百分百的预测精度，但它在处理未知数据时很可能“不知所措”。当然，在设计神经网络模型时，很容易就会发生模型参数或权重数量明显大于训练样本的情况。此时，就需要结合模型训练过程中的超参数来避免过拟合风险了。

（3）模型训练过程超参数　模型的训练过程同样可以通过超参数进行控制，这类超参数实际上控制的是模型对每一个训练样本的敏感程度。以神经网络模型为例，我们可以通过学习速率（learning rate)、丢弃率（dropout）和迭代（iteration）次数等超参数来控制整体学习过程。

学习速率与损失函数梯度下降高度相关。如前文所述，学习速率控制了每次迭代中不同模型权重根据偏微分结果的调整力度。过小的学习速率会导致模型需要多次迭代才能收敛，而过大的学习速率又容易引发模型损失函数值发散或难以继续下降的现象。实践中的常见做法是尝试多个具有指数下降关系的学习速率（如 0.1，0.01，0.001 等），并结合模型在训练集和验证集上的损失函数判断哪个学习速率更为合适。考虑到神经网络模型的改进空间通常会随着迭代次数的增加而逐渐减小，实践中通常使用学习速率衰减（learning rate decay）方法不断调整训练过程的学习速率，即学习之初使用较大的学习速率，随后慢慢减少学习速率值。

此外，在训练过程中，可以通过设置丢弃率防止神经网络模型出现过拟合现象。如图 4-28 所示，丢弃率本质上是一种正则化方法，它定义了不同批次中随机丢弃的神经元节点比例，其取值范围为 [0，1]。需要注意的是，丢弃率只在模型训练过程中具有效果，当把模型应用到验证数据集或测试数据集时，应使用完整网络进行预测。如何优化设定训练过程中的丢弃率同样值得探索。过低的丢弃率无法起到限制模型复杂度的功效，因此难以减少过拟合风险；而过高的丢弃率容易引发欠拟合风险，还会增加模型的收敛难度。

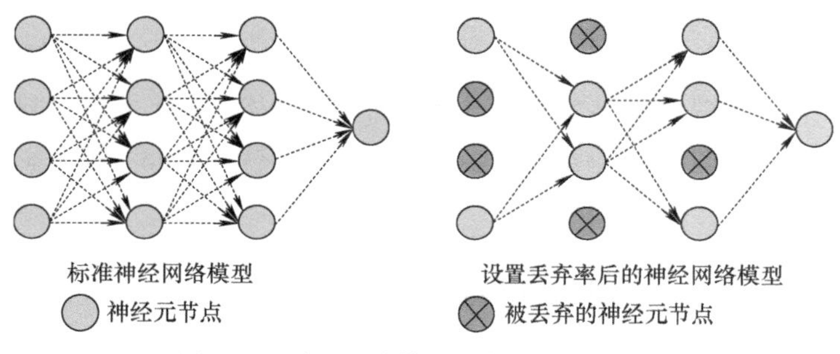

图 4-28　神经网络模型丢弃率作用示意图

对于神经网络模型来说，其训练迭代次数同样需要优化。一方面，有些预测任务可能快速收敛，因此不需要浪费过多的计算资源和时间用于重复迭代。另一方面，随着迭代次数的增加，训练误差通常会持续下降，使得模型过分聚焦训练数据中细微的、甚至来源于无意义噪声的数据规律，从而引起过拟合问题。在实践中，多采用早停机制（early stopping）来控制模型的迭代次数。如图 4-29 所示，其主要思想是根据模型在验证数据集中的损失函数或精度指标判断模型泛化性能，如果连续 d 次迭代训练都没法进一步提高模型在验证集上的表现时，便停止训练，其中 d 是早停机制的“耐心”超参数。

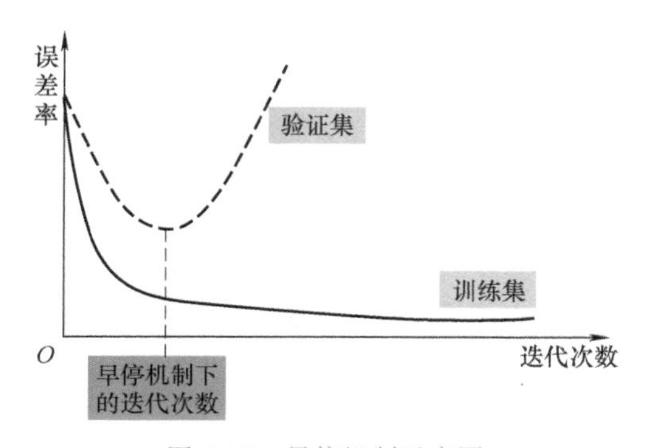

图 4-29　早停机制示意图

（4）超参数网格寻优方法　不论是哪种超参数，都可以结合数据实验找寻其最优值。最简单的方法就是手动调参，即基于专家经验多次尝试具体数值。对于有经验的使用者来说，这种方法很简便，能大致评价模型的预测能力，但这显然不是一种严谨、客观的寻优方法。

网格寻优（grid search）是一种基本的超参数优化方法，被广泛用于能源领域监督学习模型的超参数优化。它要求用户预先定义一个或多个超参数的可能取值，然后通过网格生成超参数组合，最后根据不同超参数下模型的验证结果确定最优值。以全连接神经网络为例，可以预先设定隐层个数备选值为{1，2，3}，隐层激活函数为{sigmoid函数，tanh函数}，进而生成$2\times3=6$种网格组合用于模型构建和对比。

网格寻优方法的主要缺点在于当涉及多个超参数和备选取值时，组合数会显著增大，导致计算量激增。为了解决上述问题，可以使用贝叶斯优化（Bayesian optimization）方法。此外，网格寻优方法大概率只能获得次优解，很难有效找到全局最优解。基于梯度的优化和进化寻优方法能够有效地克服这一问题。关于上述三种方法的原理这里不再详述，有兴趣的读者可自行学习。

（5）其他超参数优化方法* 贝叶斯优化方法的关键内核是高斯过程（Gaussian process）。它假设损失函数在超参数空间中遵循高斯过程，因此可以通过少数已知超参数组合推演未知超参数组合的可能损失值，进而通过较少的尝试次数逐步找到最优超参数取值。

高斯过程的关键在于连续域上的均值和协方差函数。其中，协方差函数用于描述连续域上不同点的相关性，通常使用核函数近似表示，如指数二次核（exponential quadratic kernel）的公式如下：

$$\exp\left(-\frac{\|d\|^2}{2l^2}\right) \tag{4-32}$$

式中，$\|d\|^2$是输入域上两个样本的距离平方和；l是核长度参数。

指数二次核取值范围的上下限为1和0，因此满足协方差取值的定义。假设输入变量是二维的，第一个样本取值为{1，2}，第二个取值为{0，3}，核长度参数为1，则根据指数二次核定义，可以计算出这两个样本间的协方差为$\exp\left(-\frac{(1-0)^2+(2-3)^2}{2\times1^2}\right)\approx0.37$。

高斯过程方法的主要公式如下：

$$\boldsymbol{\mu}_{\mathrm{b}}=\boldsymbol{K}_{\mathrm{ab}}^{\mathrm{T}}\boldsymbol{K}_{\mathrm{aa}}^{-1}\boldsymbol{Y}_{\mathrm{a}} \tag{4-33}$$

$$\boldsymbol{\Sigma}_{\mathrm{bb}}=\boldsymbol{K}_{\mathrm{bb}}+\boldsymbol{K}_{\mathrm{ab}}^{\mathrm{T}}\boldsymbol{K}_{\mathrm{aa}}^{-1}\boldsymbol{K}_{\mathrm{ab}} \tag{4-34}$$

式中，$\boldsymbol{\mu}_{\mathrm{b}}$是未知观测点上的输出变量均值；$\boldsymbol{\Sigma}_{\mathrm{bb}}$是未知观测点上的输出变量的协方差矩阵；$\boldsymbol{K}$是通过特定协方差函数构建的协方差矩阵；$\boldsymbol{K}_{\mathrm{aa}}$是已知观测点中输入变量的协方差矩阵；$\boldsymbol{K}_{\mathrm{bb}}$是未知观测点中输入变量的协方差矩阵；$\boldsymbol{K}_{\mathrm{ab}}$是已知观测点和未知观测点中输入变量的协方差矩阵；T代表矩阵转置；−1代表逆矩阵求解。

举例来说，假设真实函数曲线为$y=x^2\sin(5\pi x)$，其函数关系如图4-30a所示。实践中，可以通过高斯过程分析有限样本数据，进而推断指示函数关系。假设已知 m 个观测点，待求解的位置观测点个数为 n，通过指数二次核计算，可分别计算 $\boldsymbol{K}_{\mathrm{aa}}$、$\boldsymbol{K}_{\mathrm{bb}}$ 和 $\boldsymbol{K}_{\mathrm{ab}}$，其矩阵大小分别为 $m\times m$、$n\times n$、$n\times m$。$\boldsymbol{Y}_{\mathrm{a}}$ 是一个 $m\times 1$ 的矩阵，通过计算 $\boldsymbol{\mu}_{\mathrm{b}}$ 的公式可知，求得的 $\boldsymbol{\mu}_{\mathrm{b}}$ 是一个 $n\times 1$ 的矩阵，它代表了 n 个不同未知观测点上的分布均值参数。同理，可以发现 $\boldsymbol{\Sigma}_{\mathrm{bb}}$ 是一个 $n\times n$ 的矩阵。以此为基础，可以获得不同位置观测点的预测均值及其不确定性（可用标准方差表示）。随机抽取 m=5 个位置观测点，进行以上计算，可以获得其他位置 x 取值下函数的均值与标准差。如图 4-30b 所示，虚线代表估计的函数关系，阴影代表不确定性。可以发现，距离已知 5 个样本越近，阴影的宽度越窄，代表估计的不确定性越小。有兴趣的读者可以通过参考文献 [6, 7] 进一步了解贝叶斯优化和高斯过程的可视化展现方法。

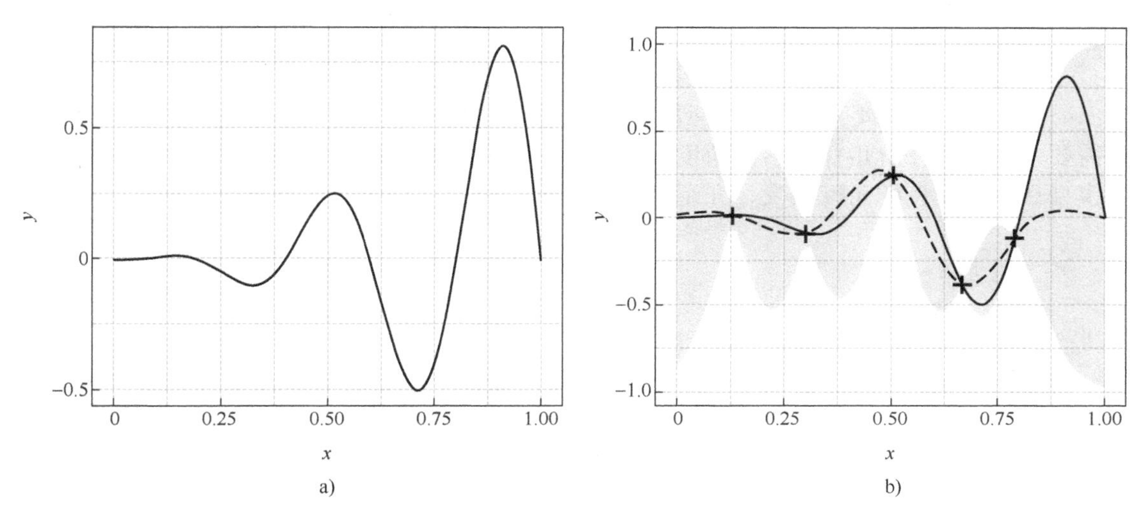

图 4-30　高斯过程分析案例示意图

在贝叶斯优化方法中，假设不同超参数下的模型损失函数是未知的，但是服从高斯分布。因此，可以通过少量的探索确定 m 个已知观测值，进而结合采集函数确定下一个超参数探索值，其中的采集函数会根据未知点的均值和方差确定最有价值的探索点。相较于网格寻优方法，贝叶斯优化方法可以通过较少次的模型尝试确定超参数最优值，在处理多个超参数寻优问题上更加有效。其主要步骤包括：

1）定义不同超参数的取值范围，随机选取 k 组值作为超参数备选方案，计算 k 组超参数下模型的损失值。

2）假设损失函数在超参数取值范围内遵循高斯过程，根据已有损失值估算其他超参数取值下的损失函数均值和方差。

3）根据损失函数均值和方差定义采集函数，确定最有可能最小化损失值的下一组超参数，并计算其损失值。

4）重复第二、三步，直至达到模型寻优次数上限。

预测模型超参数还可以通过其他方法求解，如基于梯度的优化（gradient-based optimization）方法和进化寻优（evolutionary optimization）方法。梯度优化方法假设超参数与损失函数之间存在平滑可微分关系。进化寻优方法（如遗传算法和粒子群算法）将超参数寻优类比成生物进化过程，每次进化都会生成特定数量的备选组合，根据其模型损失值的大小生成下一次评估的备选组合。这类方法通常可以找到优化问题的近似最优解，但是计算量相对较大。需要说明的是，对于能源领域来说，很多工程实践对预测模型的绝对精度要求并不高，因此不一定非要找到模型超参数的全局最优解，很多局部最优解同样可以构建出具备足够预测能力的模型。正因如此，实践中超参数的优化效率和所需计算资源通常具有更高的优先级。从这个角度出发，网格寻优方法和贝叶斯优化方法可以较全面地满足大多数能源系统模型的优化需求。

4.4 模型评价方法

4.4.1 引言

如何全面、准确地评价预测模型的表现是预测建模中的关键一环。在评估模型时，通常需要采用多个评价指标从不同角度量化预测模型的能力，以免造成误解。本章节将从回归模型和分类模型的角度出发，介绍常用的评价指标及实践中的注意事项。

4.4.2 回归模型评价指标

1. 有量纲评价指标

对于回归模型来说，输出变量为连续型数值变量。因此，最直接的评价方法就是采用有量纲的评价指标反映预测值和输出值的差距。常见的有量纲评价指标包括均方误差（mean square error，MSE）、均方根误差（root-mean-square error，RMSE）、平均绝对值误差（mean absolute error，MAE）。上述三类指标的计算方法见式（4-35）～式（4-37）。根据公式可知，这类指标理论下限为 0，指标数值越低代表预测模型精度越高。

$$\mathrm{MSE}=\frac{\sum_{i=1}^{n}(y_i-\widehat{y_i})^2}{n} \tag{4-35}$$

$$\mathrm{RMSE}=\sqrt{\frac{\sum_{i=1}^{n}(y_i-\widehat{y_i})^2}{n}} \tag{4-36}$$

$$\mathrm{MAE}=\frac{\sum_{i=1}^{n}\left|y_i-\widehat{y_i}\right|}{n} \tag{4-37}$$

式中，y_i 是第 i 个真实值；$\widehat{y_i}$ 是第 i 个模型预测值；n 是待评估的数据样本量。

上述三个指标之所以称为有量纲指标，是因为本身带有单位。以建筑能耗为例，如果输出变量的单位为千瓦（kW），那么以上有量纲指标的单位皆为 kW。这类指标可以很清晰地描述预测值与实际值的平均差距，可以给用户直观的结果。但是，其主要局限在于：

1）当对比不同数据集的模型结果时，这些指标通常没有意义。举例来说，当模型的预测目标是一栋体量巨大的商业建筑时，其逐时功率的浮动范围可能很大，比如 0kW 到几万 kW。由此建立的预测模型通常会具有数值相对较大的有量纲精度指标。如果建模目标是单户家庭的逐时功率，可以想象其浮动范围会大幅缩减，对应的模型有量纲指标也会相对较小。

2）当数据本身的变异性不强时，有量纲指标并不能准确反映模型能力。以大学校园建筑能耗预测模型为例，可以发现，教学楼能耗的浮动范围相对较大，因为其受到相对随机的人员作息影响，而实验室建筑中能耗受大型设备影响较大，且这些大型设备可能长期运行，因此其能耗的浮动范围较小。假设某教学楼和某实验楼绝大多数时间的用电功率变化范围分别是 100～1000kW 和 800～1000kW，可以发现虽然两栋建筑用电功率的浮动上限均为 1000kW，但是显然教学楼能耗预测是一个更复杂的问题，其预测模型的有量纲误差指标也会较大。因此基于有量纲误差指标对比不同楼宇的能耗回归预测模型可能导致误解。

2. 无量纲评价指标

为了修正有量纲评价指标的局限性，可以进一步计算回归模型的无量纲指标，其主要思想就是把输出变量本身的复杂程度（或回归任务的内在难度）考虑进来。常见的无量纲评价指标包括判定系数（R^2）、平均绝对误差比（mean absolute percentage error，MAPE）和均方根误差变异系数（coefficient of variation of the root mean squared error，CV-RMSE）。其中，判定系数描述了预测模型对实际数据的拟合效果，其浮动范围为 [0，1]，数值越接近于 1，代表模型对实际值的拟合效果越好，当数值等于 0 时，数据模型的预测能力极差，相当于简单使用了输出变量的均值作为预测值。MAPE 描述了有量纲指标 MAE 相对于输出变量均值的相对水平。CV-RMSE 描述了有量纲的 RMSE 指标相对于输出变量均值的相对水平。这两个无量纲指标的下限为 0，数值越小代表模型的回归能力越强。上述三个无量纲指标的计算公式如下：

$$R^2 = 1 - \frac{\sum_{i=1}^{n}(y_i - \widehat{y_i})^2}{\sum_{i=1}^{n}(y_i - \overline{y})^2} \tag{4-38}$$

$$\mathrm{MAPE} = \frac{100\%}{n}\sum_{i=1}^{n}\left|\frac{y_i - \widehat{y_i}}{y_i}\right| \tag{4-39}$$

$$\mathrm{CV\text{-}RMSE} = \frac{\mathrm{RMSE}}{y} = \frac{n}{\sum_{i=1}^{n} y_i}\sqrt{\frac{\sum_{i=1}^{n}(y_i - \widehat{y_i})^2}{n}} \tag{4-40}$$

在实践中，通常需要结合有量纲指标和无量纲指标综合评价预测模型的回归效果。此外，结合能源领域的具体应用，可能需要设计定制化的评价指标，以提升模型训练和评估效果。比如，基于建筑冷负荷预测模型设计冷水机组工作计划，用户通常会更加关注预测值低于实测值的情况。换句话说，当使用$y_i - \widehat{y_i}$计算实际值与预测值误差时，正值对系统控制的负面影响大于负值的影响，因为基于较小的预测值制定的冷水机组工作计划无法满足建筑冷负荷需求，会严重影响建筑功能和热舒适需求。

4.4.3 分类模型评价指标

对于分类模型来说，混淆矩阵（confusion matrix）是模型评价的基础。以二分类问题为例，混淆矩阵会形成行数和列数均为 2 的矩阵，其中行代表真实类别信息，列代表预测类别信息。见表 4-7 案例，真实类别为 A 的样本共有 10 个，其中预测模型预测正确 5 个，预测错误 5 个（即真实类别为 A，模型预测类别为 B）。类似地，数据包含真实类别为 B 的样本共 90 个，其中模型预测正确 80 个，预测错误 10 个。不难发现，混淆矩阵中主对角线上的数值反映了模型预测正确的样本数，其余位置的数值为预测错误的样本数。以混淆矩阵为基础，可以快速计算分类模型的准确率，即混淆矩阵主对角线上的数值之和除以混淆矩阵元素之和。在表 4-7 案例中，准确率为$\frac{5+80}{5+5+10+80}=85\%$。

表 4-7 二分类混淆矩阵范例

二分类混淆矩阵	预测类别 =A	预测类别 =B
真实类别 =A	5	5
真实类别 =B	10	80

在二分类任务中，分类准确率实际上包含了两个类别的预测效果，并不能反应预测模型针对每一类的预测表现，这也导致分类准确率在特定数据场景下容易引发偏差。比如，当数据类别信息存在明显不均衡情况时，分类准确率并不是一个合适的评价指标。在上述案例中，A 和 B 两个类别的真实分布呈现了明显的不均衡特征，其中 A 类样本只占 10%，B 类样本占 90%。假设模型将全部样本都预测为 B 类样本，也会达到 90% 的分类准确率，这看似是一个还不错的分类精度，但是实际上该模型并不具备应用价值。

在能源领域，不均衡数据问题是需要特别留意的。以能源系统故障检测任务为例，该任务是一个典型的二分类问题，运维人员可以根据系统运行数据构建二分类模型，判断运行状态是否出现故障或异常。可以想象，实践中故障样本的比例会明显低于正常状态样本，因此通过分类准确率来判断分类模型的故障检测能力很容易产生误导。此时，更需要关注的是模型对不同类别，特别是故障类别的检测能力。

再回到二分类混淆矩阵，通常在使用前需要根据输出变量的信息确定正例类别或负例类别，当数据类别存在不均衡时，一般把多数类别作为负例，把少数类别作为正例。比如，在故障检测任务中，正常类别数据明显多于故障类别数据，因此故障类别为正例，正常类别为负例。二分类混淆矩阵中的四个数值可以用真阳（true positive，TP）、真阴（true negative，TN）、伪阳（false positive，FP）、伪阴（false negative，FN）来表示。其中，真阳代表了预测结果是故障类别且该样本确实为故障类别的数量；真阴代表了预测结果是正常类别且该样本确实为正常类别的数量；伪阳代表了预测结果是故障类别，但是实际为正常类别的样本数量；伪阴代表了预测结果为正常类别，但是实际为故障类别的样本数量。

可以通过以下指标全面评价二分类故障检测模型的表现效果，见表 4-8。

表 4-8　二分类典型指标总结

二分类混淆矩阵	预测类别 = 正例	预测类别 = 负例	指标	
正例类别（如设备故障）	真阳（TP）	伪阴（FN） Type Ⅱ error	真阳率（TPR） 敏感性 召回率 $\frac{TP}{TP+FN}$	伪阴率（FNR） 漏警率（MAR） $\frac{FN}{FN+TP}$
负例类别（如正常运行）	伪阳（FP） Type Ⅰ error	真阴（TN）	真阴率（TNR） 特异性 $\frac{TN}{TN+FP}$	伪阳率（FPR） 虚警率（FAR） $\frac{FP}{FP+TN}$
指标	阳性预测值（PPV） 精确率 $\frac{TP}{TP+FP}$	阴性预测值（NPV） $\frac{TN}{TN+FN}$		
	错误发现率（FDR） $\frac{FP}{FP+TP}$	错误遗漏率（FOR） $\frac{FN}{FN+TN}$		

（1）分类准确率　分类准确率（accuracy）代表了模型正确预测比例，这里不区分正例和负例，其计算公式为如下：

$$\text{Accuracy} = \frac{TP+TN}{TP+TN+FP+FN} \tag{4-41}$$

（2）敏感度和特异性　敏感度（sensitivity）描述了在所有正例样本中，被成功预测为正例的样本所占的比例。该指标其实就是模型的真阳率（true positive rate，TPR），其计算公式如下：

$$\text{Sensitivity} = \text{TPR} = \frac{TP}{TP+FN} \tag{4-42}$$

特异性（specificity）描述了在所有负例样本中，被成功预测为负例的样本所占的比例。该指标其实就是模型的真阴率（true negative rate，TNR），其计算公式如下：

$$\text{Specificity} = \text{TNR} = \frac{TN}{TN+FP} \tag{4-43}$$

综合考虑敏感度与特异性，可以建立几何平均（G-mean）指标。对于模型来说，几何平均指标越大，代表模型整体表现越好。其计算公式为

$$\text{G-mean}=\sqrt{\text{Sensitivity}\times\text{Specificity}} \tag{4-44}$$

（3）精确度和召回率　精确度（precision）描述的是在所有预测正例中，有多少是真的正例。该指标实际上是模型的阳性预测值（positive predictive value，PPV），其计算公式如下：

$$\text{Precision}=\text{PPV}=\frac{\text{TP}}{\text{TP}+\text{FP}} \tag{4-45}$$

召回率（recall）描述的是在所有正例中，被成功预测为正例的概率。可以发现，该指标等同于上文所述的真阳率或敏感度，计算公式如下：

$$\text{Recall}=\frac{\text{TP}}{\text{TP}+\text{FN}} \tag{4-46}$$

综合精确度和召回率，可以构建 F 指标，其计算公式见式（4-47）。其中，β为参数，用于控制伪正例和伪负例的相对重要性。F 指标可以很好地描述不均衡数据中的分类模型效果。比如，当使用者更加在意伪正例时，β取值可以采用 0.5。当伪负例会带来比较严重的后果时，β可以取 2。当两类错误同等重要时，可以取 1。对于能源系统故障检测问题来说，将正常类别错误判断成故障类别的代价不大，无非增加了巡检成本。但是一旦出现伪负例，即将故障样本错误地识别为正常工况，则容易导致系统运行状态进一步恶化，产生不良后果，因此，采用 F 指标时可以选用$\beta=2$。

$$F_\beta=\frac{(1+\beta^2)\times\text{Precision}\times\text{Recall}}{\beta^2\times(\text{Precision}+\text{Recall})} \tag{4-47}$$

（4）虚警率或漏警率　虚警率（false alarm rate，FAR）就是模型的伪阳率（false positive rate，FPR），它描述了在所有真实负例中有多少被错误预测为正例。在故障检测任务中，它代表了正常样本被错误预测为故障的比例，计算公式如下：

$$\text{FAR}=\text{FPR}=\frac{\text{FP}}{\text{FP}+\text{TN}} \tag{4-48}$$

漏警率（miss alarm rate，MAR）就是模型的伪阴率（false negative rate，FNR），其描述了在所有真实正例中有多少被错误预测成负例。同样以故障检测为例，它代表了故障样本被错误预测为正常样本的比例，计算公式如下：

$$\text{MAR}=\text{FNR}=\frac{\text{FN}}{\text{FN}+\text{TP}} \tag{4-49}$$

（5）错误发现率与错误遗漏率　错误发现率（false discovery rate，FDR）是指在所有预测为正例的样本中，有多少比例属于负例。其计算公式如下：

$$\text{FDR}=1-\text{PPV}=\frac{\text{FP}}{\text{FP}+\text{TP}} \tag{4-50}$$

错误遗漏率（false omission rate，FOR）是指在所有预测为负例的样本中，有多少比例属于正例。其计算公式如下：

$$\mathrm{FOR} = 1 - \mathrm{NPV} = \frac{\mathrm{FN}}{\mathrm{FN} + \mathrm{TN}} \tag{4-51}$$

4.4.4　课外阅读

很多分类算法会输出不同类别的可能性或得分，使用者需要人为设定阈值来判断最终的分类结果。当然，选取的阈值不同，模型的分类表现也会出现浮动。比如，当使用逻辑回归模型处理二分类结果时，sigmoid 激活函数会将多元线性回归模型的输出值转化到 0 和 1 之间，常规做法是选取 0.5 作为决策阈值，进而判断样本是否属于特定类别。如果将决策阈值调低，那么会有更多的样本被归入这个类别，如果将阈值调高，便会有更少的样本被归入到这个类别。在实践中，可以通过实验确定最优阈值，而这个过程也可以用来评价算法本身的分类能力。

根据这种思想，有学者提供了接受者操作特性（receiver operating characteristic，ROC）方法。如图 4-31 所示，ROC 曲线的 x 轴代表伪阳率，即模型的虚警率，y 轴代表真阳率，即模型的敏感度或召回率。当使用某个决策阈值时会形成特定的真阳率和伪阳率，因此会在图中形成一个点。将不同决策阈值的预测结果连在一起，便会形成 ROC 曲线。需要说明的是，当二分类模型不具备预测能力时（如直接将多数类别作为模型预测值），形成的曲线是图中的虚线。有一定决策能力的分类模型形成的 ROC 曲线应当在这一条虚线的左上方，即可以在相对较小的伪阳率前提下，实现较高的真阳率。可以根据 ROC 曲线结果选取某一分类模型的最优决策阈值。此外，ROC 曲线的线下面积（area under curve，AUC）也可以反映不同分类模型的能力。线下面积越大，代表模型分类能力越强，注意 ROC 曲线为虚线时，模型的线下面积是 0.5。

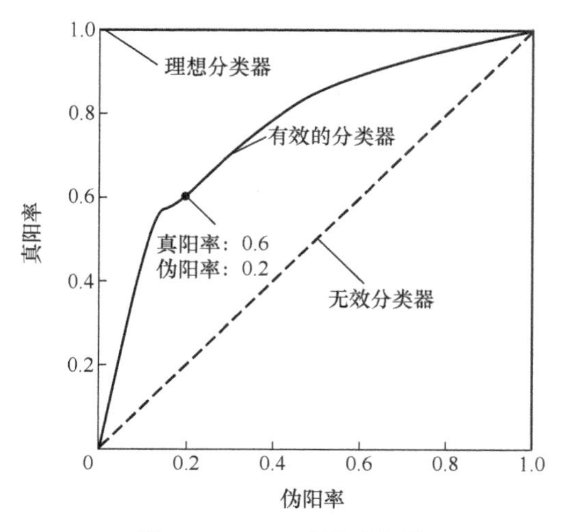

图 4-31　ROC 曲线示意图

ROC 曲线在处理不均衡数据时，有时会产生偏乐观的评价效果。为此，有学者提

出了精确度 - 召回率曲线，该方法特别适用于评价少类别样本的分类效果。如图 4-32 所示，该曲线的 x 轴为召回率，y 轴为精确度。对于无分类能力的模型来说，其曲线为一条水平线。例如，在均衡样本下（即两个类别数据各占 50%)，假如采用随机的方式判断样本类别，则模型的精确度应为 0.5。好的分类模型曲线应在此水平线之上，且越接近右上角能力越强，即模型可以同时实现较高的召回率和精确度。类似 ROC 曲线的 AUC 指标，使用者可以计算精确度 - 召回率曲线的线下面积（precision-recall area under curve，PR AUC）对比不同分类模型质量。

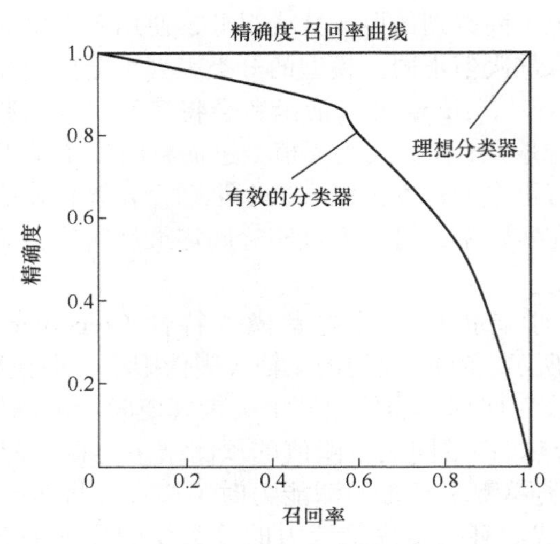

图 4-32 精确度 - 召回率曲线示意图

4.5 模型解读

4.5.1 引言

在能源领域，除了使用预测模型产生预测值外，还需要通过技术手段对模型进行多方位解读，帮助使用者深入了解数据特点和模型决策逻辑，从而在获取决策新知识的同时，进一步评估预测建模过程的可靠性和有效性。

预测模型的解读方法可以在两个层面进行分类[8，9]：

1）从预测模型出发，可以分为模型专用解读方法（model-specific methods）和模型通用解读方法（model-agnostic methods)。模型专用解读方法适用于特定监督学习算法，包括算法本身具备较高的解读性或拥有内置解读方法两种情况。模型通用解读方法适用于所有数据驱动模型，对模型采用的监督学习算法不做限制，因此具备更好的普适性，但是计算和解读效率往往不如模型专用解读方法高。

2）从解读对象出发，可以分为全局解读方法（global explanation methods）和局部解读方法（local explanation methods)。全局解读方法旨在描述模型对整体数据样本的决策逻辑。局部解读方法则聚焦某一个数据样本，旨在解释为什么模型会对该样本做出特定的预测结果。

本节将对上述两类方法进行详细介绍。

4.5.2 模型专用解读方法

1. 高透明度和高解读性的预测模型

数据驱动的预测模型本身具备不同的解读难度，这与采用的监督学习算法的复杂度高度相关。通过专家知识人为解读一个包含数千权重参数的神经网络模型往往是比较困难的，但是如果预测模型本身的结构足够简单，那么通过人为方法进行解读便是相对可行的。

然而，低复杂度的模型通常预测精度不高，由此获得的模型解释可能也不够准确。举例来说，如果使用线性回归方法拟合非线性关系，虽然可以构建具备高解读性的预测模型，但是其预测精度很差，由此获得的模型参数也很难准确解释输入变量对输出变量的影响。这也是实践中通常存在的“模型复杂度 - 可解释性冲突”。

（1）多元线性回归模型解读　多元线性回归就是一类具备高度解读性的预测建模方法，由此建立的回归模型形式是相对简单的，即 $y=\beta_0+\beta_1x_1+\cdots+\beta_kx_k$，其中 β_0 代表截距项，β_1 ～ β_k 代表不同输入变量的模型系数。使用者可以根据模型系数清楚地判别每一个输入变量对模型的影响，并结合系数绝对值了解其影响强度。比如，$\beta_k=10$ 代表当其他输入变量取值不变时，将输入变量 x_k 增加 1 个单位会导致输出变量增加 10 个单位，这是一种正向影响。当 $\beta_k=-1000$ 时，代表 x_k 增加 1 个单位会导致输出变量减少 1000 个单位，这是一种强度相对更大的负向影响。

当模型输入变量包含经过独热转换的类别型变量时，同样也可以根据独热变量的系数进行解读。假设某类别型输入变量包含 *A*、*B* 和 *C* 三个可能取值，可以根据独热转换方法将该变量转换成 2 个变量，即“类别 =*A*”和“类别 =*B*”。这两个变量的可能取值为 {1，0}、{0，1} 和 {0，0}，分别某数据样本的类别信息为 *A*、*B* 和 *C*。假设经过多元线性回归建模后，独热变量“类别 =*A*”的系数为 20，那就说明当该类别型变量取值为 *A* 时，会导致输出变量平均增加 20 个单位。

从解读对象的角度来看，上述方法属于全局解读方法，因为模型参数是基于整体样本拟合出来的，因此它描述的是某输入变量对输出变量的平均影响，而非针对某样本个体的影响。

（2）逻辑回归模型解读　与多元线性回归类似，用于分类任务的逻辑回归模型同样具有较高的解读性。以二分类逻辑回归模型为例，其本质是在多元线性回归模型的基础上套加了 sigmoid 函数，使其模型输出可以用于表示某类别的可能性。如章节 4.3.3 所述，逻辑回归中的多元线性回归项实际上描述的是样本属于某类别的对数几率（log odds），如式（4-52）所示，其中 y 代表样本属于某类别的可能性。假如 $\beta_k=1$，其含义就是当 x_k 增加 1 个单位时，会导致样本属于某类别的对数几率增加 1。

$$\ln\left(\frac{y}{1-y}\right)=\ln\left[\left(\frac{1}{1+\mathrm{e}^{-z}}\right)\left(1-\frac{1}{1+\mathrm{e}^{-z}}\right)^{-1}\right]=z=\beta_0+\beta_1x_1+\cdots+\beta_kx_k \tag{4-52}$$

由于对数并不容易理解，还可以从几率比的角度对其进行解读。几率比定义如下：

$$\frac{y}{1-y}=\exp(\beta_0+\beta_1x_1+\cdots+\beta_kx_k) \tag{4-53}$$

当把输入变量x_k的取值增大1个单位时，由式（4-53）可知，增加前后的几率比等于β_k。换句话说，模型系数β_k代表了当输入变量x_k增加一个单位时，该样本属于某类别的几率。

（3）决策树模型解读　决策树是另一类典型的具有可解读性的监督学习算法。如图4-33所示，通过观察分割节点选取的输入变量及其分割规则，可以很好地理解模型的决策机理。图4-33展示了一个具有三个连续数值型输入变量和一个类别型输出变量的决策树，它可以被用户完全解读。例如，由图可知，当$x_1<1$时，决策树会将y归为1；当$x_1\geqslant1$且$x_2\leqslant5$时，决策树会将y归为2；当$x_1\geqslant1$、$x_2>5$且$x_3<10$时，决策树会将y归为3；当$x_1\geqslant1$、$x_2>5$且$x_3\geqslant10$时，决策树会将y归为4。

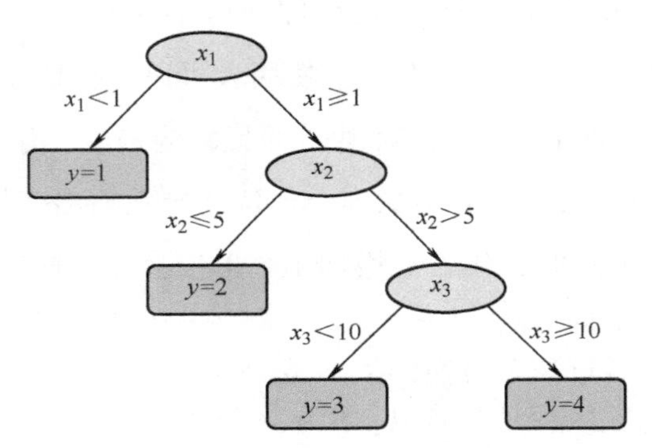

图4-33　决策树可视化解释图

决策树模型在理解和识别能源系统规律中已获得广泛应用。比如，使用决策树模型预测办公建筑能耗，通过对决策树分割条件加以分析，可以快速评价不同能耗影响因素的重要性及其在特定数据集中展现的规律。如图4-34所示，针对某类办公建筑进行决策树建模，根据分割条件可以发现如下规律：①从月份出发，制冷或制热季节的能耗会明显高于其他季节；②从日类型出发，工作日的能耗一般高于节假日能耗；③从小时出发，工作时段的能耗一般高于非工作时段的能耗。

2. 预测模型内置解读方法

为了保证预测精度，有时必须要选用相对复杂的监督学习算法，由此构建的预测模型形式会更加复杂，使用者很难解读其决策逻辑。此类预测模型通常称为“黑箱模型”（black-box model）。为了克服解读难的问题，有些监督学习算法会结合自身特点，构建定制化的内置解读方法，这在一定程度上可以缓解模型的解读难问题。基于决策树的集成学习算法是最典型的内置可解读方法的监督学习算法。通常，可以使用信息增益、基尼不纯度下降值和平均预测精度下降值对集成学习中输入的重要程度进行量化。

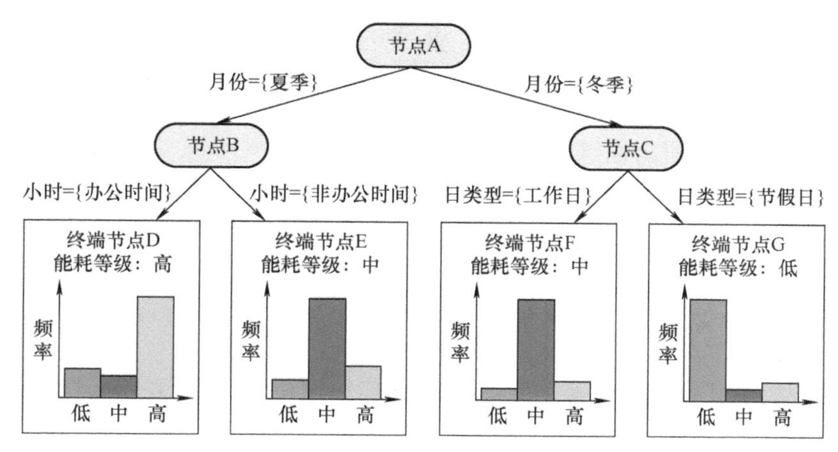

图 4-34　用于办公建筑能耗预测的决策树模型范例

（1）基于信息增益或基尼不纯度下降值的输入变量重要性评估方法　决策树在构建中通常以信息增益（information gain）或基尼不纯度为节点分割标准，每一个节点选择的分割变量会使得上下层节点的信息增益或基尼不纯度下降最大。以随机森林算法为例，它包含若干个决策树模型。因此，可以计算不同输入变量的建模平均贡献值（即平均信息增益或平均基尼不纯度下降值）代表其重要性。

这类解读方法在使用中需要注意以下三点：

1）此类方法计算获得的变量重要性只能用于判断哪些输入变量在模型构建过程中更有用，但是并不保证统计意义上的相关性。比如，当输入变量与输出变量完全不相关时，随机森林算法依然可以构建出一个预测模型，所以每一个输入变量都大概率会有一个变量重要性，这是模型对训练数据过拟合的结果。

2）决策树模型在进行节点分割时通常倾向于得到更加细致的下层节点，进而获得更大的信息增益或基尼不纯度下降。因此，它在构建过程中会偏向于连续型数值变量或类别数多的类别型变量，从而导致这种解读方法通常会夸大连续型数值变量或大基数类别型变量的重要性。

3）当输入变量间存在相关性时，该方法会大幅低估相关变量的重要性。比如，当两个输入变量高度相关且都对输出变量有类似影响时，随机森林算法很可能会在两个输入变量之间随机抽取一个作为节点分割变量。假设这两个变量对应的节点个数共 100 个，那么每个变量大致会被抽到 50 次，从而造成每个变量的重要性都会减半。

（2）基于平均预测精度下降值的输入变量重要性评估方法　如果某输入变量对预测结果非常重要，那么随机改变该变量的取值将严重降低模型的预测精度。精度下降越显著，则该变量越重要。以随机森林算法为例，可以通过计算它的平均预测精度下降值量化各输入变量的重要性。

需要说明的是，为了避免模型过拟合对解读产生不良影响，用于计算精度下降值的数据不应当是模型构建过程中使用的训练数据，这一要求看似苛刻，但是却和随机森林算法高度兼容。随机森林算法在构建过程中采用了自助抽样法（bootstrap methods），即每个决策树在构建时都会通过随机有放回采样从原始数据中抽取同样样本量的数据作为训练数据，未抽到的数据被称为包外样本（out of bag samples，OOB samples），这也是一组天然的验证数据集（其比例约占原始数据的 36.8%）。通常，可以借助置换法（permutation method）对验证数据集进行重组，进而量化不同输入变量的重要性。

该方法的完整步骤包括：

1）基于自助抽样构建的训练数据建立决策树。

2）基于包外样本计算该决策树的预测精度 A。

3）随机打乱包外样本中某输入变量的排列次序，并计算决策树的预测精度 B，根据 A 和 B 之差获得精度下降值。

4）对随机森林算法中每一个决策树和每一个输入变量都进行以上两步操作，计算每一个变量的平均精度下降值，并以此作为变量重要性。

可以想象，如果某输入变量极具预测价值，那么在包外样本中改变其排序便会导致较大的精度下降值。由于该方法在评价过程中使用了验证数据集，而非训练数据，因此可以规避掉模型过拟合对模型评估的不良效果。其他基于决策树的集成学习算法，如极度梯度下降树（extreme gradient boosting trees，XGB）和 LightGBM 等均具备内置的变量重要性计算方法，其原理与随机森林算法的内置解释方法大致相似。

4.5.3 模型通用解读方法

模型专用解读方法只适用于特定算法，不具有通用性。实践中，用户很可能需要结合数据特点和任务需求尝试不同的监督学习算法，模型专用解读方法无法有效胜任这一工作。此时，可以尝试借助模型通用解读方法探究预测模型的决策逻辑。此类方法对具体采用的监督学习算法没有要求，因此极大地提高了预测建模的灵活性，在一定程度上缓解了模型复杂性与可解读性之间的冲突。模型专用解读方法主要是从整体样本的角度出发，评估输入变量对输出变量的平均影响，相当于一种全局解读方法。模型通用解读方法具备更加强大的解读能力，有能力针对全局（整体样本）和局部（个体样本）进行解读。

1. 全局解读方法

（1）部分依赖图

1）方法原理。部分依赖图（partial dependence plot，PDP）旨在描述某一输入变量与模型输出的关系。举例来说，当预测建筑能耗时，模型通常包括多个输入变量，如时间变量、室内外环境变量等。针对某一个输入变量进行分析，如果可以量化模型预测值随该变量变化而呈现的取值规律，就可以明确该输入变量对输出变量的具体影响，而部分依赖图的目的正在于此。

该方法的主要步骤如下：

第一步，根据监督学习算法建立预测模型，获取决策函数为 $y=f(\boldsymbol{x})$，其中 y 为输出变量，$\boldsymbol{x}$ 代表变量个数为 k 的输入，即 $\boldsymbol{x}\in\mathbf{R}^k$。

第二步，假设拟针对输入变量 x_k 计算部分依赖值，则可以根据式（4-54）计算 x_k 等于特定取值 z 时的模型输出均值，也就是此时的部分依赖值。如果 x_k 是类别型变量，则可以直接选取不同类别作为 z 值。如果 x_k 是连续型数值变量，则需要定义网格对 x_k 进行离散化处理，如将 x_k 取值在0和10之间的样本归为一类，设定其 z 值为5。

$$\frac{1}{n}\sum_{i=1}^{n} f(x_i \mid x_{i,k} = z) \tag{4-54}$$

式中，n 是用于解释的数据样本个数；x_i 是第 i 个数据样本，注意此时 x_i 样本中只有变量 k 的取值被强制改变为 z。

第三步，构建部分依赖图，其中 x 轴代表 x_k 的可能取值范围，y 轴代表不同 z 取值下的部分依赖值。

部分依赖图简单易用，可以帮助使用者快速了解模型与输入变量的关系。对于回归模型来说，可以直接使用模型预测值反映输入变量与输出变量的部分依赖关系。对于分类模型来说，可以根据模型输出的类别可能性或得分反映部分依赖关系。它的主要应用局限在于假设输入变量之间相互独立。如果存在高度相关变量，那么第二步中使用的人工数据样本可能根本不会发生或发生概率极小。比如，对于公共建筑来说，室内人员数量往往和小时数高度相关，即工作时段人多、非工作时段人少。假设采用部分依赖图法判断室内人员数量对模型的影响，那么便会产生“午夜零点，人数极多”或“上午11点，人数极少”之类的人工数据样本，这类数据样本显然发生频率极低，由此计算的部分依赖值也会存在偏差。

为避免这种不良影响，可以选用局部累计效应（accumulated local effects，ALE）方法进行解读，其主要思想与部分依赖图方法类似，只不过只选用输入变量 x_k 特定取值附近的数据样本计算其对预测模型的影响，以避免生成完全不符合实际的虚拟样本，具体方法此处不作详细介绍。

2）示例分析。以建筑能耗回归模型为例，根据某数据集构建LightGBM模型，其中模型输出变量代表逐时能耗，输入变量包含三种时间变量，即月份、日类型（周一～周日）和小时数。

当针对月份进行部分依赖值计算时，可以将数据中的月份值依次固定为1月～12月，然后通过计算模型的平均输出获取部分依赖图。该模型中有关月份、小时和日类型的部分依赖图分别如图4-35～图4-37所示。不难看出，当月份为6月、7月、8月、9月时，建筑能耗明显高于其他月份；当小时为上午6点至晚上9点时，建筑能耗明显高于其他小时；当日类型为周三或周四时，建筑能耗明显低于其他日类型。这些部分依赖值反应的规律都符合建筑领域的专家知识。

尽管在预测建模时并没有提前给出建筑对象的具体信息，比如它的地理位置和类型，但是通过模型解读结果，可以结合专家知识进行如下判断：

第一，该建筑应当位于夏热冬暖地区，这类地区夏季炎热，建筑在运行中需要开启制冷设备，因此能耗较高。同时由于冬季气温较高并不需要供暖，因此冬季建筑能耗与过渡季节相似。

第二，该建筑应属于公共建筑，因为工作时段的能耗明显高于非工作时段。

第三，该建筑中的人员作息时间与传统公共建筑有所差异，因为周三和周四的能耗明显低于其他日类型。

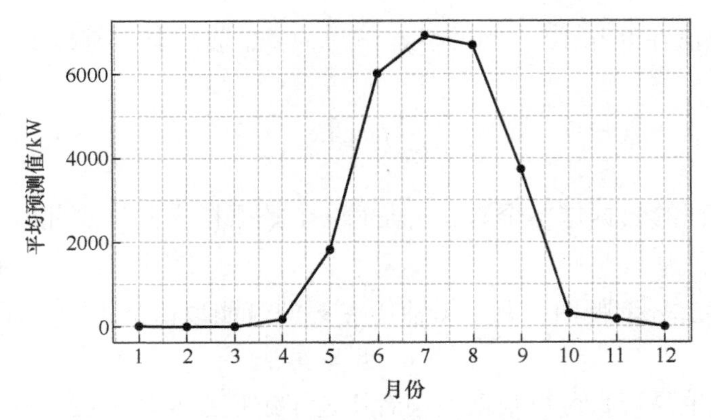

图 4-35 月份对建筑能耗的部分依赖图

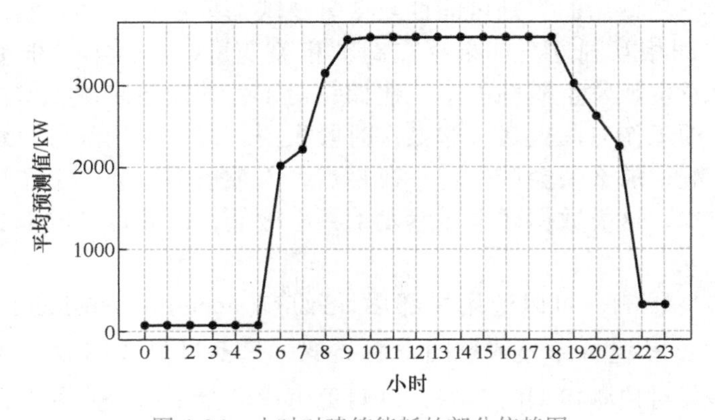

图 4-36 小时对建筑能耗的部分依赖图

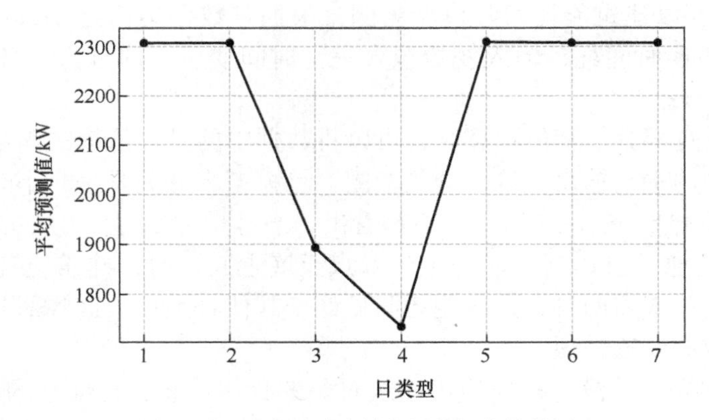

图 4-37 日类型对建筑能耗的部分依赖图

（2）置换变量重要性

1）方法原理。在模型专用解读方法中，介绍了随机森林算法可以根据包外样本的平均预测精度下降值量化输入变量的重要性，其核心技巧就是通过置换法打乱输入变量与输出变量的内在关系。基于这一思想，研究人员进一步提出了一类通用的模型解读方法。此类方法能够通过置换计算模型输入变量的重要性。其主要步骤包括：

第一步，基于特定监督学习算法构建预测模型，并将模型应用到待解释数据中（注意通常为验证数据或测试数据，尽量不使用训练数据，以避免过拟合的不良影响），获取模型预测误差指标 A。

第二步，针对待解释数据中的每个输入变量进行分析，随机打乱其取值次序，并根据打乱后的数据集计算模型误差指标 B。

第三步，如果输入变量对预测有价值，则模型误差 B 应当大于模型误差 A，因此可以根据 A 和 B 的取值确定输入变量重要性，常见形式包括 $\frac{B}{A}$ 或 $B-A$。

在实际应用中，需要注意该方法的两类局限：

第一，由于置换过程中采用随机方法打乱了输入变量的取值顺序，因此很有可能产生不符合实际的数据样本。

第二，当输入变量间存在相关性时，通过置换法量化的变量重要性可能会有所下降。

2）示例分析。同样以 4.5.3 节中第一部分的建筑能耗预测模型为例，可以通过置换法计算月份、日类型和小时的重要性。假如采用均方根误差（RMSE）作为误差指标，则可以根据置换前后模型误差的比例和差值表示各变量的重要性，如图 4-38 和图 4-39 所示。可以发现，虽然变量重要性的量纲不一样，但是排序是相同的，即月份对于建筑能耗预测的价值最大，小时的作用其次，日类型的影响最小。

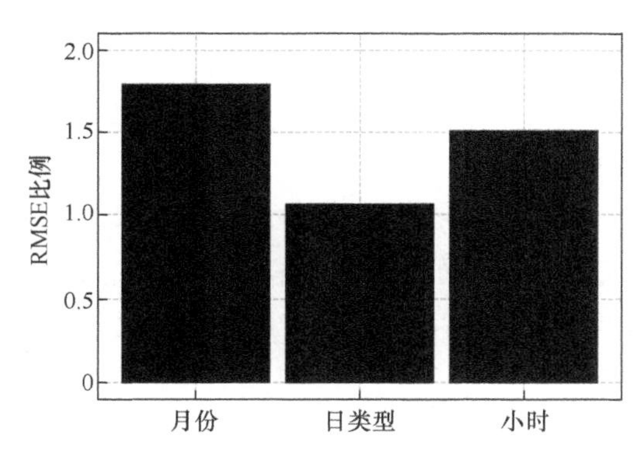

图 4-38　基于均方根误差（RMSE）比例形式的置换变量重要性

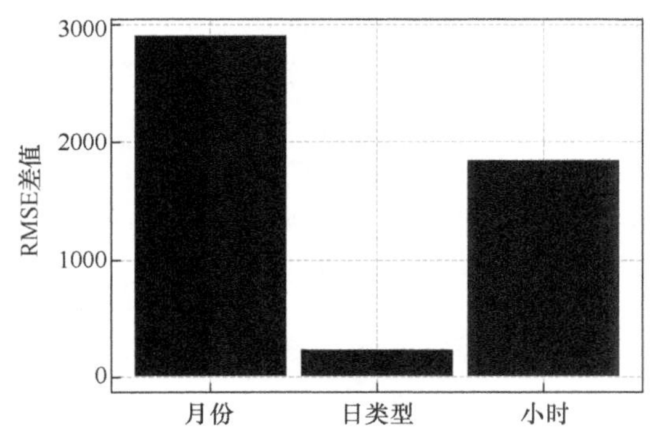

图 4-39　基于均方根误差（RMSE）差值形式的置换变量重要性

由于 LightGBM 本身是一种基于决策树的集成建模算法，所以也可以根据输入变量在建模过程中的作用建立模型专用解读方法，如使用信息增益值。图 4-40 展示了基于 LightGBM 构建过程中的信息增益计算的变量重要性，可以发现其排序规律与图 4-38 和图 4-39 有所不同，日类型的重要性大于小时的重要性。需要强调的是，图 4-40 中基于信息增益的评价结果是基于训练数据获得的，因此容易受到模型过拟合的负面影响。

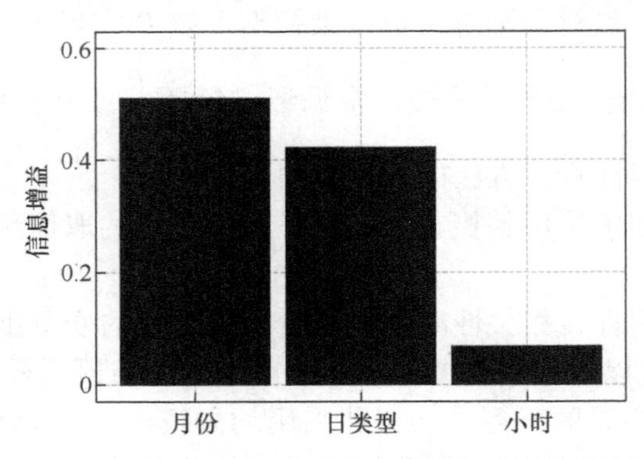

图 4-40 基于 LightGBM 信息增益的变量重要性

（3）全局代理模型 *

1）方法原理。为了大致解释复杂黑箱模型的预测逻辑，也可以通过建立全局代理模型（global surrogate models）的形式描述输入变量与黑箱模型预测值间的关系。当建立全局代理模型时，可以选用本身具备高透明度和高解读性的监督学习算法，如多元线性回归、逻辑回归和决策树等。

该方法的主要步骤包括：

第一步，建立黑箱模型，将其应用到待解释数据样本中，获取黑箱模型预测值 Y。

第二步，选取特定算法建立全局代理模型，其中输入为待解释数据样本中的输入变量，输出为黑箱模型的预测值。

第三步，采用统计指标判断代理模型对黑箱模型预测结果的拟合程度。

第四步，根据构建的全局代理模型解读黑箱模型的决策逻辑。

2）示例分析。同样以前文中的建筑能耗预测模型为例，对于 LightGBM 建立的集成模型来说，使用者可以从大量基础决策树中选出个例进行解读，但这种方法显然效率不高，而且单个决策树并不能反应集成模型的整体决策逻辑。此时，可选用决策树算法建立全局代理模型，通过一个决策树模型模拟黑箱模型的预测逻辑。

本案例中建立的全局代理模型采用 CART 决策树算法，最大层数设置为 3，建立的决策树模型如图 4-41 所示。在解读之前，通常需要对代理模型的质量进行评判。如果代理模型并不能很好地描述黑箱模型，即代理模型的预测值与黑箱模型的预测值有极大差距，那么这个代理模型的解读价值也不高。本案例为回归任务，因此可以通过多种无量纲和有量纲指标计算代理模型的拟合能力，如采用可决系数 $R^2=1-\frac{\text{RSS}}{\text{TSS}}=1-\frac{\sum_{i=1}^{n}(y_i-\widehat{y}_i)^2}{\sum_{i=1}^{n}(y_i-\overline{y})^2}$，其中 RSS 代表代理模型的误差平方和，TSS 代表有关黑箱模型预测值的总离差平方和，y_i 代表输出变量的真实取值（此处即 LightGBM 模型的预测值），$\widehat{y_i}$ 代表代理模型的预测值，$\bar{y}$ 代表输出变量真实值的均值。通过计算，发现全局代理模型的可决系数约为 94%，较好地拟合了复杂黑箱模型的预测结果，因此具备一定的解读可信度。

如图 4-41 所示，决策树在分割过程中考虑了不同输入变量，其中筛选出的分割条件实际上就是模拟了 LightGBM 集成模型的决策逻辑。可以发现，决策树识别的分割规则与部分依赖图获取的结果类似：对于月份变量来说，6、7、8、9 月份的能耗要高于其余月份，其中 9 月份的能耗又低于 6、7、8 月份的能耗；对于小时变量来说，工作时段上午 8 点至晚上 9 点的能耗要高于其他非工作时段。值得注意的是，当限制决策树模型深度为 3 层时，该代理模型并没有选取日类型作为分隔条件，这也说明 LightGBM 在预测过程中对日类型的依赖程度较低，这与置换变量重要性方法获取的解读结果一致。

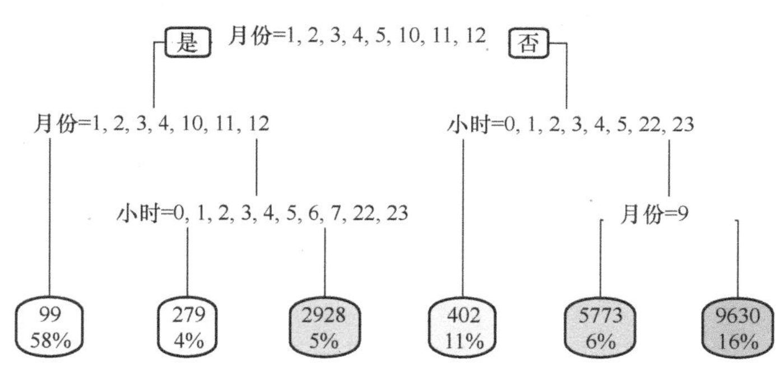

图 4-41 基于单个决策树的全局代理模型

2. 局部解读方法

（1）个体条件期望

1）方法原理。前文已经介绍了基于部分依赖图的解读方法，即通过改变若干个样本中某一输入变量的取值，获取预测模型随该变量变化而呈现的数值规律。如果把这一思想拓展到个体样本中，便可以建立个体条件期望（individual conditional expectation，ICE）方法，用于评价输入变量的变化对个体样本预测结果的影响。

个体条件期望的主要步骤如下：

第一步，选取个体样本，通过改变其输入变量 x_k 的取值构建人工样本，其中人工样本中的其他输入变量取值不变。

第二步，将预测模型应用到人工样本中，获取预测值。

第三步，构建个体条件期望图，其中 x 轴代表输入变量 x_k 的取值范围，y 轴代表预测模型的输出值。

与部分依赖值的计算方法类似，如果待分析的输入变量是连续型变量，需要预先设定网格和待替换的可能取值；如果待分析的输入变量是类别型变量，则可以通过带入不同类别取值生成人工样本。需要强调的是，对于每一个数据样本和选取的待分析输入变量，都会生成一条曲线，用于表示该样本预测值与该输入变量取值间的影响。例如，假设数据共包含 10 组样本，针对输入变量 A 进行分析，可以获得 10 条曲线，如果将这 10 条曲线进行平均计算，形成的曲线便是有关输入变量 A 的部分依赖图曲线。由此可知，个体条件期望与部分依赖值之间高度相关，只不过解释的侧重点和对象不同，前者聚焦个体样本，后者侧重总体数据。

个体条件期望的计算方法与部分依赖值相似，因此其可靠性也会受到高度相关变量的影响（即产生的人工样本可能不具备实际意义）。此外，当展示的个体数量增多时，结果可视化图片中的曲线条数也会增加，不容易观察每一个样本的细致规律。

2）示例分析。以前文中基于 LightGBM 建立的建筑能耗预测模型为例，假设针对{月份 =5、日类型 = 周一、小时 =13 点}这一个体样本进行解读，可以构建有关月份、日类型和小时的个体条件期望图。当以月份为待分析变量时，可以根据其可能的 12 个取值构建 12 个人工样本，每一个样本的日类型都是周一，小时都是 13 点，但是月份分别对应 1～12 月。由此建立的条件期望图如图 4-42 所示。可以发现，当该样本的月份变换成 6、7、8 和 9 月份时，模型预测值会明显增大，当变成其他月份时，模型预测值会下降。

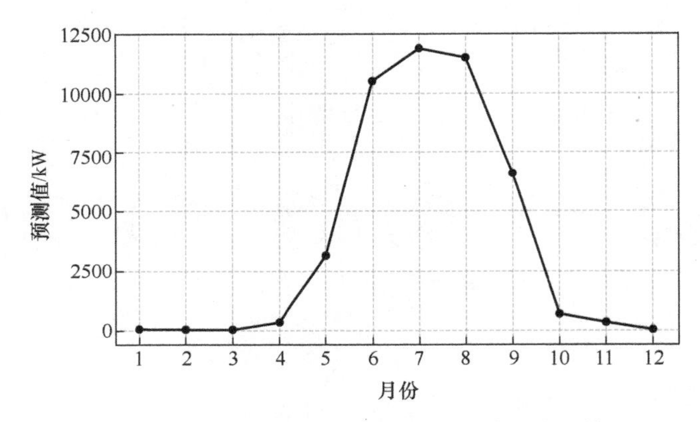

图 4-42　某个体样本针对月份的个体条件期望值

如果随机挑选 10 组样本，便可以针对月份、日类型和小时分别画出 10 条个体条件期望曲线，如图 4-43～图 4-45 所示。其中，10 组样本受月份的影响规律类似，但是不同样本受到日类型和小时的影响规律不尽相同。比如，有些样本的预测值会在日类型等于周三或周四时发生下降，有些则不受日类型影响，预测值始终为一条水平曲线。类似地，有些样本的能耗预测值会在工作时段和非工作时段呈现出明显不同，有些则不受小时变量影响。

（2）局部代理模型

1）方法原理。全局解读方法介绍了代理模型的概念，即通过一个本身相对简单的、可解读性较高的监督学习算法模拟黑箱模型的决策逻辑。这一概念也可以推广到局部解读中，即针对每一个预测样本进行解读，揭示黑箱模型的内部推理逻辑。LIME（local interpretable model-agnostic explanations）是这一门类最具代表性的算法之一。

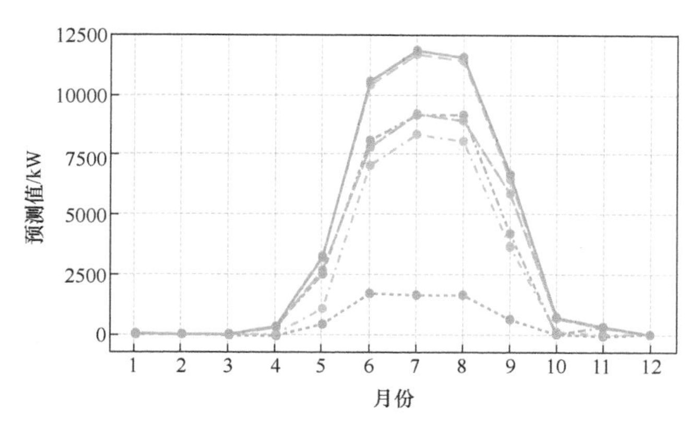

图 4-43 10 组个体样本针对月份的个体条件期望曲线

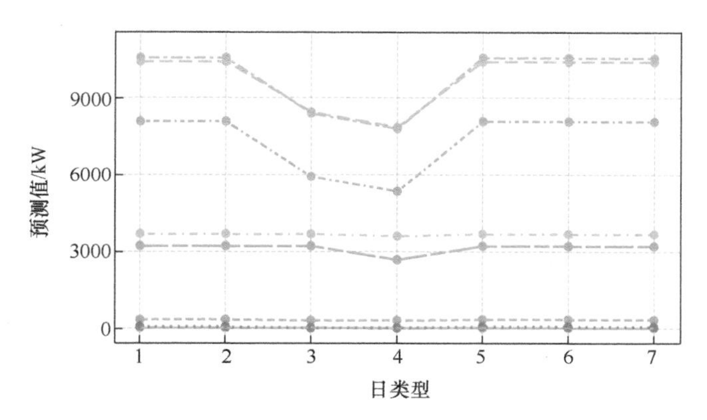

图 4-44 10 组个体样本针对日类型的个体条件期望曲线

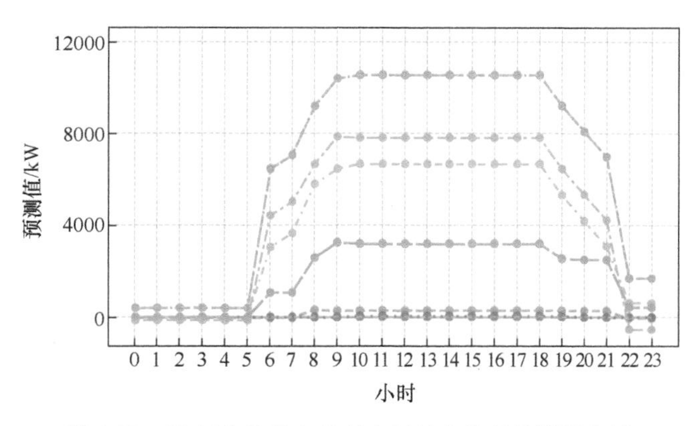

图 4-45 10 组个体样本针对小时的个体条件期望曲线

LIME 通过构建简单可解读的局部模型解释特定样本附近的预测规律。它的使用基于一个基本假设，即总体样本中呈现的输入 - 输出关系是复杂的、非线性的，但是每一个样本附近的预测规律都可以近似为相对简单的线性决策平面。但是，如果待解释样本个体是相对孤立的，周边没有足够的“邻居”，又如何找寻其附近的预测规律呢？为了解决这一问题，LIME 方法借鉴了扰动法（perturbation method）。首先，通过随机采样生成人工样本，以填补特征变量空间中的空白。然后，通过相似度计算确定人工样本在局部模型构建中的训练权重。

LIME 方法适用于多类数据（如面板数据、文字数据和图像数据），考虑到能源系统数据的一般形式，本章节主要介绍适用于面板数据分析的 LIME 方法。以面板数据为对象，LIME 方法的主要步骤包括：

第一步，通过扰动法构建样本数量为 N 的人工数据 $\boldsymbol{X}_{\mathrm{p}}$，使用黑箱预测模型获取其预测值，记作 $\hat{Y}_{\mathrm{p}}$。

第二步，选取待解释的某一组数据样本 $\boldsymbol{X}_i$，根据特定距离指标计算人工数据 $\boldsymbol{X}_{\mathrm{p}}$ 中每一组样本与 $\boldsymbol{X}_i$ 的相似度，记作 w_{s}，用于代表局部模型中的训练权重。

第三步，计算针对 $\boldsymbol{X}_i$ 的黑箱模型预测结果 $\hat{Y}_i$，并根据 $\boldsymbol{X}_i$ 和 $\hat{Y}_i$ 对人工数据 $\boldsymbol{X}_{\mathrm{p}}$ 及其预测结果 $\hat{Y}_i$ 进行转换，形成局部建模所需的可解读数据，记作 $\boldsymbol{X}_{\mathrm{trans}}$ 和 Y_{trans}。

第四步，通过线性方法建立局部解读模型，其中局部解读模型的复杂度可以根据输入变量个数 K 控制，K 值可人为设定。

第五步，根据局部模型参数解读黑箱模型在该样本中的决策逻辑。

LIME 方法的主要难点在于：

① 当数据本身包含连续型数值变量和类别型输入变量时，如何通过扰动法产生合理的人工数据？

对于连续型数值变量来说，可以根据总体数据估算各变量的均值与方差，进而通过正态分布法随机生成人工数据。对于类别型变量来说，可以根据各类别的出现频率随机生成人工数据。如不考虑总体样本中的数据特点，也可以通过随机均匀采样方法生成人工数据。

② 如何评价待解释样本 $\boldsymbol{X}_i$ 与人工数据 $\boldsymbol{X}_{\mathrm{p}}$ 的相似度？

当数据维度较高时，计算样本的邻居是一个极具挑战的任务，简单地使用距离指标并不能有效反映样本点间的相似性。为此，LIME 方法使用了指数平滑核来计算样本间的相似度，具体计算公式如下：

$$k(x_i, x_j) = \exp\left(-\frac{\|x_i - x_j\|}{\sigma^2}\right) \tag{4-55}$$

式中，σ 是核宽度，这一参数的取值不同也会造成截然不同的相似度评价结果。比如，当核宽度设置较大时，即使离待解释样本 $\boldsymbol{X}_i$ 较远的人工样本也会有较大的相似度，会对局部模型的构建产生影响。当核宽度设置较小时，相似度会随着样本间距离的增大而快速减小，因此在构建局部解读模型时只会考虑那些离待解释样本很近的人工样本。当然，如何选取合适的核宽度并没有最终答案，需要使用者进行尝试后决定，LIME 作者使用的经验取值是 $0.75\sqrt{n_k}$，其中 n_k 代表黑箱模型输入变量的个数。

③ 如何生成适用于局部建模的可解读数据 $\boldsymbol{X}_{\text{trans}}$ 和 $\boldsymbol{Y}_{\text{trans}}$？

对人工数据及其黑箱模型预测值进行转化的目的是为了用户解读局部模型方便。对于输入变量来说，常规做法是构建取值为 0 和 1 的二分类变量，用来表示人工样本与待解释样本的对应取值是否相同。当输入变量是连续型数值变量时，需要用户首先采用离散化的方式将其转变为类别型变量，然后通过对比确定其 0-1 取值。比如，通过专家经验将室外温度变量划分成三类，即“小于 0℃”“不小于 0℃且小于 30℃”和“不小于 30℃”。如果待解释样本中该变量的取值为“小于 0℃”，则人工样本的转化数据 $\boldsymbol{X}_{\text{trans}}$ 中该变量取值为 1 时，代表室外温度也是“小于 0℃”，取值为 0 代表取值属于另外两类。如果输入变量是类别型变量时，则可以通过直接比较确定 $\boldsymbol{X}_{\text{trans}}$ 中的 0-1 取值。

对于输出变量来说，同样需要进行转化构建 $\boldsymbol{Y}_{\text{trans}}$。对于分类模型来说，可以通过比较待解读样本的预测值和人工样本的预测值构建 $\boldsymbol{Y}_{\text{trans}}$，1 代表预测值相同，0 代表预测值不同。对于回归模型来说，可以计算待解读样本与人工样本预测值之差作为 $\boldsymbol{Y}_{\text{trans}}$。

需要说明的是，LIME 模型主要用于解释分类模型，其解释结果也相对容易理解，用于解读回归模型时通常只能表述输入变量与黑箱模型预测值大小间的协同关系。

2）示例分析。使用 LIME 方法对前文建立的建筑能耗预测模型进行解释。根据该方法的原理，需要先将输出变量转成具备三个可能取值的类别型变量，分别表示建筑能耗等级为“低”“中”“高”。该输出变量在训练数据集和测试数据集中的发生频率见表 4-9。由表可知，该分类问题本身具有一定的不均衡性，“低能耗”数据占比最多，“中能耗”和“高能耗”的数据占比相对较低。同样采用 LightGBM 构建黑箱预测模型，其中决策树最大深度为 3，学习速率为 0.1，通过 10 折交叉检验确定最优迭代次数，获取的决策树在测试数据上的分类精度为 87.1%。

表 4-9　建筑能耗等级数据分布

类别	低能耗	中能耗	高能耗
训练数据	4225（69.4%）	992（16.2%）	885（14.4%）
测试数据	1827（69.5%）	435（16.6%）	366（13.9%）

采用 LIME 方法可以建立基于二分类逻辑回归的局部解读模型。以某一预测值为“高能耗”样本个体为例，其输入变量取值为 { 月份 =7 月、日类型 = 周三、小时 =15 点 }。通过随机抽样法可生成 1000 个人工样本。考虑三个输入变量本身为类别型变量，可使用曼哈顿距离和指数平滑核计算每一个人工样本与该样本的相似度。接下来可以通过转换生成构建局部解读模型所需要的输入和输出数据。其中，输入数据各变量的取值均为 0 或 1，0 代表与真实样本取值不同，1 代表与真实样本取值相同。输出数据同样可以转换为二分类 0-1 形式，其中 1 代表黑箱模型在人工样本上的预测也为“高能耗”，0 代表黑箱模型在人工样本上的预测是“低能耗”或“中能耗”。

考虑到黑箱模型建模中只使用了 3 个时间变量，此处不对局部解读模型的变量个数进行限制，生成的逻辑回归模型参数可视化作图如图 4-46 所示。对于该样本来说，“月份 = 7 月”和“小时 =15 点”的逻辑回归模型参数均为较大的正值，表示这两个取值对“高能耗”预测有正面影响。相对的，该样本的日类型为“周三”，其逻辑回归参数是一个较小的负值，表示该取值对“高能耗”预测有少量负面影响。此处获取的解读知识与前文中的相符，因为建筑能耗数据整体在5～9月份的能耗较高，在工作时段的能耗也高于非工作时段，同时周三和周四的能耗相较于其他日类型偏低。

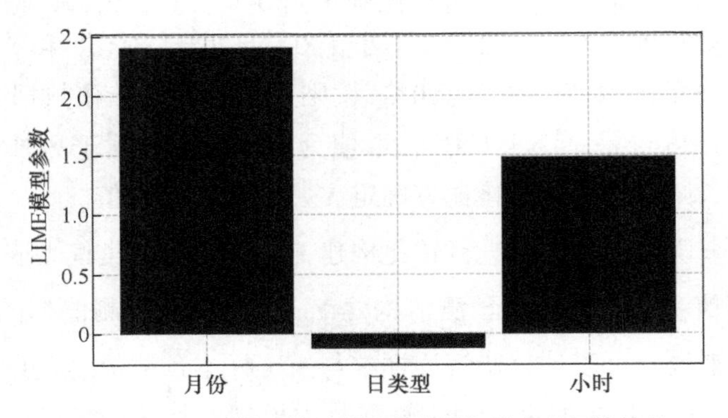

图 4-46 LIME 模型针对某“高能耗”样本的解读结果

再比如，考虑某一个具有“低能耗”预测值的样本个体，其输入变量取值为{月份=11月、日类型=周一、小时=10点}。根据LIME方法解读获取的逻辑回归模型参数如图4-47所示。解读结果表明“月份=11月”对“低能耗”预测有很大的正面关系，相较而言，“日类型=周一”的逻辑回归模型参数同样为正数，但是其取值较小，表明对“低能耗”的预测影响不大。此外，“小时=10点”对“低能耗”预测有负面影响，这也与预期相符，因为该时段显然是工作时段，按理说能耗应当较高。

作为小结，LIME方法通过扰动法生成人工样本，结合人工样本与待解释样本的相似度训练局部模型，再通过局部模型推断黑箱模型在局部的预测逻辑。在实践中，LIME方法的主要难点在于人工样本与待解释样本的相似度计算，很可能由于相似度计算方法的不同影响人工样本的相对重要性，进而影响解读结果。此外，LIME方法要求局部模型能够很好地拟合人工样本及其黑箱预测结果（即高保真度，high fidelity），如果精度不高，则解读结果的可靠性也会有很多局限。

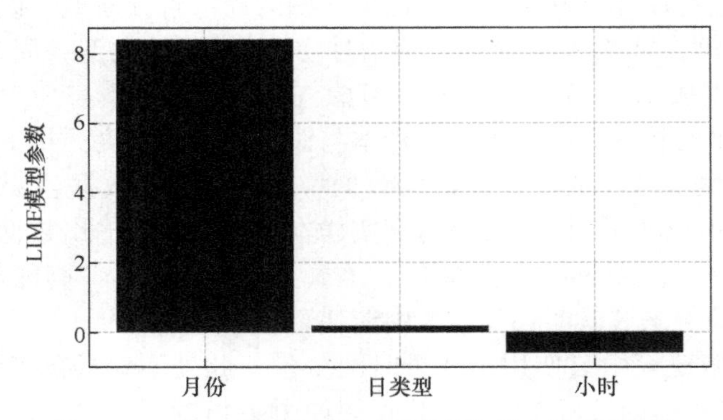

图 4-47 LIME 模型针对某“低能耗”样本的解读结果

（3）沙普利值

1）方法原理。合作博弈理论中有一种方法叫作沙普利值（Shapley value），它的应用目标是量化不同人在特定任务中的贡献度，进而实现公平分配。假设在某生产活动中有三位可能的参与者（即A、B和C），在长期运行下通过出售生产所得总共获得了100万的经济利润，那么如何进行公平分配呢？在这种情况下，就可以按照沙普利值的计算公式确定每一位参与人的贡献度：

$$\phi_i(v)=\frac{1}{|N|}\sum_{S\subseteq N\setminus\{i\}}(C_{|N|-1}^{|S|})^{-1}[v(S\cup\{i\})-v(S)] \tag{4-56}$$

式中，$\phi_i(v)$是第i个参与人的沙普利值（即其贡献度）；$|N|$是参与者的数量；$|S|$是联盟中的参与者数量；$v(S)$是S联盟对应的劳动产出。

结合上述案例，对式（4-56）进行详细介绍。在本案例中，共有三位可能的参与人，因此$|N|$等于3。假设想要评估参与人A的沙普利值（i = A），则$S\subseteq N\setminus\{i\}$代表除待评估参与人A之外可能形成的联盟，共有4种可能，分别是空集ϕ、{B}、{C}和{B、C}。不难发现，联盟S的数量其实取决于剩余参与人的数量k，即存在2^k个可能联盟。$v(S\cup\{i\})$项描述的是联盟S在加上参与人A之后的生产力，$v(S)$项描述的是联盟S的生产力。因此，$v(S\cup\{i\})-v(S)$项描述的是参与人A对于联盟S的边际贡献。公式中$C_{|N|-1}^{|S|}$描述的是除了参与人A之外，其余参与人可能形成的人数为$|S|$的联盟个数，之所以要将该项取倒数，是为了计算参与人A对人数为$|S|$的若干个联盟的平均边际贡献。举例来说，当联盟人数为1时，除了参与人A之外，可以构建$C_{3-1}^{1}=2$个联盟，即{B}和{C}。当联盟S={B}时，可以计算参与人A的边际贡献为$\Delta V_{\mathrm{B,AB}}=v(S\cup\{i\})-v(S)=v(\{\mathrm{AB}\})-v(\mathrm{B})$。当联盟$S$={C}时，可以计算参与人A的边际贡献为$\Delta V_{\mathrm{C,AC}}=v(S\cup\{i\})-v(S)=v(\{\mathrm{AC}\})-v(\mathrm{C})$。接下来可以计算两者的平均值，用于代表参与人A在联盟参与人数为1情况下的边际贡献值，即$\Delta V_{|s|=1}=\frac{1}{C_2^1}(\Delta V_{\mathrm{B,AB}}+\Delta V_{\mathrm{C,AC}})=\frac{1}{2}(\Delta V_{\mathrm{B,AB}}+\Delta V_{\mathrm{C,AC}})$。类似地，可以计算参与人A在联盟参与人为0和2时的边际贡献均值，分别为$\Delta V_{|s|=0}=\frac{1}{C_2^0}\Delta V_{\phi,\phi\mathrm{A}}=\Delta V_{\phi,\phi\mathrm{A}}$和$\Delta V_{|s|=2}=\frac{1}{C_2^2}\Delta V_{\mathrm{BC,ABC}}=\Delta V_{\mathrm{BC,ABC}}$。最后，为消除不同联盟人数的影响，可以计算参与人A在联盟人数为0、1和2情况下的边际贡献值的均值，作为其沙普利值，即$\frac{1}{|N|}(\Delta V_{|s|=0}+\Delta V_{|s|=1}+\Delta V_{|s|=2})=\frac{1}{3}(\Delta V_{|s|=0}+\Delta V_{|s|=1}+\Delta V_{|s|=2})$。

通过上述案例，可以清楚地理解沙普利值的计算方法。这一概念可以引申到可解读机器学习中，用于解读复杂预测模型的决策机制。它的主要思想是通过将模型的预测值或输出值看作一种收益，把不同输入变量看作是预测任务的参与人，通过沙普利值的方式计算每一个输入变量在特定取值下的沙普利值，以此表征其对最终预测结果的影响。基于沙普利值的局部解读方法在能源领域极具吸引力，它不仅可以判断某一个输入变量是否重要，还能量化某一个输入变量在特定取值情况下对模型的具体影响。它赋予了黑箱模型能够匹敌线性回归模型的可解读能力。对于多元线性回归模型来说，一旦获取了有关输入变量 x_k 的模型系数 β_k，就可以进行解读，如 x_k =10 对模型预测值的影响就是 $10\beta_k$。沙普利值能够对任何黑箱模型进行类似的解读，这也是它最大的优势所在。

得益于合作博弈论中的完整理论基础，沙普利值在进行局部解读时具有有效性、对称性、空值性和相加性的性质。有效性是指各个输入变量的沙普利值相加等于模型预测值与平均预测值之差。对称性是指当两个输入变量对模型预测值的贡献相同时，其沙普利值也相同。空值性是指当一个输入变量对模型预测值没有影响时，其沙普利值也为零。相加性是指任意两个沙普利值之间可以相加。总体来说，沙普利值是一类具有强大功能的局部解释方法，其主要局限在于需要大量计算资源，尤其是当输入变量的个数较多时。因此，在实践中需要考虑近似方法，提高沙普利值的计算效率。常见的近似算法有基于蒙特卡洛方法的沙普利值估算方法和基于 KernelSHAP 的沙普利值估算方法。有兴趣的读者可通过本章选读环节进行学习。

2）示例分析。为了更好地理解局部模型解读中的沙普利值，考虑一组样本量为 10 的数据集，见表 4-10。在模拟这组数时，假设其隐含的规律是已知的，可以通过多元线性回归模型 $Y=10+6X_1+8X_2+10X_3+\varepsilon$ 表示，只不过每一个样本的 Y 值都施加了随机误差。这样做的好处是可以清楚知道每一个输入变量在特定取值下对 Y 的真正影响，接下来可以通过沙普利值的计算验证其有效性。以最小二乘线性回归为建模方法，可以求得预测模型为 $\hat{Y}=6.749+6.171X_1+8.167X_2+10.174X_3$。可以发现，除了截距项之外，输入变量的模型系数与真值大致相同。

表 4-10 建模数据范例

样本序号	X_1	X_2	X_3	Y
1	2.876	9.568	8.895	194.542
2	7.883	4.533	6.928	163.343
3	4.089	6.776	6.405	150.828
4	8.830	5.726	9.943	208.920
5	9.404	1.029	6.557	139.760
6	0.456	8.998	7.085	154.505
7	5.281	2.461	5.441	115.562
8	8.924	0.421	5.941	125.298
9	5.514	3.279	2.892	97.507
10	4.566	9.545	1.471	127.844

假设要针对这一模型进行局部解读，以第一组样本为待解释样本，可通过沙普利值分别量化 X_1=2.876、X_2=9.568 和 X_3=8.895 对模型的影响。以 X_1 为例，首先需要构建除 X_1 之外的联盟组合。考虑模型共包含 3 个输入变量，除了 X_1 之外能够构建的联盟组合共有 4 个，分别是 { ϕ }、{X_2}、{X_3} 和 {X_2、X_3}。然后，分别计算各联盟情况下 X_1 变量的边际贡献值。

① 当联盟为 S={ ϕ } 时，可以计算模型对剩余 9 个样本的预测均值为 142.619，当将剩余 9 个样本的 X_1 取值修改为 2.876 时，模型的预测均值为 122.843。因此，在该情况下变量 X_1=2.876 的边际贡献为 122.843−142.619=−19.776。

② 当联盟包含的输入变量个数为 1 时，需要分别计算 S={X_2} 和 S={X_3} 时的边际贡献值。以 S={X_2} 为例，首先将剩余 9 个样本的 X_2 值改为 9.568，可计算其预测均值为 182.110。然后将剩余 9 个样本的 X_1 和 X_2 值分别改为 2.876 和 9.568，可计算其预测均值为 162.180。由此可计算 X_1=2.876 时的边际贡献为 162.180−182.110=−19.930。以 S={X_3} 时，同样可计算 X_1=2.876 的边际贡献为 153.813−173.743=−19.930。由此，当联盟包含的输入变量个数为 1 时，X_1=2.876 的边际贡献等于 −19.930。

③ 当联盟包含的输入变量个数为 2 时，只需要考虑一种情况，即 S={X_2、X_3}。首先将剩余 9 个样本的 X_2 和 X_3 值分别改为 9.568 和 8.895，可计算模型的预测均值为 213.081。其次将剩余 9 个样本的 X_1、X_2 和 X_3 取值分别改为 2.876、9.568 和 8.895，可计算预测均值为 193.151。由此，当联盟包含的输入变量个数为 2 时，X_1=2.876 的边际贡献为 193.151−213.081=−19.930。

④ 综合考虑以上不同输入变量个数的联盟情况，可计算 X_1=2.876 的平均边际贡献约为 −19.9。

类似上述步骤，可以计算 X_2=9.568 和 X_3=8.895 的沙普利值分别为 39.34 和 30.97。上述三个沙普利值与预测模型的参数有什么关系呢？前面我们说过，对于多元线性回归模型来说，一旦模型系数确定了，可以很直接地评判输入变量特定取值下对模型的影响。比如，模型针对 X_1 的系数为 6.171，那么当 X_1=2.876 对模型预测值的影响就是两者之积，即 17.75。对于剩下的九个样本，X_1 的均值为 6.105，也就是说剩余九个样本中 X_1 对模型预测值的平均影响为 $6.171\times6.105=37.67$。将两者相减可得 17.75−37.67=−19.92，这与 X_1=2.876 的沙普利值几乎一致。

综上可知，沙普利值描述的其实是输入变量在特定取值下对模型预测期望值的相对影响。如图 4-48 所示，以 X_1 为横坐标，以预测模型有关 X_1 的边际预测值（即 X_1 系数与 X_1 的乘积）为纵坐标，可以画出有关 10 个样本的数据规律，其中圆点代表第一个数据样本的 X_1 值及其预测值，水平实线表示 10 个样本中有关 X_1 及其系数乘积的均值。图中纵向虚线代表的就是 X_1 的沙普利值，它描述了当 X_1=2.876 时，有关 X_1 的预测值和平均水平的差距。如果把 X_1、X_2 和 X_3 的沙普利值相加，便会得到第一组样本中各输入变量取值对该模型预测的总体相对影响，即 −19.93+39.34+30.97=50.38。通过计算可知该组样本的模型预测值为 193.15，剩余 9 个样本的预测均值为 142.77，其差值等于 50.38。

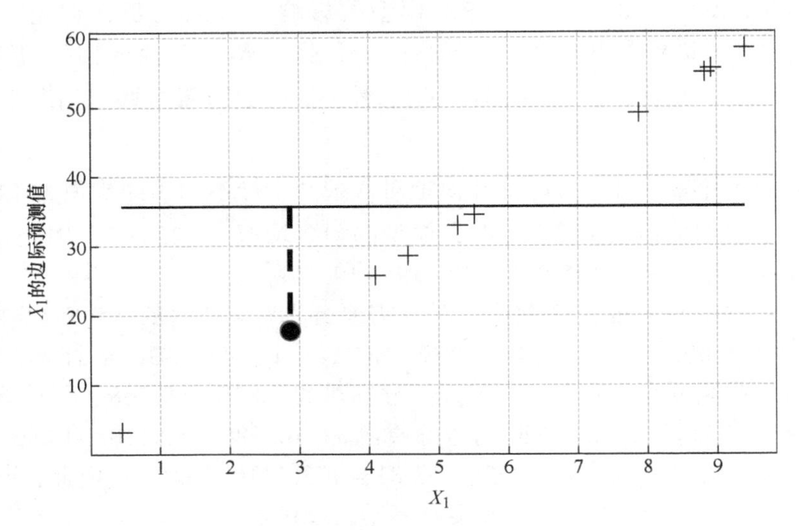

图 4-48 沙普利值含义示意图

3）基于蒙特卡洛的沙普利值估算方法 *。计算某一个输入变量的沙普利值时需要考虑的联盟个数为 $\sum_{i=0}^{k-1} C_{k-1}^{i}$，其中 k 代表模型输入变量的总个数，i 代表联盟中的变量个数。当预测问题较为复杂时，很有可能包含大量输入变量，此时需要计算的联盟组合数显然也会快速增长。为了更高效地计算沙普利值，Strumbelj 等人于 2014 年提出了一种基于蒙特卡罗方法的近似计算方法。假设待解释样本个体为 X，X 包含 k 个输入变量，为计算输入变量 X_j 的沙普利值，可进行以下操作：

第一步，从其余数据中随机选取一个数据样本，记作 Z。

第二步，通过随机置换法确定输入变量的排序。

第三步，构建人工样本 A，使得排序在 X_j 之后的输入变量采用 Z 样本中的取值，其余变量使用待解释样本 X 中的取值。

第四步，构建人工样本 B，其中 X_j 及排序在 X_j 之后的输入变量的取值来源于样本 Z，其余变量使用待解释样本 X 中的取值。

第五步，将人工样本 A 和人工样本 B 输入到黑箱模型中，获取其预测值 $\hat{Y}_A$ 和 $\hat{Y}_B$，计算其差值 $\varDelta_i = \hat{Y}_A - \hat{Y}_B$。

第六步，重复以上步骤 M 次，通过计算 $\varDelta_i$ 的均值确定输入变量 X_j 的沙普利值，即 $\sum_{i=1}^{M} \varDelta_i / M$。通过以上方法，可以在有限计算资源内完成沙普利值的计算，其中 M 定义了计算重复次数，可以想象 M 的数值越大，则计算的近似沙普利值越准确，但是所需的计算资源和时间也越多。

4）基于 KernelSHAP 的沙普利值估算方法 *。除了上述方法外，Lundberg 和 Lee 在 2017 年提出了 SHAP（shapley additive explanations）方法，其中的 KernelSHAP 方法融合了局部代理模型和核估计思想，可以有效提高沙普利值的计算效率。KernelSHAP 的主要计算步骤包括：

第一步，随机构建 n 组有关输入变量的联盟向量 $\boldsymbol{Z}$，每一个联盟向量 $\boldsymbol{Z}_i$ 的长度都和输入变量总个数相同，具体取值为 0 或 1，用于代表后续生成的人工样本是否使用待分析样本的变量真值。

第二步，根据 n 组联盟向量生成 n 组人工样本，每一组联盟向量生成的人工样本都是待解释样本和某一组随机抽选的真实样本的拼接，其中联盟向量取值为 1 的变量使用待解释样本的数值，取值为 0 的变量使用随机抽选的某一组样本的数值。

第三步，以 n 组人工样本为输入，使用黑箱预测模型获取预测值，记作 $\hat{Y}$。

第四步，根据核方法计算每一组人工样本的权重，计算公式如下：

$$w_i = \frac{P-1}{C_P^{|\boldsymbol{Z}_i|} \times |\boldsymbol{Z}_i| \times (P - |\boldsymbol{Z}_i|)} \tag{4-57}$$

式中，P 是输入变量的总个数；$|\boldsymbol{Z}_i|$ 是联盟向量 $\boldsymbol{Z}_i$ 取值为 1 的个数；$C_P^{|\boldsymbol{Z}_i|}$ 是从 P 中抽选 $|\boldsymbol{Z}_i|$ 个输入变量的组合数。

第五步，通过加权最小二乘法构建多元线性回归模型，该模型以 $\hat{Y}$ 为输出变量，联盟向量 $\boldsymbol{Z}$ 为输入变量，由此获取的局部解读模型形式如式（4-58）所示，式中若干个模型系数 ϕ_i 就是沙普利值。

$$g(\boldsymbol{Z}) = \phi_0 + \sum_{i=1}^{P} \phi_i \boldsymbol{Z}_i \tag{4-58}$$

通过以上步骤，可以了解到 KernelSHAP 方法与局部代理模型中的 LIME 方法有共同之处：

第一，两者都采用了类似置换法的方式生成人工样本，只不过 LIME 方法使用的人工样本各变量取值都是随机生成的，而 KernelSHAP 的人工样本变量取值是真实样本的拼接。

第二，两者在构建局部解读模型时，都使用了二值变量（即每一个输入变量的取值都为 0 或 1）作为输入变量，其中 LIME 方法中的 0 和 1 代表了人工样本的变量是否与待解释样本相同，KernelSHAP 中的 0 和 1 代表了人工样本取值是否来源于待解释样本，本质上是相同的。

第三，两者一般都采用加权方法训练多元线性回归模型，同时使用线性模型系数完成解读，LIME 方法更多是从模型系数的正负情况上入手，判断待解释样本的变量取值对预测值的影响，而 KernelSHAP 则通过模型系数计算了待解释样本变量取值的沙普利值，相较而言更具解读价值。需要注意的是，虽然两者都用了加权的概念，但是权重的计算方法却不尽相同。LIME 方法计算权重时考虑了人工样本与待解释样本的相似性，即二值变量中 1 越多，代表人工样本与待解释样本的相似性越大，权重也越大。相较而言，KernelSHAP 采用核方法计算权重，根据其公式可知当联盟向量包含较多的 1 或 0 时都可以获得较大的权重。

同样以表 4-10 中数据为例，假设第一组数据 $\{X_1=2.876, X_2=9.568, X_3=8.895\}$ 为待解释样本，已知构建的预测模型为 $\hat{Y}=6.749+6.171X_1+8.167X_2+10.174X_3$，试计算 $X_1=2.876$、$X_2=9.568$ 和 $X_3=8.895$ 的沙普利值。具体步骤如下：

① 设定待生成人工样本数量为 n，通过随机采样生成 n 组联盟向量。假设某一组联盟向量为 $\{0,1,0\}$，随机抽选的数据样本为 $\{X_1=9.404, X_2=1.029, X_3=6.557\}$，则生成的一组人工样本为 $\{X_1=9.404, X_2=9.568, X_3=6.557\}$。

② 将预测模型应用到 n 组人工样本中，获取其预测值 $\hat{Y}$。

③ 通过核方法计算权重，同样以某一组联盟向量 $\{0,1,0\}$ 为例，根据权重计算公式（4-57），可知输入变量总个数 $P=3$，联盟向量中取值为 1 的变量总数 $|\boldsymbol{Z}_i|=1$，组合数 $C_P^{|\boldsymbol{Z}_i|}=C_3^1=3$。因此，该组联盟向量的训练权重为 $\frac{3-1}{3\times1\times(3-1)}=0.33$。

④ 结合 n 组联盟向量、n 个模型预测值 $\hat{Y}$ 和 n 个训练权重，构建多元线性回归模型，并获取它的模型系数。由于采用了随机采样方法，因此计算结果具有随机性，即模型系数会存在少量差异。

假设某次计算获得的局部解读模型形式为 $g(Z)=143.66-20.98\phi_1+44.81\phi_2+26.10\phi_3$，则 $X_1=2.876$ 的沙普利值为 −20.98，$X_2=9.568$ 的沙普利值为 44.81，$X_3=8.895$ 的沙普利值为 26.10。根据上述沙普利值可知，预测模型的平均预测水平为 143.66，$X_1=2.876$ 会在该平均预测水平的基础上，将预测值减少 20.98，$X_2=9.568$ 会将这个预测均值提高 44.81，$X_3=8.895$ 会将这个预测均值提高 26.10。由此获得的个体预测值为 143.66−20.98+44.81+26.10=193.59，这与预测模型的预测值 193.15 比较近似。

4.6 总结与展望

本章从特征工程、模型选择与优化、模型评价方法和模型解读四个方面讲述了预测建模分析的主要过程和要点，并结合能源领域的典型预测任务和数据类型给出了相应的实践案例。

特征工程的目的是为建模算法构建合适的输入变量，这些变量可以是原始数据变量的子集（即特征筛选），也可以是根据原始数据生成的新变量（即特征构建）。确定了模型的输入变量，接下来便是选取合适的监督学习算法学习输入和输出变量间的映射关系。监督学习算法门类众多，本章从几种算法分类角度出发，介绍了可用于回归和分类任务的多元线性回归、逻辑回归、决策树、神经网络和集成学习等方法，同时也介绍了保障预测模型泛化能力的数据划分技术和模型训练技术。为了合理评价预测模型的泛化能力，需要借助多类评价指标，本章以能耗预测和故障诊断为例，介绍了可用于回归模型和分类模型的评价方法，同时也列举了各类评价指标在实践中的注意事项。在实践中，通常需要根据预测任务综合多个指标，以帮助使用者全面了解模型表现。最后，介绍了复杂预测模型的解读方法，通过从全局角度和局部角度解读模型决策逻辑，可以帮助使用者判断模型可靠性和识别数据特征，进而完善整体预测分析流程。

除此之外，数据科学领域还有多种前沿技术可以帮助用户更好地利用和分析现实世界中的不完备数据，比如采用半监督学习处理标签信息缺失问题，采用生成式学习处理数据样本量过少问题，采用强化学习解决模型与数据的自适应问题等。当深入了解这些技术后，就会发现在能源领域它们同样具有重大的应用潜力，能够帮助用户更好地挖掘能源相关数据中的隐含价值，启发和推进能源领域的转型和升级。

思考与练习

1. 请简述特征筛选与特征构建方法的不同之处。
2. 请简述多元线性回归模型与逻辑回归模型之间的内在关联。
3. 试列举三类常见的集成模型构建思路。
4. 请简述有量纲指标和无量纲指标在评价回归模型表现时的局限之处。
5. 请简述全局和局部解释方法的不同之处。

参考文献

[1] FAN C, YAN D, XIAO F, et al. Advanced data analytics for enhancing building performances:from data-driven to big data-driven approaches[J]. Building simulation, 2021, 14:3-24.

[2] ZHAO Y, ZHANG C, ZHANG Y, et al. A review of data mining technologies in building energy systems:load prediction, pattern identification, fault detection and diagnosis[J]. Energy and built environment, 2020, 1(2):149-164.

[3] XU X, WANG S. A simplified dynamic model for existing buildings using CTF and thermal network models[J]. International journal of thermal sciences, 2008, 47(9):1249-1262.

[4] MIRNAGHI M S, HAGHIGHAT F. Fault detection and diagnosis of large-scale HVAC systems in buildings using data-driven methods:a comprehensive review[J].Energy and buildings, 2020, 229:110492.

[5] HU S, YAN D, AZAR E, et al. A systematic review of occupant behavior in building energy policy[J]. Building and environment, 2020, 175:106807.

[6] AGNIHOTRI A, BATRA N. Exploring bayesian optimization[J/OL]. (2020-05-05) [2022-08-31]. https://distill. pub/2020/bayesian-optimization.

[7] GÖRTLER J, KEHLBECK R, DEUSSEN O. A visual exploration of Gaussian

processes[J/OL]. (2019-04-02)[2022-08-31]. https://distill. pub/2019/visual-exploration-gaussian-processes.

[8] MOLNAR C. Interpretable machine learning:a guide for making black box models explainable[M].[S. I .]:Christoph Molnar, 2022.

[9] BIECEK P, BURZYKOWSKI T. Explanatory model analysis:explore, explain and examine predictive models[M]. Boca Raton, USA:CRC Press, 2021.

第 5 章

优化方法

5.1 总论

5.1.1 能源领域优化方法概述

智慧能源系统中能源设备数量大、种类多、非线性强，且各自在用能特征、用能偏好等方面差异性大，加之可再生能源的随机性、间歇性给能源系统在时空维度下的动态平衡带来的巨大挑战，系统整体优化的复杂度通常很高。能源系统设计方案和运行策略对系统的能耗、成本和安全具有至关重要的影响。通常，能源系统可行的设计方案和运行策略组合数量庞大，其复杂度远超出一般的数据处理能力和计算能力。因此，引入高效的优化方法找到最佳的能源系统设计方案和运行策略，是人工智能在能源系统领域的重要应用场景之一。

当前，能源领域常用的优化方法主要包括数学规划算法和启发式优化算法两种类型：

（1）数学规划算法　数学规划算法旨在遵循一定的约束条件下让某一目标函数达到最大化或最小化。根据求解模型形式的不同，能源领域常用的数学规划算法可分为线性规划、非线性规划、混合整数线性规划和混合整数非线性规划四种。不同的规划算法对应不同的求解方法，如线性规划和整数规划问题常采用单纯形法和分支界定法进行求解，而非线性规划问题往往采用梯度下降法和牛顿法进行求解。对于混合整数规划等较为复杂的问题，需要针对具体的数学模型设计相应的求解方法。此类算法在数学上均有明确的可解释性，可靠程度高，但是其求解效率会随着问题复杂度的上升明显下降，求解结果易陷入局部最优。

（2）启发式优化算法　启发式优化算法是基于直观经验构造的算法，旨在可接受的计算成本和时间成本下给出待优化问题的一个可行解。能源领域常用的启发式优化算法主要包括遗传算法、粒子群算法、模拟退火算法等。这三种算法都是利用概率和统计方法在执行过程中随机选择下一个计算步骤，但是在搜索过程上亦存在较大差异。遗传算法是一种通过模拟自然进化过程搜索最优解的方法，该算法在计算过程中将问题的求解过程转换成类似生物进化中的染色体基因的交叉、变异等过程。模拟退火算法是一种基于蒙特卡洛迭代求解策略的随机优化算法，它是基于固体物质退火过程与组合优化的相似性而发展起来的。粒子群算法源于对鸟群捕食的行为研究，该算法利用群体中的个体对信息的共享，使整个群体的运动在问题求解空间中产生从无序到有序的演化过程，从而获得最优解。与数学规划算法相比，启发式优化算法的优点在于算法原理简单、易于个性化修改、计算效率较高，对于处理复杂度较高的优化问题更为有利。但启发式算法不能保证获得最优解，且算法性能易受到决策变量种类及个数的影响。

5.1.2 典型能源应用场景

近年来，多能互补、集成优化、低碳运行已成为能源系统项目实践和理论研究的焦点，优化方法已被广泛应用于能源系统优化设计和优化运行这两种典型场景。

1. 优化设计

能源系统优化设计是指根据用户负荷、能源价格、地区资源条件、补贴政策等信息，确定优化目标和优化边界，求解能源系统的最优配置方案。传统的能源系统设计中常采用枚举比较的方式，列举几种可能的系统配置进行计算，并从中选取性能表现最优的系统配置方案。这种方法求解简单，但是随着能源系统形式的复杂化，单凭有限穷举难以从众多方案中选出最优配置方案。而采用合适的优化方法可以帮助研究人员从海量配置组合中自动快速求取最优解，从而有效解决上述问题。

2. 优化运行

能源系统优化运行是指考虑运行成本、能源利用率、污染物排放、电网稳定性等因素，在满足供需平衡的前提下，对各个设备在不同时刻的运行状态进行优化，实现能源系统的最优调度与控制。与优化设计问题类似，优化运行需要构建完整的能源系统运行模型，并依据人员对系统配置、运行原理、用户用能特征等方面的理解，制定不同条件及时段下的最佳运行策略。对此类问题的自动求解也是目前优化方法在能源系统中重要的应用场景之一。

5.1.3 优化方法的一般流程

如图 5-1 所示，优化方法一般包括系统目标函数建立、决策变量选取、约束条件建立、系统建模和优化求解五个步骤。

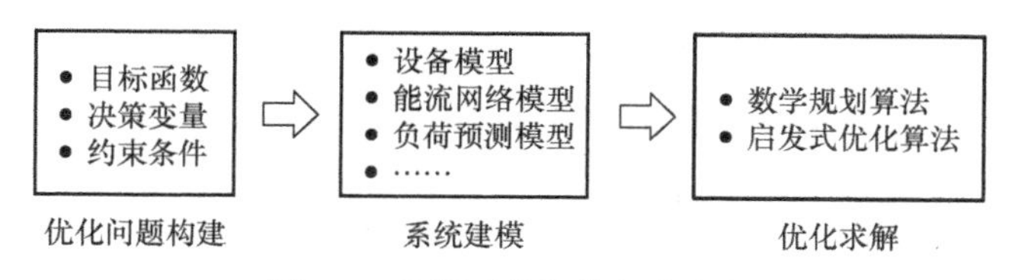

图 5-1 能源系统优化方法流程

目标函数建立：能源系统领域的目标函数通常是指系统的性能标准，建立目标函数旨在寻找优化变量与系统性能标准之间的关系。

决策变量选取：能源系统领域的决策变量是指优化问题中需要求解的未知量，通常根据已确定的目标函数进行选取。

约束条件建立：约束条件指优化问题中优化变量的取值范围，建立约束条件旨在根据系统信息对优化变量的取值赋予限制条件。

系统建模：根据能源系统优化涉及的目标函数、决策变量及约束条件可建立能源系统的模型。而能源系统建模的核心在于选取合适的建模策略以减小模型计算结果与实际系统数据间的误差，使得模型能够精确反映实际系统的运行状态。

优化求解：优化求解指根据目标函数、决策变量和约束条件，对优化问题进行求解。考虑到不同优化问题适用的求解方法存在较大的差异，在 5.4 节对常用的优化方法（数学规划算法和启发式优化算法）进行介绍。

5.2 能源系统评价指标

5.2.1 引言

不同的投资者或运行人员对能源系统规划设计或运行的各种效益指标重视程度各不相同，因此在进行系统优化之前，必须先确定优化的目标。为了定量描述优化目标，需要根据实际需求定义不同类型的评价指标。这些评价指标常被用于构建优化问题的目标函数，如在单目标优化问题中，目标函数可以为单个评价指标或由多个不同指标的加权求和构成；在多目标优化问题中，可根据实际需要分别用不同评价指标构建多个目标函数。

当前能源系统的评价指标大致可从能源效益、经济效益、环境效益、电网互动效益以及综合效益等几个维度进行划分。能源效益指标表征系统能源的综合利用效益以及能源配置情况，包括一次能源消耗量、一次能源利用率、系统㶲效率、节能率和设备能效等级等；经济效益指标表征系统的经济效益，包括年均化成本、净现值、内部收益率、系统㶲经济成本和投资回收期等；环境效益指标主要评价能源系统对环境的影响程度，包括 CO_2 排放量及减排量、其他污染物排放量及减排量、可再生能源装机占比、可再生能源利用率和碳排放成本等；电网互动性指标主要评价能源系统与电网的交互程度，包括能源自给自足率、能量自用率、功率自平衡度和需求侧互动性等。综合效益指标是结合以上指标的综合评价。此外，随着需求侧响应技术的发展和极端天气的频发，其他维度的评价指标如系统在运行时的可靠性、管网损耗以及与电网友好互动的能力等也被广泛使用。

本节将从能源效益指标、经济效益指标、环境效益指标、电网互动性指标以及综合效益指标五个维度出发，介绍能源系统中相应的典型评价指标。

5.2.2 能源效益指标

能源效益指标是对能源系统能源利用效果的评价，反映了系统对输入能源的有效利用程度，其主要的评价指标包括一次能源消耗量、一次能源利用率和节能率。

1. 一次能源消耗量

一次能源消耗量是指能源系统在规划设计或运行优化期间内，生产某种产品或提供某种服务实际消耗的各种能源实物量，按规定的计算方法和单位分别折算后的一次能源总和，通常以标准煤的形式表征。能源系统中常见的一次能源有天然气、地热、风、光等，此处需要注意的是从外部电网输入的电能为二次能源。能源系统一次能源消耗量可按式（5-1）表示。

$$Q_{ES}=\eta_e Q_e+\eta_g Q_g+\eta_{re} Q_{re} \tag{5-1}$$

式中，Q_{ES}是能源系统一次能源消耗量（kgce）㊀；η_e、η_g、η_{re}分别是煤电折标煤系数[kgce/(kW • h)]、标准状态（标态）下的天然气折标煤系数（kgce/m^3）㊁、可再生能源折标煤系数 [kgce/（kW • h)，一般设为 0]；Q_e、Q_g、Q_{re}分别是电能输入量（kW • h)、标态天然气输入量（m^3）、可再生能源输入量（kW • h)。

2. 一次能源利用率

能源系统一次能源利用率是指能源系统输出能量与一次能源消耗量的比值，可按式（5-2）定义。该指标直观、简单、可比，是能源系统的常用评价指标。一次能源利用率越高，系统节能性越好。

$$\eta=\frac{Q_e+Q_h+Q_c}{\sum_i W_i} \tag{5-2}$$

式中，Q_e、Q_h、Q_c分别是能源系统的全年供电量、供热量和供冷量；W_i是能源系统消耗的第 i 种一次能源消耗量。

能源转换过程中存在能量传递、转变和品位降低，目前也常用能质系数（即㶲在总能中所占比例）来表明能量品质，从能量转换的角度反映能源品位的差异，揭示系统内部存在的能量“质”的损耗。

利用能质系数的概念还可考虑异质能源的差异性，计算各种用能方式的能量转换效率，从而量化评价能源利用方式的质量，得到不同品位能源系统的一次能源利用率，如式（5-3）所示。

㊀ 能量的一种形象表示方法，通常 1kg 标准煤（又称煤当量，coal equivalent，ce）相当于 29.27MJ 能量。

㊁ 实践中常将标准状态下的天然气体积单位记为 Nm^3，这种记法不规范，但在业内使用较多。

$$\eta = \frac{\lambda_e Q_e + \lambda_h Q_h + \lambda_c Q_c}{\sum_i (\lambda_i W_i)} \tag{5-3}$$

式中，λ_e、λ_h、λ_c 分别是能源系统的供电、供热和供冷对应能源形式的能质系数；λ_i 是第 i 种一次能源对应的能质系数

3. 节能率

能源系统可通过利用多种能源同时向用户提供多种能量产品，即综合能源系统。由于对输入能量进行了不同程度的梯级利用，这种多能互补的综合能源系统通常具有较大的节能潜力。但是相比于仅依靠电网的能源系统，综合能源系统的复杂程度也大大增加。为了反映综合能源系统在能量使用上的优势，可选择节能率作为量化指标，具体公式如下：

$$\mathrm{ESR} = \frac{E_{ref} - E_{IES}}{E_{ref}} \tag{5-4}$$

式中，ESR 是节能率（%）；E_{ref}、E_{IES} 分别是传统能源系统、综合能源系统的能源消耗量（单位为 kgce，以一次能源的标煤量表示）。

例 5-1 以某园区分布式能源系统为例，该园区具有较大且稳定的冷热电负荷，配置有 5 台燃气轮机，发电功率为 4.23MW，效率为 28.7%；3 台 10.6t/h 的余热锅炉，效率为 72.5%；4 台蒸气溴化锂直燃机，制冷量 6978kW。经统计，该系统标态天然气年消耗量 $3.87 \times 10^7 m^3$，煤炭年消耗量折合标煤为 $1.77 \times 10^7 kg$，无须从电网进口电力。该系统年发电量 $5.12 \times 10^{11} kJ$，年供热和制冷工况各 120 天，年总供冷量 $5.83 \times 10^{11} kJ$，年总供热量 $3.93 \times 10^{11} kJ$。求该园区能源系统的一次能源消耗量、一次能源利用率和节能率。

1）一次能源消耗量：由题意可知，该系统输入能源为天然气和煤炭，输出电力和冷热量。标态天然气折标煤系数取 $1.22 kgce/m^3$，则标态天然气消耗量折算标煤为 $1.22 kgce/m^3 \times 3.87 \times 10^7 m^3 = 4.72 \times 10^7 kgce$，同时消耗的煤炭折合标煤量为 $1.77 \times 10^7 kgce$，若不考虑异质能源的差异性，该系统一次能源消耗量为

$$\begin{aligned} Q_{ES} &= 4.72 \times 10^7 \text{kgce} + 1.77 \times 10^7 \text{kgce} \\ &= 6.49 \times 10^7 \text{kgce} \end{aligned}$$

2）一次能源利用率：若标煤热值取 $2.93 \times 10^4 kJ/kgce$，经换算可得一次能源消耗总量为 $6.49 \times 10^7 kgce \times 2.93 \times 10^4 kJ/kgce = 1.90 \times 10^{12} kJ$。电量及冷热量总产出量为 $5.12 \times 10^{11} kJ + 5.83 \times 10^{11} kJ + 3.93 \times 10^{11} kJ = 1.49 \times 10^{12} kJ$。则该系统一次能源利用率为

$$\eta = \frac{1.49 \times 10^{12} \text{kJ}}{1.90 \times 10^{12} \text{kJ}} = 78.42\%$$

若考虑异质能源的差异性，夏季供冷量能质系数取 0.045，冬季供热量能质系数取 0.061，电量能质系数为 1，天然气能质系数取 0.52，煤炭能质系数取 0.35。天然气消耗量为 $2.93 \times 10^4 kJ/kgce \times 4.72 \times 10^7 kgce = 1.38 \times 10^{12} kJ$，煤炭消耗量为 $2.93 \times 10^4 kJ/kgce \times 1.77 \times 10^7 kgce = 5.19 \times 10^{11} kJ$，则考虑异质能源差异性的一次能源利用率为

$$\eta = \frac{1 \times 5.12 \times 10^{11}\,\mathrm{kJ} + 0.045 \times 5.83 \times 10^{11}\,\mathrm{kJ} + 0.061 \times 3.93 \times 10^{11}\,\mathrm{kJ}}{0.52 \times 1.38 \times 10^{12}\,\mathrm{kJ} + 0.35 \times 5.19 \times 10^{11}\,\mathrm{kJ}} = 62.52\%$$

3）节能率：假设传统能源系统由燃煤发电厂、输配线路、燃煤锅炉和电制冷系统组成，发电厂的综合效率为37.53%，燃煤锅炉热效率为90%，电制冷系统的制冷系数为4.0，标煤热值取为 2.93×10^4kJ/kgce，则可计算传统能源系统所需标煤量：

$$Q_{\mathrm{S}} = \left(\frac{5.12 \times 10^{11}\,\mathrm{kJ}}{0.3753} + \frac{5.83 \times 10^{11}\,\mathrm{kJ}}{4 \times 0.3753} + \frac{3.93 \times 10^{11}\,\mathrm{kJ}}{0.9} \right) / 2.93 \times 10^{4}\,\mathrm{kJ/kgce}$$
$$= 7.47 \times 10^{7}\,\mathrm{kgce} = 2.19 \times 10^{12}\,\mathrm{kJ}$$

节能率为

$$\mathrm{ESR} = \frac{7.47 \times 10^{7}\,\mathrm{kgce} - 6.49 \times 10^{7}\,\mathrm{kgce}}{7.47 \times 10^{7}\,\mathrm{kgce}} = 13.14\%$$

5.2.3 经济效益指标

经济效益指标是对能源系统经济效益的评价，反映了能源系统的资金内部收益率和投资回收期，主要的评价指标为年均化成本、投资回收期和内部收益率。

1. 年均化成本

年均化成本为能源系统产生一单位能量所需付出的经济投入，是最常用的经济效益指标，可按式（5-5）计算：

$$L_{\mathrm{ES}} = \frac{I_{\mathrm{INV}} - \dfrac{V_{\mathrm{R}}}{(1+i)^{N}} + \displaystyle\sum_{n=1}^{N} \frac{A_n + D_n + P_n}{(1+i)^{n}}}{\displaystyle\sum_{n=1}^{N} Y_n} \tag{5-5}$$

式中，L_{ES} 是能源系统的单位能耗成本（万元/kgce）；I_{INV} 是初始投资（万元）；V_{R} 是固定资产残值（万元）；N 是项目运行年限（年）；A_n 是第 n 年的运行成本（万元）；D_n 是第 n 年的折旧成本（万元）；P_n 是第 n 年的利息（万元）；Y_n 是第 n 年供能量的标准煤当量折算值（kgce）；i 是折现率。

2. 投资回收期

投资回收期是指以能源系统的净收益回收其总投资（包括建设投资和流动资金）所需要的时间。投资回收期自系统建设开始年算起，若系统评价的投资回收期不大于部门或行业的基准投资回收期，可认为系统的经济性是可以接受的。投资回收期可分为静态投资回收期和动态投资回收期。静态投资回收期可按式（5-6）计算，动态投资回收期则按现值计算的投资回收期，可按式（5-7）计算。

$$\sum_{t=0}^{P} (C_{\mathrm{I}} - C_{\mathrm{O}})_t = 0 \tag{5-6}$$

式中，P 是技术方案的静态投资回收期（年）；C_{I} 是技术方案现金流入量（元）；C_{O} 是技术方案现金流出量（元）。

$$\sum_{t=0}^{P}(C_{\mathrm{I}}-C_{\mathrm{O}})_t(1+i_{\mathrm{c}})^{-t}=0 \tag{5-7}$$

式中，P 是技术方案的动态投资回收期（年）；i_{c} 是基准收益率。

3. 内部收益率

内部收益率是指使能源系统技术方案在计算期内各年资金流入现值总额与资金流出现值总额相等、净现值等于零时的折现率。当能源系统的内部收益率不小于部门或行业的基准收益率时，可认为系统的经济性是可以接受的。能源系统内部收益率可按式（5-8）计算。

$$\sum_{t=0}^{n}(C_{\mathrm{I}}-C_{\mathrm{O}})_t(1+F_{\mathrm{IRR}})^{-t}=0 \tag{5-8}$$

式中，F_{IRR} 是内部收益率（%）；n 是项目计算期（年）；C_{I} 是技术方案现金流入量（元）；C_{O} 是技术方案现金流出量（元）。

例 5-2　以某经济开发区为例，该园区采用综合能源系统为园区供电及供热。系统主要由配电网、分布式光伏、储能电站、冷热电联产系统和热力管道等组成。假设该项目固定资产残值为 3%，折现率为 8%，系统运行年限为 20 年，不考虑利息，系统每年的运行成本、折旧成本、供能量不变。配电网投资总价为 2 亿元，维护成本为 6%；分布式光伏装机容量为 30MW，单位投资价格为 6 元 /W，维护成本为 2%；储能电站装机容量为 6MWh，单位投资价格为 1500 元 /（kW•h），维护成本为 34%；冷热电联产系统装机容量为 20MW，单位投资价格为 0.88 万元 /kW，维护成本为 6%；热力管网投资总价 2400 万元，维护成本为 15%。该系统标态天然气年消耗量为 $3.74\times10^7\mathrm{m}^3$，标态天然气价格为 2.15 元 /$\mathrm{m}^3$，年发电量为 $3.28\times10^{11}\mathrm{kJ}$，年总供热量为 $3.36\times10^{11}\mathrm{kJ}$。求该园区能源系统年均化成本、投资回收期和内部收益率。

1）年均化成本：系统初始投资为各设备购置费用及管网建设费用的总和，如下式所示：

$$I_{\mathrm{INV}}=(2\times10^8+30\times10^6\times6+6\times10^3\times1500+2\times10^4\times8800+2.4\times10^7)\text{元}=58900\text{万元}$$

系统年运维成本为系统燃料消耗费用、维护费用、折旧费用和利息的总和，如下式所示：

$$\begin{aligned}I_{\mathrm{OPE}}&=A_n+D_n+P_n\\&=(3.74\times10^7\times2.15+2\times10^8\times6\%+30\times10^6\times6\times2\%+6\times10^3\times1500\times34\%+\\&\quad 2\times10^4\times8800\times6\%+2.4\times10^7\times15\%)\text{元}\\&=11323\text{万元}\end{aligned}$$

供电量和供热量需要折算为标煤量，取标煤热值 $2.93\times10^4\mathrm{kJ/kgce}$，火电效率取

45.4%，燃煤热效率取 80%，则折算标煤量如下式所示：

$$Y=\left(\frac{3.28\times10^{11}\text{kJ}}{45.4\%}+\frac{3.36\times10^{11}\text{kJ}}{80\%}\right)\times\frac{1}{2.93\times10^{4}\text{kJ/kgce}}$$
$$=3.90\times10^{7}\text{kgce}=1.14\times10^{12}\text{kJ}$$

则年均化成本为

$$L_{\text{ES}}=\frac{58900-\dfrac{58900\times3\%}{(1+8\%)^{20}}+\sum_{n=1}^{20}\dfrac{11323}{(1+8\%)^{n}}}{20\times3.90\times10^{7}}\text{万元/kgce}$$
$$=2.14\times10^{-4}\text{万元/kgce}=7.30\times10^{-9}\text{万元/kJ}$$

2）投资回收期：由于投资回收期和内部收益率主要为经济领域的计算问题，较为复杂，对于能源领域学生而言，以假设来简化问题更为通俗易懂，本文选取典型的经济领域投资回收期和内部收益率计算例题作为案例进行分析，感兴趣的同学可以进行更深入了解，本书不做赘述。假设某技术方案投资现金流量的数据见表 5-1：

表 5-1 某技术方案投资现金流量 （单位：万元）

计算期	0	1	2	3	4	5	6	7	8
1. 现金流入	—	—	—	800	1200	1200	1200	1200	1200
2. 现金流出	—	600	900	500	700	700	700	700	700

根据表中数据计算各年净现金流量和累计净现金流量见表 5-2：

表 5-2 各年净现金流量和累计净现金流量 （单位：万元）

计算期	0	1	2	3	4	5	6	7	8
1. 现金流入	—	—	—	800	1200	1200	1200	1200	1200
2. 现金流出	—	600	900	500	700	700	700	700	700
3. 净现金流量	—	-600	-900	300	500	500	500	500	500
4. 累计净现金流量	—	-600	-1500	-1200	-700	-200	300	800	1300

根据式（5-6）即可算出静态投资回收期：

$$P=T-1+\frac{\left|\sum_{t=0}^{T-1}(C_{\text{I}}-C_{\text{O}})_{t}\right|}{(C_{\text{I}}-C_{\text{O}})_{T}}$$
$$=\left(6-1+\frac{|-200|}{500}\right)\text{年}$$
$$=5.4\text{年}$$

3）内部收益率计算：假设当折现率为10%时，财务净现值为–360万元；当折现率为8%时，财务净现值为30万元。根据以上数据，可以求得财务净现值与折现率之间的关系曲线，如下所示：

$$\frac{\chi}{(10\%-8\%)-\chi}\times 100\%=\frac{360}{30}$$

可求得

$$\chi = 1.85\%$$

则内部收益率为

$$i = 10\% - 1.85\% = 8.15\%$$

5.2.4 环境效益指标

环境效益指标是对能源系统新建、改造或优化后对环境的影响的评价，反映能源系统对可再生能源的利用程度，以及系统二氧化碳和其他有害物质的排放量，主要的评价指标为运行阶段碳排放量、全生命周期碳排放量、可再生能源装机占比和可再生能源利用率。

1. 运行阶段碳排放量

运行阶段碳排放量是指能源系统运行期间内的碳排放总量，是常用的环境效益评价指标，可按式（5-9）计算。

$$G_{\mathrm{ES}}=\delta_{\mathrm{c}}Q_{\mathrm{c}}+\delta_{\mathrm{o}}Q_{\mathrm{o}}+\delta_{\mathrm{e}}Q_{\mathrm{e}}+\delta_{\mathrm{g}}Q_{\mathrm{g}}+\delta_{\mathrm{b}}Q_{\mathrm{b}}+\delta_{\mathrm{re}}Q_{\mathrm{re}} \tag{5-9}$$

式中，G_{ES}是能源系统在运行优化期间内的碳排放总量（t）；δ_{c}、δ_{o}、δ_{e}、δ_{g}、δ_{b}、δ_{re}分别是煤炭碳排放转换系数（t/t）[㊀]、石油碳排放转换系数（t/t）、电力碳排放转换系数[t/（kW·h）]、天然气碳排放转换系数（t/t）、生物质碳排放转换系数（t/t）、可再生能源消耗的碳排放转换系数（t/t，一般设为0）；Q_{c}、Q_{o}、Q_{e}、Q_{g}、Q_{b}、Q_{re}分别是煤炭消耗量（t）、石油消耗量（t）、电力消耗量（kW·h）、天然气消耗量（t）、生物质消耗量（t）、可再生能源消耗量（t）。

2. 全生命周期碳排放量

全生命周期碳排放量是指从生命周期评价（life cycle assessment，LCA）对碳排放进行定量分析。能源系统全生命周期一般可划分为四个阶段：设备管道综合生产、安装施工、运行维护以及拆除处置阶段。能源系统全生命周期碳排放量可按式（5-10）计算：

$$\mathrm{LCA}=L_1+L_2+L_3 \tag{5-10}$$

式中，L_1是系统的设备、管道、构件等其他材料生产过程引起的碳排放（t），这部分指的是系统所有组件从最原始的材料加工至成品、成品运输至系统所在地、报废以后材料回收

㊀ 每消耗1t煤炭生成多少吨CO_2，其余转换系数含义类似。

等所有活动中的碳排放量；L_2是锅炉、燃气轮机、直燃机以及施工机械等设备运行过程中一次能源直接燃烧产生的温室气体排放，以及设备和管道接缝、空调装置等泄漏引起的直接排放（t）；L_3是系统运行过程中二次能源消耗产生的间接温室气体排放（t），主要由冷水机组、热泵等设备所消耗的电力、热水或蒸汽产生。

3. 可再生能源装机占比

可再生能源装机占比是指能源系统中由可再生能源供能的比例。

$$R_{\mathrm{ERR}}=\frac{\sum_{i} W_i}{W_{\mathrm{ES}}} \tag{5-11}$$

式中，R_{ERR}是能源系统可再生能源装机占比（%）；W_{ES}是能源系统总装机容量（kW）；W_i是第i种可再生能源装机容量（kW）。

4. 可再生能源利用率

可再生能源利用率是指能源系统负荷侧中可再生能源利用量与能源消耗总量的比值。

$$R=\frac{\sum_{i} Q_i}{Q_{\mathrm{sum}}} \tag{5-12}$$

式中，R是能源系统中可再生能源利用率（%）；Q_{sum}是能源系统年度能源消耗量的标准煤当量折算值（kgce）；Q_i是第i种可再生能源转化为可利用能量的标准煤当量折算值（kgce）。

例 5-3 以例 5-2 中的综合能源系统为例，该园区的分布式光伏装机容量为 30MW，冷热电联产系统装机容量为 20MW，储能电站装机容量 6MW·h，标态天然气年消耗量为$3.74\times10^7\mathrm{m}^3$，年发电量为$3.28\times10^{11}\mathrm{kJ}$，其中光伏发电量占 43%，年总供热量$3.36\times10^{11}\mathrm{kJ}$。假设光伏组件全生命周期碳排放量为 550kg/kW，冷热电联产系统设备全生命周期碳排放量为 100kg/kW，储能电池全生命周期碳排放量为 80kg/（kW·h）。求该园区能源系统运行阶段碳排放量、全生命周期碳排放量、可再生能源装机占比和可再生能源利用率。

1）运行阶段碳排放量计算：由上可知，该系统消耗天然气及可再生能源，输出电力和热量。标态天然气二氧化碳排放系数取$2.165\mathrm{kg/m^3}$，光伏发电二氧化碳排放系数取 0，那么二氧化碳排放量为

$$G_{\mathrm{ES}}=2.165\mathrm{kg/m^3}\times3.74\times10^7\mathrm{m^3}+0=8.10\times10^7\mathrm{kg}$$

2）全生命周期碳排放量计算：若只考虑能源系统运行阶段排放及光伏、冷热电联产系统设备和储能电池生产、运输、报废的全生命周期碳排放量，系统运行期限为 20 年，每年运行碳排量为$8.10\times10^7\mathrm{kg}$，则全生命周期碳排放量为

$$
\begin{aligned}
G_{\mathrm{LCA,ES}} &= 8.10\times10^{7}\mathrm{kg}\times20+550\mathrm{kg/kW}\times30000\mathrm{kW}+100\mathrm{kg/kW}\times20000\mathrm{kW}+ \\
&\quad 80\mathrm{kg}/(\mathrm{kW\cdot h})\times6000\mathrm{kW\cdot h} \\
&= 1.64\times10^{9}\mathrm{kg}
\end{aligned}
$$

3）可再生能源装机占比：系统分布式光伏装机容量30MW，冷热电联产系统装机容量为20MW，若只考虑电能装机占比，则可再生能源装机占比为

$$
R_{\mathrm{ERR}}=\frac{30\mathrm{MW}}{30\mathrm{MW}+20\mathrm{MW}}=60\%
$$

4）可再生能源利用率：由例5-2得系统能源需求量为3.90×10^{7}kgce，光伏发电实际利用量为

$$
Q_{\mathrm{PV}}=\frac{3.28\times10^{11}\mathrm{kJ}\times43\%}{45.4\%\times2.93\times10^{4}\mathrm{kJ/kgce}}=1.06\times10^{7}\mathrm{kgce}=3.11\times10^{11}\mathrm{kJ}
$$

则可再生能源利用率为

$$
R=\frac{1.06\times10^{7}\mathrm{kgce}}{3.90\times10^{7}\mathrm{kgce}}=27.2\%
$$

5.2.5 电网互动性指标

电网互动性指标主要是对能源系统与外界电网的交互特性进行评价，反映能源系统与外部电网的互动程度，主要的评价指标为能量自给自足率、能量自用率和功率自平衡度。

1. 能量自给自足率

能量自给自足率反映能源系统自发总电量能够满足自身用电需求的程度，表示为能源总需求电量中的自发自用电量（即能源总产能功率和通过并网点向外部电网输出的功率之差）与总需求电量的比值。能源系统的能量自给自足率可按式（5-13）计算：

$$
\varepsilon_{\mathrm{E}}=\frac{\int_{i=1}^{T}P_{i,\mathrm{generation}}\mathrm{d}t-\int_{i=1}^{T}P_{i,\mathrm{g}}\mathrm{d}t}{\int_{i=1}^{T}P_{i,\mathrm{load}}\mathrm{d}t} \tag{5-13}
$$

式中，ε_{E}是能源系统的能量自给自足率（%）；$P_{i,\mathrm{g}}$是第i个时刻能源系统通过并网点向外部电网输出的功率（kW）；$P_{i,\mathrm{generation}}$是第$i$个时刻能源系统的发电功率（kW）；$T$是统计时段内的采样点个数。

2. 能量自用率

能量自用率反映能源系统内部电能的自发自用程度，表示为能源产能总功率和通过并网点向外部电网送出的功率之差与能源系统产能总功率的比值。能源系统的能量自用率可按式（5-14）计算：

$$\gamma_{\mathrm{E}} = \frac{\int_{i=1}^{T} P_{i,\mathrm{generation}} \mathrm{d}t - \int_{i=1}^{T} P_{i,\mathrm{g}} \mathrm{d}t}{\int_{i=1}^{T} P_{i,\mathrm{generation}} \mathrm{d}t} \tag{5-14}$$

式中，γ_{E}是能源系统的能量自用率（%）；$P_{i,\mathrm{g}}$是第i个时刻能源系统通过并网点向外部电网输出的功率（kW）；$P_{i,\mathrm{generation}}$是第$i$个时刻能源系统的发电功率（kW）；$T$是统计时段内的采样点个数。

3. 功率自平衡度

功率自平衡度表征能源系统自给自足的能力，表示为统计时间内有功功率自给自足能力的平均值。

$$\eta_P = \frac{\sum_{i=1}^{T} \left(1 - \frac{P_{i,\mathrm{interaction}}}{P_{i,\mathrm{load}}}\right)}{T} \tag{5-15}$$

式中，η_P是能源系统的功率自平衡度（%）；$P_{i,\mathrm{interaction}}$是第$i$个时刻能源系统与外部电网的交互功率（kW），外部电网向能源系统输送功率时交互功率为正值，反之为负值；$P_{i,\mathrm{load}}$是第i个时刻能源系统的总电力负荷（kW）；T是统计时段内的采样点个数。

例 5-4 以某分布式能源系统为例，该系统安装有分布式光伏装置，并结合外部电网进行供电，假设其某一天 24h 内（时间间隔为 2h）的系统总发电功率、总需求电功率和与电网的交互电功率（从电网购入为正，向电网输出为负）见表 5-3。求该系统能量自给自足率、能量自用率和功率自平衡度。

表 5-3 某能源系统总发电功率、总用电功率、电网交互电功率表

采样点	总发电功率 /kW	总用电功率 /kW	电网交互电功率 /kW
1	0	5200	5200
2	0	5200	5200
3	0	5200	5200
4	100	5200	5100
5	1200	6000	4800
6	4600	4200	−400
7	6400	4200	−2200
8	6000	4200	−1800
9	3600	4200	600
10	0	6000	6000
11	0	6000	6000
12	0	6000	6000

1）能量自给自足率：假设表中所示功率为 2h 内采样值的平均值，可计算得一天的

光伏总发电量为43.8MW·h，总负荷需求电量为123.2MW·h，向电网输出的总电量为8.8MW·h，自总负荷需求电量中由光伏所提供的电量为35MW·h。则一天内该系统的能量自给自足率为

$$\varepsilon_{\mathrm{E}}=\frac{43.8\mathrm{MW}\cdot\mathrm{h}-8.8\mathrm{MW}\cdot\mathrm{h}}{123.2\mathrm{MW}\cdot\mathrm{h}}=28.4\%$$

2）能量自用率计算：一天内光伏的总发电量为43.8MW·h，自用电量为35MW·h，则一天内该系统的能量自用率为

$$\gamma_{\mathrm{E}}=\frac{43.8\mathrm{MW}\cdot\mathrm{h}-8.8\mathrm{MW}\cdot\mathrm{h}}{43.8\mathrm{MW}\cdot\mathrm{h}}=79.9\%$$

3）功率自平衡度计算：根据表5-3所示数据，可计算各采样时间段的有功功率自给自足能力，见表5-4。

表5-4 各采样时间段的有功功率自给自足能力表

采样点	总用电功率/kW	电网交互电功率/kW	有功功率自给自足能力
1	5200	5200	0
2	5200	5200	0
3	5200	5200	0
4	5200	5100	0.02
5	6000	4800	0.20
6	4200	-400	1.10
7	4200	-2200	1.52
8	4200	-1800	1.43
9	4200	600	0.86
10	6000	6000	0
11	6000	6000	0
12	6000	6000	0

则该系统一天内的功率自平衡度即为所有采样点有功功率自给自足能力的平均值

$$\eta_{P}=42.7\%$$

5.2.6 综合效益指标

能源系统是一个涵盖能源、经济、环境等多方面的复杂非线性系统，以单个指标难以全面准确地描述能源系统效益，因此需要采用多个指标对其进行综合评价。例如，根据决策者的偏好需求，将能源效益指标、经济效益指标和环境效益指标按不同权重进行组合，构成综合效益指标。能源系统综合效益指标可按式（5-16）计算：

$$I_{\mathrm{ES}}=\alpha E_{\mathrm{ES}}+\beta L_{\mathrm{ES}}+\gamma G_{\mathrm{ES}} \tag{5-16}$$

式中，I_{ES}是能源系统综合效益指标；E_{ES}、L_{ES}、G_{ES}分别是能源系统的能源效益指标、经济效益指标和环境效益指标；α、β、γ分别是能源系统能源效益指标、经济效益指标和环境效益指标的权重系数，$\alpha+\beta+\gamma=1$。

5.2.7 课外阅读

本节从能源效益、经济效益、环境效益、电网互动效益和综合效益几个维度出发，对当前能源系统效益评价的典型指标进行介绍。随着社会经济的高速发展，能源用户作为终端用能个体，对环境舒适性的要求逐渐提高，除了本节中介绍的评价指标外，用户舒适性偏好等也是重要的能源系统评价指标。同时，不同能源形式的能源系统存在巨大的品位差异，在衡量不同形式的能源系统效益时，可基于热力学第二定律的“㶲”分析法建立统一的评价体系。此外，在构建多目标评价指标体系后，需要确定各评价指标的权重，常用的方法有层次分析法、熵权法和模糊综合评价法等，此部分内容读者可自行拓展阅读。

5.3 能源系统建模方法

5.3.1 引言

在确定了能源系统优化的目标函数、变量及约束后，可以根据优化需求对其建模。能源系统的建模方法可以分为基于机理的物理模型（白箱模型）、基于数据的经验模型（黑箱模型），以及二者相结合的混合模型（灰箱模型）。对于重点关注对象如要改造的建筑，以及物理机理已知的对象如冷热管网输配，尽量采用白箱模型。对于非重点关注对象，以及产能量、用能负荷等难以物理建模的对象，可以建立黑箱模型，基于数据挖掘发现其内部规律。

本节学习内容安排如下：首先，本节将从方法原理和示例分析两个层面出发，详细介绍能源领域最常见的三类建模方法。然后，以示例分析的形式介绍能源领域最为典型的两种系统的建模流程，包括综合能源系统建模以及建筑能源系统建模。

5.3.2 建模方法

1. 白箱模型

白箱模型是一种基于工程热力学、传热学、流体力学等物理学原理，建立起从输入到输出的一系列数理方程，从而构建起整个设备模型的建模方法。

白箱模型能够用数学方法描述设备的热工运行机理，在不同工况下都具备较好的外延性，但是建模过程中涉及的很多物理参数和物性参数难以获得，故工程中仅有很少的模型可以单纯地基于物理运行机理而建立。例如，对风管进行白箱建模时，需要考虑空气流过时的压降，其压降系数通常由实验测量得到。然而，大多数设备模型的物理参数往往难以测量。因此，白箱模型的精度受限于物理参数的准确程度，仅适用于运行机理清晰、参数易于获取的设备建模。

例 5-5 多股气流的混合模型[1]为一个典型的白箱模型，如图 5-2 所示，其 3 个模型方程均来源于质量守恒定律和能量守恒定律。

$$\dot{m}_0 = \dot{m}_{i,1} + \dot{m}_{i,2} \tag{5-17}$$

$$\dot{m}_0 \omega_0 = \dot{m}_{i,1}\omega_{i,1} + \dot{m}_{i,2}\omega_{i,2} \tag{5-18}$$

$$\dot{m}_0 h_0(T_0, \omega_0) = \dot{m}_{i,1} h_{i,1}(T_{i,1}, \omega_{i,1}) + \dot{m}_{i,2} h_{i,2}(T_{i,2}, \omega_{i,2}) \tag{5-19}$$

其中，$h_i()$ 为焓值，它是空气流的干球温度和含湿量的函数。模型方程分别由质量守恒和能量守恒的形式得出。

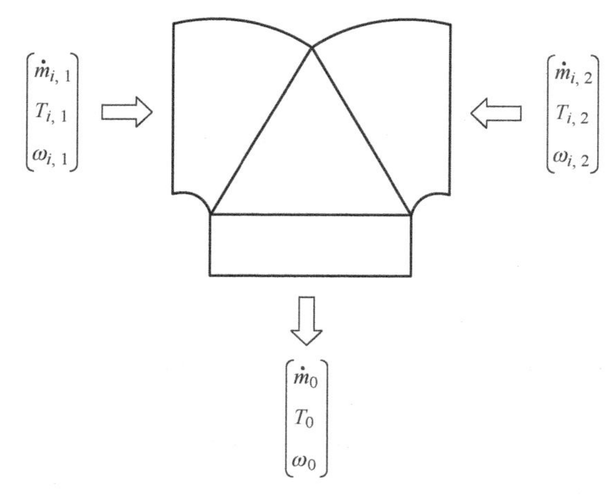

图 5-2 多股气流混合模型

2. 黑箱模型

黑箱模型或数据驱动模型，是一种不涉及任何设备内部机理、几何结构和部件之间的相互关系，仅根据输入量和输出量的变化规律和相关性描述设备运行规律的建模方法。

构建黑箱模型时，只需要有大量的输入样本数据和输出样本数据，并进行特征提取和处理，即可通过统计回归方法或机器学习算法得到设备模型。常见的统计回归方法包括线性回归、多项式回归、岭回归等。常见的机器学习算法包括人工神经网络（ANN）、支持向量机（SVM）、随机森林（RF）及梯度下降决策树（GBDT）等。以统计回归方法为例，许多黑箱模型是对设备生产商的测试数据进行多项式拟合得到的。这些模型由一个或多个多项式表达式组成，模型参数即为这些表达式中的多项式系数。

黑箱模型通常用于设备内部物理机理不清晰、物理参数繁多且难以获取的情况。但是，黑箱模型往往需要大量运行数据进行模型训练，模型精度严重依赖于样本数据的完整度和精确度，且难以保证在样本数据以外的运行工况下的预测精度。由于模型全部依赖输入输出之间的数据关联，难以从机理的角度对结果进行解释。

例 5-6 风机模型通常可以用多项式拟合风机功率与空气流量的关系。对其建立黑箱模型，图 5-3 所示为风机无量纲体积流量与无量纲全压的数据点，采用二项多项式拟合，

得到模型方程为

$$\Psi = -3.9793\Phi^2 + 1.5683\Phi + 0.8723 \tag{5-20}$$

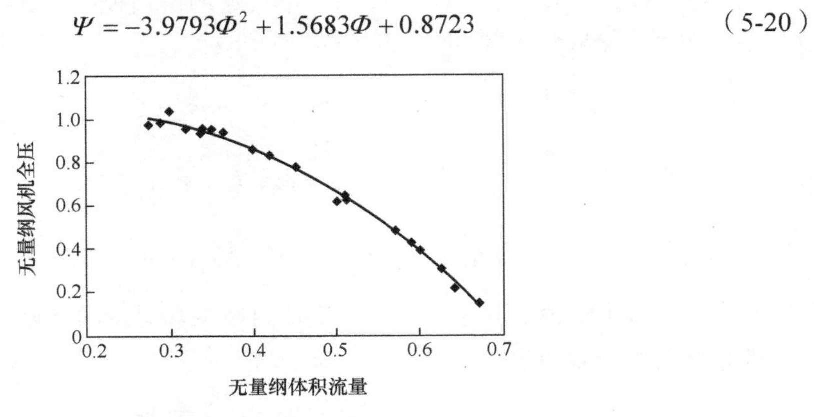

图 5-3 离心风机的无量纲性能曲线

3. 灰箱模型

灰箱模型是一种介于白箱模型和黑箱模型之间、综合上述两种模型特点的建模方法。灰箱模型的方程来源于物理定律，具备较为明确的物理含义，能够描述输入和输出的定性关系，但同时也需要通过少量运行数据拟合得到部分模型参数，用于描述输入和输出之间的定量关系。

灰箱模型适用于设备部分运行机理清晰，但其余运行机理无法被准确描述的情况。能源领域常见的灰箱模型有冷水机组 DOE-2 模型、风机盘管简化换热模型、热阻 - 热容（RC）模型等。灰箱模型能保留白箱模型中的部分物理机理，又能在一定程度上继承黑箱建模方法精度高的优点，且在各种工况下（如非训练工况）的结果仍然较为可靠，是能源领域目前应用最为广泛的建模方法。

例 5-7 风管的沿程阻力损失模型是一种灰箱模型。风管的阻力损失可以用式（5-21）[1] 计算：

$$\Delta P = \frac{fL}{D_h} \times \frac{\rho v^2}{2} \tag{5-21}$$

式中，ΔP 是压降（Pa）；f 是阻力系数；L 是风管长度（m）；D_h 是风管水力直径（m）；ρ 是空气密度（kg/m^3）；v 是空气流速（m/s）。

空气流速（v）、风管水力直径（D_h）和流体雷诺数（Re）分别用式（5-22）～式（5-24）计算：

$$v = \frac{\dot{m}}{\rho WH} \tag{5-22}$$

$$D_h = \frac{4WH}{2(W+H)} \tag{5-23}$$

$$Re = \frac{\rho v D_h}{\mu} \tag{5-24}$$

式中，$\dot{m}$ 为空气质量流量（kg/s）；W、H 分别是风管的宽（m）、高（m）；μ 是空气的动力黏度（Pa·s）。

阻力系数 f 可由式（5-25）计算：

$$\frac{1}{\sqrt{f}} = -2\lg\left(\frac{\varepsilon}{3.7D_{\mathrm{h}}} + \frac{2.51}{Re\sqrt{f}}\right) \tag{5-25}$$

式中，Re 是流体雷诺数；ε 是实验测量的管道粗糙系数（m）。

5.3.3 示例分析：综合能源系统建模

图 5-4 所示为一个典型的综合能源系统。综合能源系统的核心是能源转换设备，它们能够实现不同能源形式间的转换，从而满足冷、热、电、气等不同形式末端的能源需求。

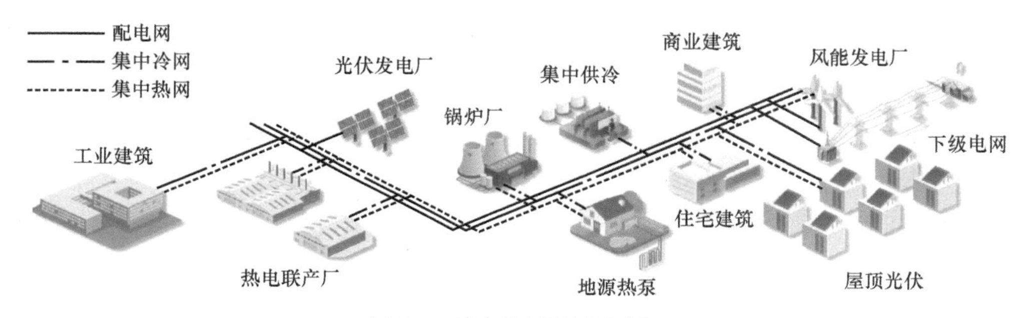

图 5-4 综合能源系统示意图

本节采用灰箱模型对综合能源系统中最常用的能源转换设备进行建模，主要包括热电联产机组、电驱动冷水机组、吸收式冷水机组和燃气锅炉四类典型的能源转换设备，其模型建立过程如下：

1. 热电联产机组

热电联产机组是一类应用广泛的热电耦合设备，能够在发电的同时产生热能，其典型结构如图 5-5 所示。天然气在燃烧室内和空气充分混合后燃烧，产生的高温高压烟气在燃气透平内转化为机械能，并驱动发电机产生电能。同时，剩余的乏气可经过余热锅炉回收生成热能。这部分热能可以直接供给用热末端进行热利用（如采暖或生活热水），也可以用于驱动吸收式冷水机组产生冷能。

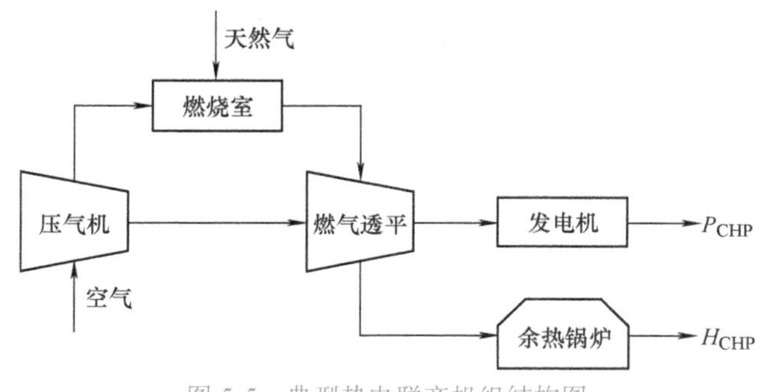

图 5-5 典型热电联产机组结构图

热电联产机组产生的电能可由其消耗的天然气功率和发电效率确定，如式（5-26）所示：

$$P_{\mathrm{CHP}} = P_{\mathrm{gas}}\eta_{\mathrm{CHP,elec}} \tag{5-26}$$

式中，P_{CHP}是热电联产机组的发电量（kW）；P_{gas}是热电联产机组消耗天然气的功率（kW）；$\eta_{\mathrm{CHP,elec}}$是热电联产机组的发电效率（%）。

同理，热电联产机组产生的热能可由其消耗的天然气功率和供热效率决定，如式（5-27）所示：

$$H_{\mathrm{CHP}} = P_{\mathrm{gas}}\eta_{\mathrm{CHP,heat}} \tag{5-27}$$

式中，H_{CHP}是热电联产机组的供热量（kW）；$\eta_{\mathrm{CHP,heat}}$是热电联产机组的产热效率（%）。

2. 电驱动冷水机组

电驱动冷水机组是一类典型的制冷设备，通过消耗电能驱动压缩机产生冷能。通常地，电驱动冷水机组的制冷量可以由制冷性能系数COP（coefficient of performance）和压缩机功率计算：

$$Q_{\mathrm{EC}} = P_{\mathrm{EC}}\mathrm{COP}_{\mathrm{EC}} \tag{5-28}$$

式中，Q_{EC}是电驱动冷水机组的制冷量（kW）；P_{EC}是电驱动冷水机组的功率（kW）；$\mathrm{COP}_{\mathrm{EC}}$是电驱动冷水机组的制冷性能系数。

3. 吸收式冷水机组

吸收式冷水机组是一类能够利用蒸气、热水、燃油、燃气和其他余热资源生产冷能的一种制冷设备。和电驱动冷水机组不同，吸收式冷水机组通过机组内浓溶液对低沸点组分蒸气的吸收作用实现制冷，而吸收组分蒸气后的溶液浓度会变稀，因此需要外部热量进行溶液再生以实现制冷的循环。通常，吸收式冷水机组所需的热量由热电联产机组所产生的余热提供。在此情况下，吸收式冷水机组的制冷量可由其COP、热回收效率和热电联产机组的供热量计算：

$$Q_{\mathrm{AC}} = H_{\mathrm{CHP}}\eta_{\mathrm{AC,hr}}\mathrm{COP}_{\mathrm{AC}} \tag{5-29}$$

式中，Q_{AC}是吸收式冷水机组的制冷量（kW）；$\mathrm{COP}_{\mathrm{AC}}$是吸收式冷水机组的制冷性能系数；$\eta_{\mathrm{AC,hr}}$是吸收式冷水机组的热回收效率（%）。

4. 燃气锅炉

燃气锅炉是一类通过燃烧天然气产生热能的供热设备。天然气燃烧加热锅炉中的水使其成为热水或高温蒸汽，从而为末端提供热能或热水。一般地，燃气锅炉产生的热能可以通过天然气消耗功率和锅炉的热效率计算：

$$H_{GB} = P_{gas}\eta_{GB} \tag{5-30}$$

式中，H_{GB} 是燃气锅炉的供热量（kW）；P_{gas} 是天然气消耗功率（kW）；η_{GB} 是燃气锅炉的热效率（%）。

上述参数可分为变化参数和固定参数两类。变化参数包括热电联产机组消耗天然气的功率 P_{gas}、发电量 P_{CHP} 和供热量 H_{CHP}、电驱动冷水机组的功率 P_{EC} 和制冷量 Q_{EC}、吸收式冷水机组的制冷量 Q_{AC}、燃气锅炉的天然气消耗功率 P_{gas} 和供热量 H_{GB}，它们代表设备模型的输入和输出，在不同工况下其值会改变。固定参数包括热电联产机组的发电效率（$\eta_{CHP,elec}$）和产热效率（$\eta_{CHP,heat}$）、电驱动冷水机组的制冷性能系数（COP_{EC}）、吸收式冷水机组的制冷性能系数（COP_{AC}）和热回收效率（$\eta_{AC,hr}$）、燃气锅炉的热效率（η_{GB}），它们由设备自身工艺特性决定，一般不会随着工况的改变而变化。固定参数的值通常可通过设备制造商提供的性能曲线或设备的实际运行数据拟合得到，如最小二乘法等。

5.3.4 示例分析：建筑能源系统建模

图 5-6 所示为一个简单的建筑能源系统。该建筑为一个小型独栋住宅，冬季需要采暖，有热负荷需求，供热方式为地板辐射。为利用可再生能源为建筑供热，建筑屋顶上设置太阳能集热板，地下设置蓄热水箱，并配备一台水源热泵机组作为辅助热源在蓄热水箱温度较低时进行水温提升。该建筑的供热时间为每年 11 月 15 日至次年 3 月 15 日。

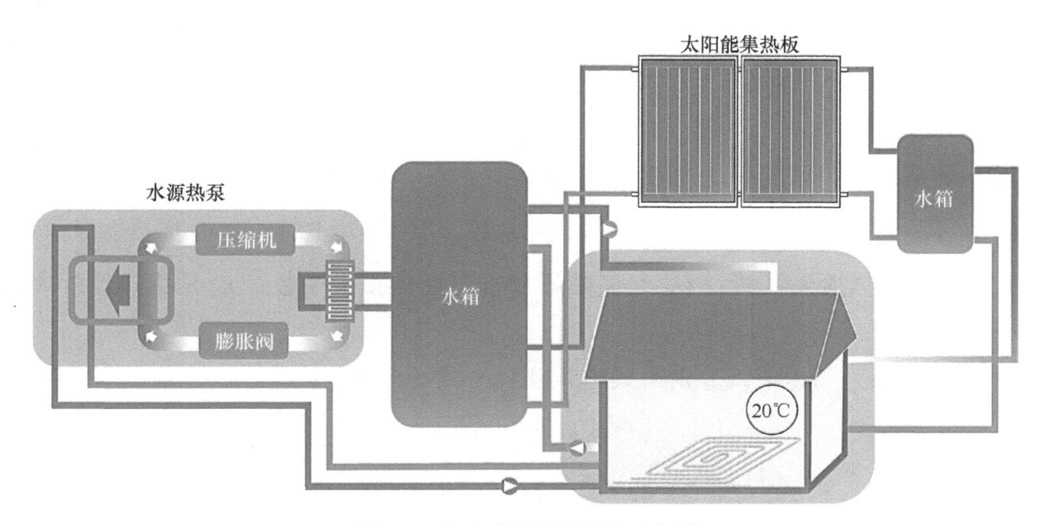

图 5-6 住宅建筑能源系统示意图

该供热系统由太阳能集热板、蓄热水箱、水源热泵机组、水泵等设备组成。为实现较小时间步长内的精确仿真，采用较为详细的灰箱模型对该建筑能源系统中的可再生能源设备进行建模，包括太阳能集热板和蓄热水箱。该系统的太阳能集热板选用平板集热器，通过平板集热器收集太阳能，用于加热蓄热水箱。为建立更为精确的蓄热水箱模型，这里选取分层蓄热水箱模型，具体模型建立如下：

1. 平板集热器

根据 Hottel-Whillier 方程，集热板总集热量 $\dot{Q}_u$ 可由式（5-31）计算：

$$\dot{Q}_u = \frac{A}{N_s}\sum_{j=1}^{N_s} F_{R,j}[G_T(\tau\alpha) - U_{L,j}(T_j - T_a)] \tag{5-31}$$

式中，A 是集热板面积（m^2）；N_s 是集热器中串联模块的数量；$F_{R,j}$ 是第 j 个集热器总热转移效率；G_T 是倾斜集热器上收集到的太阳辐射（kJ/hr）；$\tau\alpha$ 是集热器的总透射 - 吸收率；$U_{L,j}$ 是第 j 个集热器模块总损失系数；T_j 是集热器第 j 个模块的工质进口温度（℃）。

其中，第 j 个集热器模块总热转移效率 $F_{R,j}$ 可由式（5-32）计算：

$$F_{R,j} = \frac{N_s m_c C_{pc}}{AU_{L,j}}\left[1 - \exp\left(-\frac{F'U_{L,j}A}{N_s m_c C_{pc}}\right)\right] \tag{5-32}$$

式中，m_c 是工质进口质量流量（kg/h）；C_{pc} 是工质比热容 [kJ/（kg • K）]；F' 是集热器效率系数。

集热器总损失系数 $U_{L,j}$ 与集热器构造及其运行工况有关，由于其复杂程度较高，难以通过解析解表示，一般由式（5-33）计算：

$$U_{L,j} = \frac{3.6}{\dfrac{N_G}{\dfrac{c}{T_{p,j}}\left(\dfrac{T_{p,j} - T_a}{N_G + f}\right)^{0.33} + \dfrac{1}{h_W}}} + \frac{3.6\sigma(T_{p,j}^2 + T_a^2)(T_{p,j} + T_a)}{\dfrac{1}{\varepsilon_p + 0.05N_G(1-\varepsilon_p)} + \dfrac{2N_G + f - 1}{\varepsilon_g} - N_G} + U_{be} \tag{5-33}$$

式中，N_G 是集热器串联的模块总数；$T_{p,j}$ 是集热器第 j 个模块的工质平均温度（℃）；T_a 是集热器周围环境温度（℃）；σ 是玻尔兹曼常数，取 5.67×10^{-8}；ε_p 是集热器泄漏系数；ε_g 是集热器玻璃热损失系数；U_{be} 是集热器底部侧面的损失系数；h_W 是集热器外表面的风传热系数。

其中，系数 h_W、f 和 c 可分别由式（5-34）～式（5-36）计算：

$$h_W = 5.7 + 3.8W \tag{5-34}$$

$$f = (1 - 0.04h_W + 0.005h_W^2)(1 + 0.091N_G) \tag{5-35}$$

$$c = 365.9(1 - 0.00883\beta + 0.0001298\beta^2) \tag{5-36}$$

式中，W 是风速；β 是集热器倾斜角度（°）。

集热器的总透射 - 吸收率 $\tau\alpha$ 可由式（5-37）计算：

$$\tau\alpha = \frac{G_b(\tau\alpha)_b + G_{sd}(\tau\alpha)_{sd} + G_{gd}(\tau\alpha)_{gd}}{G_T} \tag{5-37}$$

式中，G_b、G_{sd}、G_{gd}分别是太阳辐射量、天空漫反射辐射量、地面漫反射辐射量；$(\tau\alpha)_b$、$(\tau\alpha)_{sd}$、$(\tau\alpha)_{gd}$分别是太阳辐射透射吸收率、天空透射吸收率、地面透射吸收率。

其中，各部分辐射量可分别由式（5-38）～式（5-40）计算：

$$G_b = G_T - G_{sd} - G_{gd} \tag{5-38}$$

$$G_{sd} = \frac{1+\cos\beta}{2}G_T \tag{5-39}$$

$$G_{gd} = \rho_g \frac{1-\cos\beta}{2}G_T \tag{5-40}$$

$(\tau\alpha)_b$、$(\tau\alpha)_{sd}$、$(\tau\alpha)_{gd}$可由式（5-41）计算：

$$(\tau\alpha)_x = \frac{\tau_{gl,x}\alpha_p}{1-(1-\alpha_p)\rho_{gl,x}} \tag{5-41}$$

式中，x分别代表b、sd和gd。

其中，透射率$\tau_{gl,x}$、反射率$\rho_{gl,x}$可计算：

$$\tau_{gl,x} = \exp\left(-\frac{KL}{\cos(\theta_{2,x})}\right) \tag{5-42}$$

$$\rho_{gl,x} = 1-\alpha_p-\tau_x \tag{5-43}$$

式中，KL是玻璃消光系数积；α_p是集热板吸收率。

其中，折射角度$\theta_{2,x}$可由式（5-44）计算：

$$\theta_{2,x} = \arcsin\left(\frac{\sin(\theta_x)}{n_{gl}}\right) \tag{5-44}$$

式中，n_{gl}是集热器玻璃折射率。

θ_x分别为天空有效入射角度θ_{sd}、地面有效入射角度θ_{gd}和太阳入射角度θ_b时，可由式（5-41）～式（5-44）分别求得$(\tau\alpha)_{sd}$、$(\tau\alpha)_{gd}$和$(\tau\alpha)_b$，其中

$$\theta_{sd} = 59.68-0.1388\beta+0.001497\beta^2 \tag{5-45}$$

$$\theta_{gd} = 90-0.5788\beta+0.002693\beta^2 \tag{5-46}$$

2. 分层蓄热水箱模型

图5-7所示为分层蓄热水箱模型，假设水箱被划分为N个（$N\leqslant 100$）等体积段，且各体积段内工质完全混合。分层程度由N值决定，若N为1，则表示整个蓄热水箱是完全混合的，不考虑分层效应。

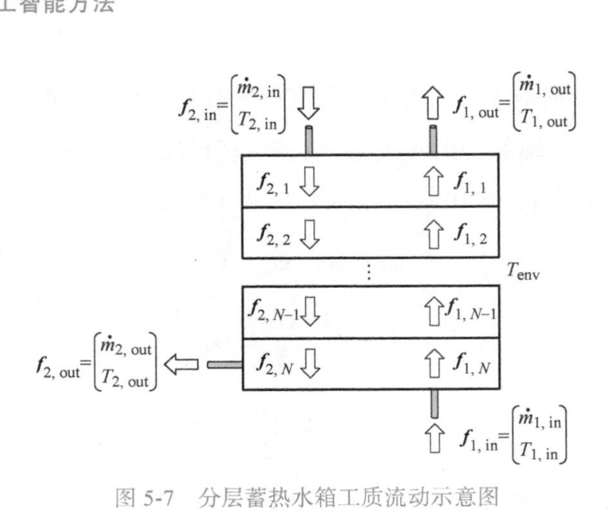

图 5-7 分层蓄热水箱工质流动示意图

在分层蓄热水箱模型中，通过水箱中两股流体的混合实现热量的交换，此过程可以用以下微分方程式（5-47）表示：

$$\frac{\mathrm{d}T_{\text{tank}}}{\mathrm{d}t}=\frac{Q_{\text{in,tank}}-Q_{\text{out,tank}}}{C_{\text{tank}}} \tag{5-47}$$

其中，$Q_{\text{in,tank}}$ 和 $Q_{\text{out,tank}}$ 与水箱周围环境温度、入口工质特性和流速相关，模型采用近似的解析解进行求解，将方程式（5-47）转换成以下形式：

$$\frac{\mathrm{d}T}{\mathrm{d}t}=aT+b \tag{5-48}$$

式中，T 是因变量；t 是时间；a 是常数；b 可以是时间或因变量的函数。若 b 为常数，则此微分方程很容易求解。若 b 不是常数，则可以假设 b 在每个时间步长上是常数，常数值 b_{ave} 等于其在该时间步长上的平均值。对于 a 非零的情况，有

$$T_{\text{final}}=\left(T_{\text{initial}}+\frac{b_{\text{ave}}}{a}\right)\mathrm{e}^{a\Delta t}-\frac{b_{\text{ave}}}{a} \tag{5-49}$$

$$b_{\text{ave}}=b(T_{\text{ave}}) \tag{5-50}$$

$$T_{\text{ave}}=\frac{1}{a\Delta t}\left(T_{\text{initial}}+\frac{b_{\text{ave}}}{a}\right)(\mathrm{e}^{a\Delta t}-1)-\frac{b_{\text{ave}}}{a} \tag{5-51}$$

基于以上假设，只需确定 a 和 b_{ave} 以求解 T_{final} 和 T_{ave}，并重新迭代计算 b_{ave} 直至收敛，即可对方程式（5-48）进行求解。

该分层蓄热水箱模型考虑了以下环节的热交换：①水箱顶部、侧面、底部向水箱周边环境的热损失；②水箱内部相邻体积段之间的热交换；③体积段之间因工质流入或流出产生的混合；④体积段之间因温差产生的混合；⑤输入水箱的辅助热量。以下依次对这五个环节的热交换进行建模。

1）水箱顶部、侧面、底部向水箱周边环境的热损失。水箱顶部、侧面、底部向水箱周边环境的热损失可分别由式（5-52）～式（5-54）计算：

$$Q_{\text{loss,top},j}=A_{\text{top},j}U_{\text{top}}(T_{\text{tank},j}-T_{\text{env,top}}) \tag{5-52}$$

$$Q_{\text{loss,bottom},j}=A_{\text{bottom},j}U_{\text{bottom}}(T_{\text{tank},j}-T_{\text{env,bottom}}) \tag{5-53}$$

$$Q_{\text{loss,edges},j}=A_{\text{edges},j}U_{\text{edges}}(T_{\text{tank},j}-T_{\text{env,edges}}) \tag{5-54}$$

式中，$A_{\text{top},j}$、$A_{\text{bottom},j}$、$A_{\text{edges},j}$ 分别是第 j 个体积段的水箱顶部、底部、侧面的面积（m^2）；U_{top}、U_{bottom}、U_{edges} 分别是水箱顶部、底部、侧面的热损失系数 [kJ/（m^2•℃）]；$T_{\text{env,top}}$、$T_{\text{env,bottom}}$、$T_{\text{env,edges}}$ 分别是水箱顶部、底部、侧面的周围环境温度（℃）；$T_{\text{tank},j}$ 是第 j 个体积段的工质温度（℃）。

2）水箱内部相邻体积段之间的热交换。水箱内部相邻体积段之间的热交换可由式（5-55）计算：

$$Q_{\text{cond},j}=k_jA_j\frac{T_j-T_{j+1}}{L_{\text{cond},j}}+k_{j-1}A_{j-1}\frac{T_j-T_{j-1}}{L_{\text{cond},j-1}} \tag{5-55}$$

式中，T_{j-1}、T_j、T_{j+1} 分别是水箱第 $j-1$、j、$j+1$ 个体积段的工质温度（℃）；k_{j-1}、k_j 分别是水箱第 $j-1$、j 个体积段内工质的导热系数 [W/（m•℃）]；A_{j-1}、A_j 分别是水箱第 j 个体积段与其之上、之下的体积段间的换热面积（m^2）；$L_{\text{cond},j-1}$、$L_{\text{cond},j}$ 分别是水箱第 j 个体积段与其之上、之下的体积段的中心点的垂直距离（m）。

3）体积段之间因工质流入或流出产生的混合。在此模型中，假设同一股流入或流出的工质在流动过程中流速不变，即 $\dot{m}_{1,\text{in}}=\dot{m}_{1,\text{out}}$，$\dot{m}_{2,\text{in}}=\dot{m}_{2,\text{out}}$。流动过程中，工质温度发生变化，且假设其在体积段内混合均匀后才会流入下一体积段内。如图 5-7 所示，例如工质 f_1 以 $T_{1,\text{in}}$ 的温度从体积段 N 流入初始水温为 T_{tank} 的水箱，二者在体积段 N 内混合，混合后工质温度变为 $T_{1,N}$，则 f_1 以 $T_{1,N}$ 的温度进入体积段 $N-1$。体积段 i 和 j 之间因工质流入或流出产生的混合可记为 $Q_{\text{flow},i,j}$。

4）体积段之间因温差产生的混合。当水箱不同体积段的工质温度存在温差时，相邻体积段间会因为密度的不同而产生混合，这部分热量记为 $Q_{\text{mix},j}$。

5）输入水箱的辅助热量。该模型允许从外部输入热量至该蓄热水箱的任一体积段，如电加热等，这部分热量记为 $Q_{\text{aux},j}$。例如可以通过辅助加热设备向水箱的底部体积段输入热量，直至顶部体积段达到其设定温度值。

基于以上五个环节的热交换，式（5-47）可以写为

$$\frac{\mathrm{d}T_{\text{tank},j}}{\mathrm{d}t}=\frac{Q_{\text{aux},j}-Q_{\text{loss,top},j}-Q_{\text{loss,bottom},j}-Q_{\text{loss,edges},j}-Q_{\text{cond},j}-Q_{\text{flow},i,j}-Q_{\text{mix},j}}{C_{\text{tank},j}} \tag{5-56}$$

上式可写作式（5-48）的形式。其中，体积段 j 对应其 a_j 和 b_j，b 表示水箱其他体积

段的温度。可按式（5-49）～式（5-51）求解该体积段的微分方程，得到该体积段在本步长下的温度，并重复此过程直到获得收敛解。

5.3.5 课外阅读

本节介绍了能源系统常见的几种建模方法，分别是白箱模型、黑箱模型和灰箱模型。但是目前的建模方法仍存在不足，例如，设备具体的性能参数和特性曲线难以获得，或者可能发生未知的偏移，增加了白箱建模的难度。此外，基于机理的建模过程中通常会对复杂过程进行适当的简化，模型不可避免地存在误差。针对此种情况，可采用参数辨识的方法对物理模型中未知的参数进行辨识，常用的参数辨识方法有优化类方法和贝叶斯校准等。又如，目前机器学习算法在黑箱建模的应用需要大量人工干预，具体表现在特征提取、模型选择、超参数寻优等方面。针对此种情况，可采用 AutoML（automated machine learning，自动化人工智能）的方法，将与能源系统特征、模型、优化、评价有关的重要步骤进行计算机自动化学习，从而实现黑箱模型的低成本快速建立。

5.4 能源系统优化方法

5.4.1 引言

本章 5.2 节介绍了如何用数学工具描述优化问题的目标函数，5.3 节介绍了能源系统建模方法。本节将引入优化方法对优化问题进行求解。例如，能源系统优化设计问题中，如何设计合理的系统容量配置，使得设计方案既满足用户的用能需求，又能使得系统投资成本最低。又如，能源系统优化运行问题中，如何根据电网价格设计产电用电策略和蓄冷用冷策略，使得系统能够在电网价格低时开启蓄冷设备蓄冷，在电网价格高时释放蓄冷设备中蓄积的冷量，并向电网出售多余的电量，以实现系统高效经济运行。根据优化方法原理的不同，能源领域常用的优化方法可以分为数学规划算法和启发式优化算法两类。

本节学习内容安排如下：本节将对能源系统优化方法的两类常用算法进行介绍，并以某联产型综合能源系统和某小型住宅建筑的优化问题为例，分别介绍优化方法在能源系统优化设计和优化运行问题中的实际应用。

5.4.2 优化问题

能源系统的优化问题通常有较多决策变量和约束条件，并且最优解往往在可行域的边界上得到，这类问题难以用传统的微分法进行求解。常见的优化问题可根据规划中变量的性质分为连续优化问题和离散优化问题（整数规划问题）。对于连续优化问题，可根据其目标函数和约束条件是否为线性，进一步分为线性规划和非线性规划。对于离散优化问题，可分为混合整数线性规划和混合整数非线性规划。

线性规划问题的形式为：目标函数为线性函数，且约束条件为线性等式或线性不等式。其通用形式如下：

$$
\begin{aligned}
&\min \ \sum_{j=1}^{n} c_j x_j \\
&\text{s.t.}\begin{cases} \sum_{j=1}^{n} a_{ij} x_j = b_i \quad (i=1,2,\cdots,m) \\ x_j \geqslant 0 \quad (j=1,2,\cdots,n) \end{cases}
\end{aligned}
\tag{5-57}
$$

其中，行向量 $\boldsymbol{c}=(c_1,c_2,\cdots,c_n)$ 称为目标函数系数向量，列向量 $\boldsymbol{x}=(x_1,x_2,\cdots,x_n)^{\mathrm{T}}$ 称为决策变量，$\boldsymbol{b}=(b_1,b_2,\cdots,b_n)^{\mathrm{T}}$ 为实常数组成的向量矩阵，$\begin{pmatrix} a_{11} & a_{12} & \cdots & a_{1n} \\ a_{21} & a_{22} & \cdots & a_{2n} \\ \vdots & \vdots & & \vdots \\ a_{m1} & a_{m2} & \cdots & a_{mn} \end{pmatrix}$ 为约束系数矩阵。

非线性规划问题的形式为：目标函数或约束条件存在一个或多个非线性函数。其通用形式如下：

$$
\begin{aligned}
&\min_{\boldsymbol{x}\in\mathbf{R}^n} f(\boldsymbol{x}) \\
&\text{s.t.}\begin{cases} G_i(x)=0 \quad (i=1,2,\cdots,m_0) \\ G_i(x)\geqslant 0 \quad (i=m_0,m_0+1,\cdots,m) \end{cases}
\end{aligned}
\tag{5-58}
$$

其中，$f(\boldsymbol{x})$ 及 $G_i(\boldsymbol{x})(i=1,2,\cdots,m)$ 都是定义在 $\mathbf{R}^n$ 上的函数，且至少有一个是非线性函数。

线性规划问题的决策变量都是连续变量。但在能源系统的实际应用中，有时要求决策变量只能取整数值，例如冷机的开启台数只能为整数。混合整数线性规划问题即定义了此类同时存在具有离散变量和连续变量的线性规划问题。其通用形式如下：

$$
\begin{aligned}
&\min x_0 = \boldsymbol{c}\boldsymbol{x} \\
&\text{s.t.}\begin{cases} \boldsymbol{A}\boldsymbol{x}=\boldsymbol{b} \\ \boldsymbol{x}\geqslant \boldsymbol{0}\text{且部分或全部}\boldsymbol{x}_i\text{只能取整数值} \end{cases}
\end{aligned}
\tag{5-59}
$$

其中，$\boldsymbol{x}$ 中需要有部分或者全部只能取整数值。

混合整数非线性规划是在非线性规划模型的基础上增加整数限制，如式（5-60）所示：

$$
\begin{aligned}
&\min_{\boldsymbol{x}\in\mathbf{R}^n} f(\boldsymbol{x}) \\
&\text{s.t.}\begin{cases} G_i(\boldsymbol{x})=0 \quad (i=1,2,\cdots,m_0) \\ G_i(\boldsymbol{x})\geqslant 0 \quad (i=m_0,m_0+1,\cdots,m) \end{cases}
\end{aligned}
\tag{5-60}
$$

其中 $\boldsymbol{x}$ 只能部分或者全部取整数值。

5.4.3 数学规划算法

1. 概述

数学规划算法是指能够在给定的区域中寻找可以最小化或最大化某一函数最优解的方法，广泛应用于求解能源系统优化问题。它的优点是求解速度快、准确度高，对于不同类型的优化问题，可以采用不同的数学规划算法进行求解。常见的线性规划算法包括图解法、单纯形法、大 M 法等；常见的非线性规划算法包括内点法、梯度法等；常见的混合整数线性规划算法包括分支定界法等；混合整数非线性规划往往难以直接求解，可以采用线性逼近的方式将非线性约束松弛为线性约束，从而转化为一个混合整数线性规划问题进行求解，或者采用启发式优化算法进行求解。本节将从算法原理和实例分析应用两个层面出发，详细介绍能源领域最为常用的三种数学规划算法，即单纯形法、内点法和分支定界法。

2. 单纯形法

单纯形法是求解线性规划问题最常用、最有效的数学规划算法之一。其理论依据是线性规划问题的最优解一定能够在可行域的顶点中找到，其中每个顶点所对应的解称为基本可行解，所对应的变量集合称为基变量。单纯形法的基本思路是从可行域的某一个顶点出发，沿着使目标函数值下降的方向寻求下一个顶点。可行域顶点个数总是有限的，在有限次迭代后可以求得最优解，否则判定该问题无解。该算法能够将最优解的搜索范围从整个可行域缩小到可行域的有限个顶点，极大地提高了算法的寻优效率。单纯形法的算法流程图如图 5-8 所示。

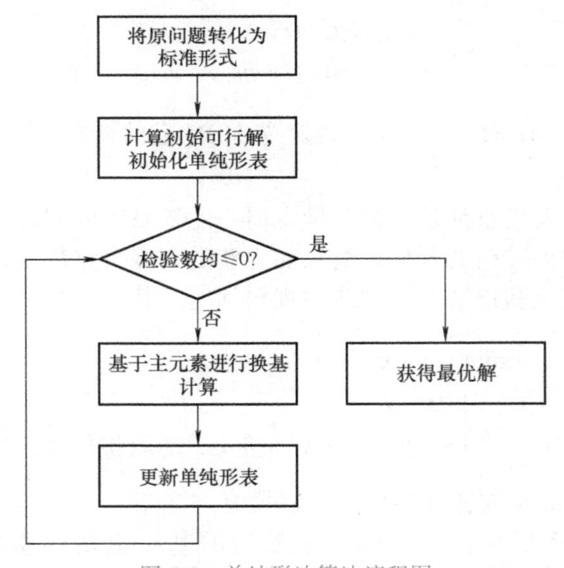

图 5-8 单纯形法算法流程图

以式（5-61）所示的线性规划问题为例对单纯形法的算法流程进行详细介绍。

$$\min y = -x_1 - x_2$$
$$\text{s.t.}\begin{cases} 2x_1 + x_2 \leqslant 12 \\ x_1 + 2x_2 \leqslant 9 \\ x_1, x_2 \geqslant 0 \end{cases} \tag{5-61}$$

第一步，将线性规划问题转化为标准形式。在本例中，需要对目标函数 y 取相反数，将最小化问题转化为最大化问题，并在每个不等式约束的左侧分别添加一个非负的松弛变量 x_3, x_4，将不等式约束转化为等式。标准形式如式（5-62）所示。

$$\max y = x_1 + x_2$$
$$\text{s.t.}\begin{cases} 2x_1 + x_2 + x_3 = 12 \\ x_1 + 2x_2 + x_4 = 9 \\ x_1, x_2, x_3, x_4 \geqslant 0 \end{cases} \tag{5-62}$$

第二步，计算初始可行解，并构建初始单纯形表。在本例中，假设 x_1, x_2 为 0，则可以得到初始可行解为 $\boldsymbol{x}^1 = (0,0,12,9)$。初始的单纯形表见表 5-5。

表 5-5　初始的单纯形表

$c_j \to$			1	1	0	0	—
$\boldsymbol{C}_B$	$\boldsymbol{X}_B$	$\boldsymbol{b}$	x_1	x_2	x_3	x_4	θ
0	x_3	12	2	1	1	0	0
0	x_4	9	1	2	0	1	0
σ		—	0	0	0	0	—

其中，$\boldsymbol{X}_B$ 表示基变量，初始化时选取松弛变量 x_3, x_4 为基变量；$\boldsymbol{C}_B$ 表示基变量在目标函数中的系数，初始化时均为 0；$\boldsymbol{b}$ 表示约束条件或目标函数的常数项；c_j 表示目标函数中各变量的系数；σ 表示非基变量的检验数；θ 表示基变量的检验数。

第三步，计算各非基变量的检验数 σ，若所有检验数满足 $\sigma_j \leqslant 0$，则说明已得到最优解，算法停止，否则执行下一步。非基变量的检验数计算公式如下：

$$\sigma_j = c_j - \sum_{i=1}^{m} c_i a_{ij} \tag{5-63}$$

式中，c_i 是 $\boldsymbol{C}_B$ 的第 i 个元素；a_{ij} 是 c_j 列下的第 i 个元素；m 是 $\boldsymbol{C}_B$ 中元素的个数。在本例中，非基变量 x_1 的检验数为 $\sigma_1 = 1-(0\times2+0\times1)=1$，非基变量 x_2 的检验数为 $\sigma_2 = 1-(0\times1+0\times2)=1$。由于检验数均大于 0，不满足判断条件，说明初始可行解并非最优解，执行下一步。

第四步，确定进基变量、离基变量和主元素，并基于主元素进行换基计算。进基变量为具有最大检验数 σ 的非基变量，由于 x_1 和 x_2 的检验数均为 1，因此不妨选取 x_1 为进基变量。离基变量为具有最小检验数 θ 的基变量，θ 按式（5-64）计算：

$$\theta = \frac{b}{x_k} \tag{5-64}$$

式中，x_k 是进基变量，在本例中即为 x_1。基变量 x_3 的检验数为 $\theta_3 = 12/2 = 6$，基变量 x_4

的检验数为 $\theta_4=9/1=9$，因此选取 x_3 作为离基变量。主元素为进基变量所在列和离基变量所在行交叉处的元素，即 x_1 和 x_3 的交叉元素 [2]。此时的单纯形表见表 5-6，元素 [2] 为主元素。

表 5-6 第四步中的单纯形表

$c_j \rightarrow$			1	1	0	0	—
$\boldsymbol{C}_\text{B}$	$\boldsymbol{X}_\text{B}$	$\boldsymbol{b}$	x_1	x_2	x_3	x_4	θ
0	x_3	12	[2]	1	1	0	6
0	x_4	9	1	2	0	1	9
σ		—	1	1	0	0	—

基于主元素进行初等行变换，使主元素变为 1，主元素所在列其余元素均变为 0，并用进基元素替换离基元素，求解该轮迭代中的最优解。在本例中，将第三行的元素同时乘以 1/2，第四行减去第三行，可实现上述目标。之后，将 $\boldsymbol{X}_\text{B}$ 列中的 x_3 替换为 x_1，并替换 $\boldsymbol{C}_\text{B}$ 列中的值。最后，得到新一轮迭代的单纯形表见表 5-7。

表 5-7 迭代后的单纯形表

$c_j \rightarrow$			1	1	0	0	—
$\boldsymbol{C}_\text{B}$	$\boldsymbol{X}_\text{B}$	$\boldsymbol{b}$	x_1	x_2	x_3	x_4	θ
1	x_1	6	1	1/2	1/2	0	6
0	x_4	3	0	3/2	−1/2	1	9
σ		—	1	1	0	0	—

最优解计算公式如式（5-65）所示，由此可得到本轮迭代中的可行解为 $y=-(1\times6+0\times3)=-6$。

$$y=-\sum_{i=1}^{m}c_i b \tag{5-65}$$

第五步，重复步骤三和步骤四。重新计算检验数可得 $\sigma_1=1-(1\times1+0\times0)=0$，$\sigma_2=1-(1\times1/2+0\times3/2)=1/2$，此时 σ_2 仍大于 0，不满足判断条件，因此进行新一轮迭代。由于 $\theta_4=\dfrac{3}{3/2}=2<\theta_3=\dfrac{6}{1/2}=12$，故选取 x_4 作为离基变量，并选取 x_2 和 x_4 交叉处的元素 [3/2] 为主元素，进行初等行变换，将主元素变为 1，所在列其余元素变为 0，最终得到单纯形表见表 5-8。

表 5-8 第五步中的单纯形表

c_j			1	1	0	0	—
$\boldsymbol{C}_\text{B}$	$\boldsymbol{X}_\text{B}$	$\boldsymbol{b}$	x_1	x_2	x_3	x_4	θ
1	x_1	5	1	0	2/3	−1/3	−12
1	x_2	2	0	1	−1/3	3/2	−2
σ		—	0	1/2	0	0	—

再次计算检验数，$\sigma_1 = 1-(1\times1+1\times0)=0$，$\sigma_2 = 1-(1\times0+1\times1)=0$，本轮计算中 σ_1,σ_2 均为 0，满足判断条件，算法结束。最优解为本轮迭代的可行解，即 $y=-(1\times5+1\times2)=-7$。

例 5-8　某建筑冷水机房中有三台并联的冷水机组，其能耗计算公式为 $P=\dfrac{Q}{\mathrm{COP}}$。式中，$Q$ 是冷水机组的制冷量；COP 是冷水机组的性能系数，三台冷水机组的 COP 分别为 4.0，3.8 和 3.5，且额定制冷量 Q_{nom} 均为 600kW。现假设某时刻下末端总负荷 Q_{load} 为 1500kW，试计算三台冷水机组最优的制冷量分配情况，使得冷水机组的总能耗最小。

由于末端总负荷大于任意两台冷水机组的额定制冷量之和，因此三台冷水机组需同时开启。根据题意，该优化问题可用式（5-66）表示：

$$\begin{aligned}&\min P_{\mathrm{total}}=\sum_{i=1}^{3}\frac{Q_i}{\mathrm{COP}_i}\\&\text{s.t.}\begin{cases}Q_1+Q_2+Q_3=Q_{\mathrm{load}}\\0\leqslant Q_i\leqslant Q_{\mathrm{nom}},\quad i=1,2,3\end{cases}\end{aligned}\tag{5-66}$$

该优化问题为一个典型的线性规划问题，采用单纯形法求解可以得到：Q_1 为 600kW，Q_2 为 600kW，Q_3 为 300kW，此时的最优总能耗为 393.6kW。由结果可知，由于冷水机组 #3 的 COP 最低，因此算法在计算冷量分配时，会优先使用冷水机组 #1 和冷水机组 #2，从而使冷水机组的总能耗最小。

3. 内点法

单纯形法对于线性规划问题具有较高的求解效率和求解精度，但是该方法无法求解二次规划问题。二次规划问题求解的难点在于其同时存在二次目标函数和约束条件。内点法是一种能够同时求解线性规划问题和二次规划问题的有效算法。其基本思想是通过构造关于约束条件的罚函数（又称障碍函数），将原问题转化为一个无约束的二次规划问题从而实现求解。罚函数可以形象地看作由约束条件构成的可行域边界上的一道“围墙”，当优化变量靠近边界时，目标函数陡然增大，以示惩罚，阻止优化变量穿越边界，从而使最优解均处于可行域之内。内点法的算法流程图如图 5-9 所示。

以式（5-67）所示的二次规划问题为例，对内点法的算法流程进行详细介绍。

$$\begin{aligned}&\min y=x_1^2+x_2^2-5x_1-4x_2+5\\&\text{s.t.}\,x_1+x_2\leqslant 9\end{aligned}\tag{5-67}$$

第一步，基于罚函数构造新的目标函数。常见的罚函数包括倒数函数和对数函数，本例中采用对数函数，如式（5-68）所示。

$$\min\varphi(\boldsymbol{X},r)=x_1^2+x_2^2-5x_1-4x_2+5-r\ln(x_1+x_2-9)\tag{5-68}$$

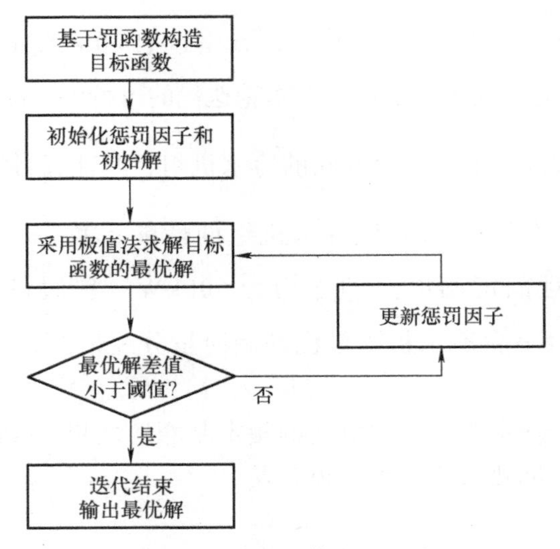

图 5-9 内点法算法流程图

式中，$-r\ln(x_1+x_2-9)$ 是罚函数项；r 为惩罚因子；$\varphi(\boldsymbol{X},r)$ 为增加罚函数项后新的目标函数；$\boldsymbol{X}=(x_1,x_2)^{\mathrm{T}}$ 为优化变量。本步骤通过增加罚函数的方法将原问题转化为无约束问题，转化后的该问题可以采用极值法等多种方法进行求解。

第二步，初始化惩罚因子和初始解。在本例中，惩罚因子 r^1 初始化为 1，初始解 $\boldsymbol{X}^0$ 初始化为 $(0,0)^{\mathrm{T}}$。

第三步，采用极值法求解目标函数的最优解。由于本例中的问题较为简单，因此直接采用解析的方式求出最优极值。分别对 x_1,x_2 求偏导数可得式（5-69）。

$$\nabla\varphi(\boldsymbol{X},r)=\left(2x_1-5-\frac{r}{x_1+x_2-9},2x_2-4-\frac{r}{x_1+x_2-9}\right)^{\mathrm{T}} \tag{5-69}$$

最优极值在 $\nabla\varphi(\boldsymbol{X},r)=\mathbf{0}$ 处求得，对上式联立求解可得 x_1,x_2 的最优解，如式（5-70）所示。

$$\boldsymbol{X}^*=(x_1,x_2)^{\mathrm{T}}=\begin{cases}\left(\dfrac{23+\sqrt{169+8r}}{4},\dfrac{21+\sqrt{169+8r}}{4}\right)^{\mathrm{T}}\\\left(\dfrac{23-\sqrt{169+8r}}{4},\dfrac{21-\sqrt{169+8r}}{4}\right)^{\mathrm{T}}\end{cases} \tag{5-70}$$

由结果可知本例具有两组最优解，但是由于惩罚因子 r 始终大于 0，第一组最优解始终会违反约束条件 $x_1+x_2\leqslant 9$，因此舍弃。最终，该问题的最优解可以直接通过式（5-71）求得。

$$\begin{cases} x_1^* = \dfrac{29-\sqrt{81+16r}}{8} \\ x_2^* = \dfrac{25-\sqrt{81+16r}}{8} \end{cases} \tag{5-71}$$

基于上式，可求得迭代次数 $k=1$ 时的最优解为 $\boldsymbol{X}^1=(x_1^1,x_2^1)^{\mathrm{T}}=(2.42,1.92)^{\mathrm{T}}$ 。

第四步，判断本次迭代和上次迭代中最优解的差值是否小于阈值。判断条件如式（5-72）所示。

$$\left\|\boldsymbol{X}^k-\boldsymbol{X}^{k-1}\right\| \leqslant \varepsilon \tag{5-72}$$

式中，$\|\cdot\|$ 是二范数；ε 是阈值，本例中为 0.01。在第一轮迭代 $k=1$ 中，可以求得差值 $\left\|\boldsymbol{X}^1-\boldsymbol{X}^0\right\|=3.750$ ，大于阈值，说明算法尚未收敛。根据式（5-73）更新惩罚因子为

$$r^{k+1}=cr^k \tag{5-73}$$

式中，c 是递减系数，本例中取 0.1。可以求得第二轮迭代 $k=2$ 中的惩罚因子为 $r^2=0.1$ 。

第五步，重复第三步和第四步。第二轮～第四轮迭代过程的计算结果见表 5-9。

表 5-9 第二轮～第四轮迭代过程的计算结果

迭代次数 k	惩罚因子 r^k	最优解 $\boldsymbol{X}^k=(x_1^k,x_2^k)^{\mathrm{T}}$	最优解偏差 $\left\|\boldsymbol{X}^k-\boldsymbol{X}^{k-1}\right\|$
2	0.1	$(2.49,1.99)^{\mathrm{T}}$	0.566
3	0.01	$(2.50,2.00)^{\mathrm{T}}$	0.014
4	0.001	$(2.50,2.00)^{\mathrm{T}}$	0

可以看到在第四次迭代完成后，最优解偏差小于阈值 0.01，算法收敛。该问题的最优解即为 $x_1=2.5,x_2=2$ 。

例 5-9 同例 5-8，冷水机组在部分负载下的 COP 低于额定工况下的 COP，本例在原有的冷水机组能耗公式上对 COP 进行修正，如式（5-75）所示。

$$P=\frac{Q_{\mathrm{nom}}}{\mathrm{COP}_{\mathrm{nom}}}\mathrm{PLR} \tag{5-74}$$

$$\mathrm{PLR}=a+b\frac{Q}{Q_{\mathrm{nom}}}+c\left(\frac{Q}{Q_{\mathrm{nom}}}\right)^2 \tag{5-75}$$

式中，$\mathrm{COP}_{\mathrm{nom}}$ 是冷水机组在额定工况下的性能系数；PLR 是冷水机组的部分负载率；a,b,c 是待定系数，三台冷水机组的数据见表 5-10。仍假设末端总负荷 Q_{load} 为 1500kW，试计算三台冷水机组最优的制冷量分配情况，使得冷水机组的总能耗最小。

表 5-10 冷水机组的数据表

冷机编号	COP_{nom}	a	b	c	Q_{nom}/kW
#1	4	0.2	2	−1.2	600
#2	3.8	0.15	1.5	−0.9	600
#3	3.5	0.35	1.2	0.14	600

根据题意，该优化问题可表示为

$$\min P_{\text{total}}=\sum_{i=1}^{3}\frac{Q_{\text{nom},i}}{\text{COP}_i}\left[a_i+b_i\frac{Q_i}{Q_{\text{nom},i}}+c_i\left(\frac{Q_i}{Q_{\text{nom},i}}\right)^2\right]$$
$$\text{s.t.}\begin{cases}Q_1+Q_2+Q_3=Q_{\text{load}}\\0\leqslant Q_i\leqslant Q_{\text{nom},i},\quad i=1,2,3\end{cases}\tag{5-76}$$

由于目标函数中优化变量 Q 最高次幂为二次，因此该问题为非线性规划问题，无法采用单纯形法进行优化。可以采用内点法进行求解，得到最优的冷量分配：Q_1 为 600kW，Q_2 为 600kW，Q_3 为 300kW，此时的最优总能耗为 437.3kW。可以注意到，最优的冷量分配结果不变，而最优总能耗值 437.3kW 大于前例中的最优总能耗值 393.6kW，说明冷水机组在部分负荷的情况下，其 COP 会低于额定工况下的 COP，导致冷水机组能耗增加。

4. 分支定界法

分支定界法是求解整数或混合整数线性规划问题最常用的一类数学规划算法。它采用一种“分而治之”的基本思想，通过迭代的方式反复对可行域进行分支、对子集进行定界、对不合理子集进行剪枝，从而实现优化求解。其中，把可行域反复分割为越来越小的子集的过程，称为分支；对每个子集内的解集计算目标函数下界的过程，称为定界；把超过已知可行解集目标值的子集删去不再计算的过程，称为剪枝。分支定界法是一种精确算法，对于中小规模优化问题能够在合理时间内寻找到全局最优解，在能源领域得到了广泛的应用，在空调系统设备台数优化等任务上表现出色。分支定界法的算法流程图如图 5-10 所示。

以式（5-77）所示的整数线性规划问题为例对算法流程进行详细介绍。

$$\max y=2x_1+3x_2$$
$$\text{s.t.}\begin{cases}9x_1+7x_2\leqslant 56\\7x_1+20x_2\leqslant 70\\x_1,x_2\geqslant 0\text{且为整数}\end{cases}\tag{5-77}$$

第一步，将原问题转化为标准形式，并松弛为线性规划问题进行求解。本例已经为最大化目标函数的标准形式，无须转化。通过单纯形法等线性规划算法，可以求得松弛后的问题的最优解为 $x_1=4.81, x_2=1.82$，最优目标函数值为 $y=15.07$。

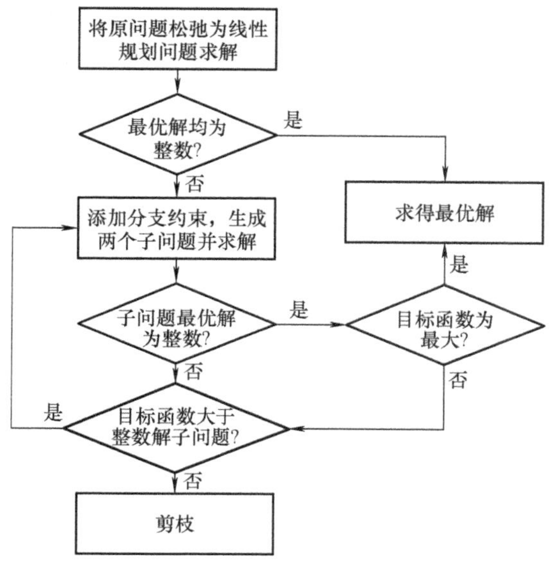

图 5-10 分支定界法算法流程图

第二步，判断当前最优解是否为整数。若是，算法停止，当前最优解即为整数规划问题的最优解；否则，跳转至步骤三。在本例中，由于当前 x_1 和 x_2 均不为整数，算法继续步骤三。

第三步，任选一个非整数解对应的变量 x_i，在松弛问题中分别添加分支约束 $x_i \leqslant [x_i]$ 和 $x_i \geqslant [x_i]+1$，形成两个子问题分支，并分别求解。由于 x_1 和 x_2 均不为整数，不妨选取 x_1 加分支约束，形成子问题一和子问题二，分别如式（5-78）和式（5-79）所示。

$$\max y = 2x_1 + 3x_2$$
$$\text{s.t.}\begin{cases} 9x_1 + 7x_2 \leqslant 56 \\ 7x_1 + 20x_2 \leqslant 70 \\ x_1 \leqslant 4 \\ x_1, x_2 \geqslant 0 \end{cases} \tag{5-78}$$

$$\max y = 2x_1 + 3x_2$$
$$\text{s.t.}\begin{cases} 9x_1 + 7x_2 \leqslant 56 \\ 7x_1 + 20x_2 \leqslant 70 \\ x_1 \geqslant 5 \\ x_1, x_2 \geqslant 0 \end{cases} \tag{5-79}$$

通过求解可以得到子问题一的最优解为 $x_1 = 4, x_2 = 2.1$，最优目标函数值为 $y = 14.3$；子问题二的最优解为 $x_1 = 5, x_2 = 1.57$，最优目标函数值为 $y = 14.71$。

第四步，逐个检查每个子问题的最优解和最优目标函数值，若该子问题的最优解为整数，且目标函数值大于等于所有其他分支的目标函数值，则算法停止，该子问题的最优解即为整数线性规划问题的最优解；若该子问题的最优解不全为整数，且其目标函数值大于具有整数解子问题的目标函数值，则重复步骤三和步骤四，否则，执行剪枝操作，无须对该子问题继续分支。在本例中，由于子问题一和子问题二的最优解均为非整数，因此继续执行分支操作。对于子问题一，选取 x_2 添加分支约束，形成子问题三和子问题四，分别如式（5-80）和式（5-81）所示；对于子问题二，同样选取 x_2 添加分支约束，形成子问题五和子问题六，分别如式（5-82）和式（5-83）所示。

$$\max y = 2x_1 + 3x_2$$
$$\text{s.t.}\begin{cases} 9x_1 + 7x_2 \leqslant 56 \\ 7x_1 + 20x_2 \leqslant 70 \\ x_1 \leqslant 4 \\ x_2 \leqslant 2 \\ x_1, x_2 \geqslant 0 \end{cases} \tag{5-80}$$

$$\max y = 2x_1 + 3x_2$$
$$\text{s.t.}\begin{cases} 9x_1 + 7x_2 \leqslant 56 \\ 7x_1 + 20x_2 \leqslant 70 \\ x_1 \leqslant 4 \\ x_2 \geqslant 3 \\ x_1, x_2 \geqslant 0 \end{cases} \tag{5-81}$$

$$\max y = 2x_1 + 3x_2$$
$$\text{s.t.}\begin{cases} 9x_1 + 7x_2 \leqslant 56 \\ 7x_1 + 20x_2 \leqslant 70 \\ x_1 \geqslant 5 \\ x_2 \leqslant 1 \\ x_1, x_2 \geqslant 0 \end{cases} \tag{5-82}$$

$$\max y = 2x_1 + 3x_2$$
$$\text{s.t.}\begin{cases} 9x_1 + 7x_2 \leqslant 56 \\ 7x_1 + 20x_2 \leqslant 70 \\ x_1 \geqslant 5 \\ x_2 \geqslant 2 \\ x_1, x_2 \geqslant 0 \end{cases} \tag{5-83}$$

通过求解可以得到子问题三的最优解为 $x_1 = 4, x_2 = 2$，最优目标函数值为 $y = 14$；子问题四的最优解为 $x_1 = 1.43, x_2 = 3$，最优目标函数值为 $y = 11.86$；子问题五的最优解为 $x_1 = 5.44, x_2 = 1$，最优目标函数值为 $y = 13.89$；子问题六无解。

第五步，再次逐个检查每个子问题的最优解和最优目标函数值。可以发现，子问题三的解均为整数，且其目标函数值大于子问题四和子问题五的解，算法停止，该整数线性规划问题的最优解即为 $x_1 = 4, x_2 = 2$，最优目标函数值为 $y = 14$。分支定界法的求解过程如图 5-11 所示。

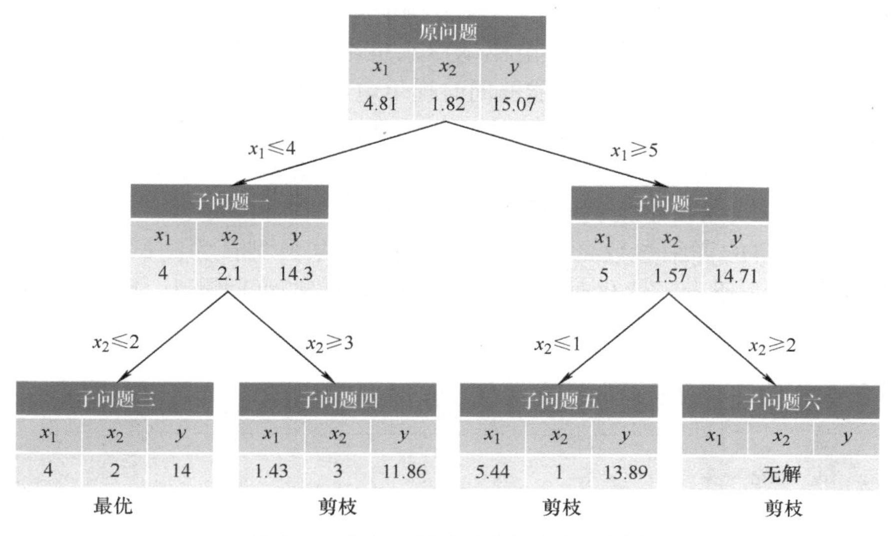

图 5-11 分支定界法的求解过程示意图

例 5-10 同例 5-8，现假设某时刻下末端总负荷 Q_{load} 为 1000kW，试计算三台冷水机组最优的制冷量分配情况，使得冷水机组的总能耗最小。

不同于前例，本例中仅需要开启两台冷水机组就可以满足末端的总负荷需求，因此在建立优化问题时需要同时考虑机组的开启情况，如式（5-84）所示。

$$\min P_{\text{total}} = \sum_{i=1}^{3} \alpha_i \frac{Q_i}{\text{COP}_i}$$
$$\text{s.t.} \begin{cases} \sum_{i=1}^{3} \alpha_i Q_i = Q_{\text{load}} \\ 0 \leqslant Q_i \leqslant Q_{\text{nom},i}, \quad i = 1,2,3 \\ \alpha_i \in (0,1), \quad i = 1,2,3 \end{cases} \tag{5-84}$$

式中，α_i 是 0–1 变量，$\alpha_i = 0$ 代表对应的冷水机组关闭，$\alpha_i = 1$ 代表对应的冷水机组开启。

由于优化变量同时包括了连续型变量 Q_i 和整数型变量 α_i，因此该优化问题为一个典型的混合整数线性规划问题，可以采用分支定界法进行求解。最优结果见表 5-11。

表 5-11 基于分支定界法的最优制冷量分配表

α_1, Q_1 / kW	α_2, Q_2 / kW	α_3, Q_3 / kW	P_{total}
0，600	0，400	0，0	255.3

由结果可知，当末端总负荷较低，仅需要两台冷水机组就可以满足时，算法会选择关闭一台冷水机组。由于冷水机组 #3 的 COP 最低，因此冷水机组 #3 被关闭。

5. 能源系统优化运行案例

（1）案例介绍　所研究的综合能源系统案例的拓扑结构图如图 5-12 所示。该案例包含热电联产机组、吸收式冷水机组和电驱动冷水机组三类设备，共同承担末端的冷负荷和电负荷需求。其中，热电联产机组能够同时提供电能和热能，电能用于向末端提供电负荷，热能由吸收式冷水机组吸收并转换为冷能，和电驱动冷水机组共同向末端提供冷负荷。当电负荷需求高于热电联产机组的供电能力时，综合能源系统可以从上级电网购电，从而满足末端电负荷需求。本案例的系统建模可见 5.3.3 节。

案例中各类设备的详细参数见表 5-12。案例选取某典型日为测试工况，该典型日下的负荷曲线如图 5-13 所示。优化时间区间为未来 24h，调度间隔为 1h，逐时的电价和天然气价格见表 5-13。

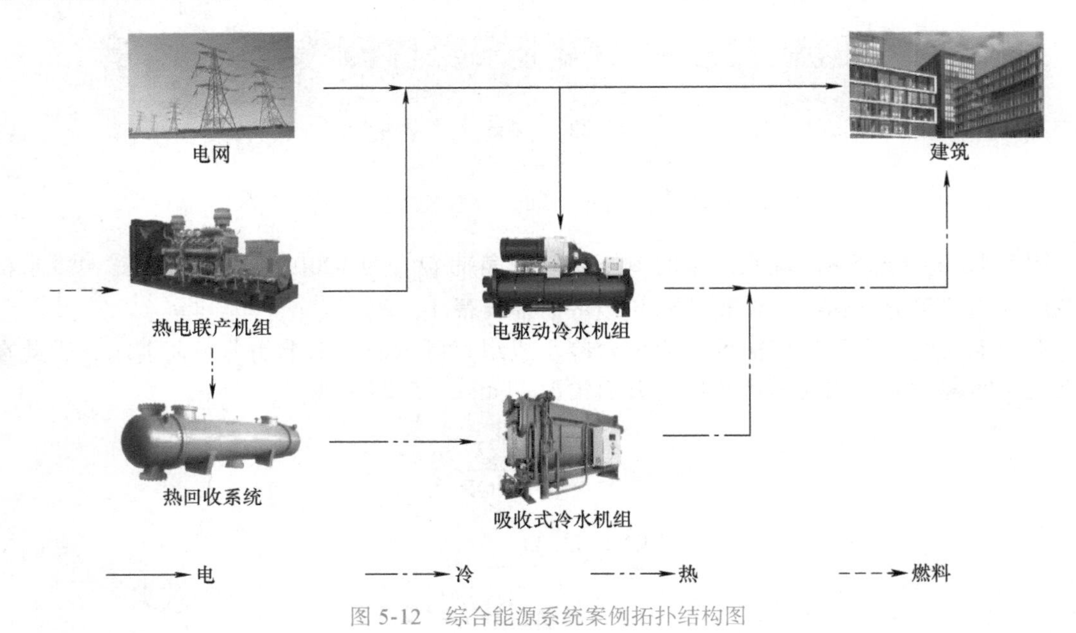

图 5-12　综合能源系统案例拓扑结构图

表 5-12　案例各设备参数配置情况

参数	值	参数	值
$\eta_{CHP,elec}$	0.25	$P_{gas,min}$，$P_{gas,max}$	0，300kW
$\eta_{CHP,heat}$	0.3	$P_{grid,min}$，$P_{grid,max}$	0，150kW
COP_{AC}	1	$P_{CHP,min}$，$P_{CHP,max}$	0，75kW
$\eta_{AC,hr}$	0.8	$Q_{AC,min}$，$Q_{AC,max}$	0，72kW
COP_{EC}	3.8	$Q_{EC,min}$，$Q_{EC,max}$	0，120kW

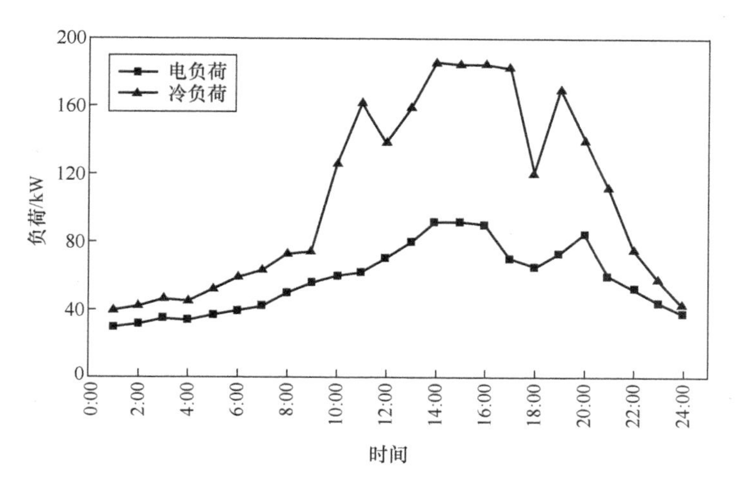

图 5-13　测试工况下的冷负荷和电负荷曲线

表 5-13　测试工况下的电价和天然气价格

分时价格	峰价	平价	谷价
时间	19：00—22：00	8：00—11：00，13：00—19：00	22：00（前）—8：00，11：00—13：00
电价 /[元 /（kW・h）]	1.1	0.9	0.42
天然气价 /[元 /（kW・h）]	0.18	0.18	0.18

（2）目标函数　目标函数通常由各类效益评价指标决定，本案例选择经济效益评价指标作为目标函数，即以最小化未来一天内综合能源系统的总运行成本为优化目标。目标函数包括两部分，即向上级电网购电的成本和为驱动热电联产机组购买的天然气成本，如式（5-85）所示。

$$\min J=\sum_{t=1}^{24}(c_{\text{elec},t}P_{\text{grid},t}+c_{\text{gas},t}P_{\text{gas},t}) \tag{5-85}$$

式中，c_{gas} 是天然气的价格 [元 /（kW•h）]；c_{elec} 是主电网的电价 [元 /（kW•h）]；P_{grid} 是主电网的供电量（kW•h)；P_{gas} 是天然气消耗功率（kW•h)。

（3）约束条件　本案例的约束条件可以分为能量守恒约束和设备运行约束。能量守恒约束包括电能守恒和冷量守恒，分别表示电能和冷量的供给量之和必须满足需求量。其中，电能守恒约束如式（5-86）所示。

$$P_{\text{grid},t}+P_{\text{CHP},t}=P_{\text{EC},t}+P_{\text{load},t} \tag{5-86}$$

式中，P_{load} 是建筑的电负荷（kW•h）。该式表示在任意时刻 t，主电网供电量与热电联产机组产电量之和必须等于电驱动冷水机组耗电量与建筑电负荷之和。

冷量守恒约束如式（5-87）所示。

$$Q_{\mathrm{EC},t}+Q_{\mathrm{AC},t}=Q_{\mathrm{load},t} \tag{5-87}$$

式中，Q_{load}是建筑的冷负荷（kW•h）。该式表示在任意时刻t，电驱动冷水机组供冷量与吸收式冷水机组供冷量之和必须等于建筑的冷负荷。设备运行约束包括热电联产机组运行约束、吸收式冷水机组运行约束和电驱动冷水机组运行约束，分别表示三类设备的供能能力均具有上限和下限。

其中，热电联产机组运行约束如式（5-88）所示。

$$P_{\mathrm{CHP,min}}\leqslant P_{\mathrm{CHP},t}\leqslant P_{\mathrm{CHP,max}} \tag{5-88}$$

式中，$P_{\mathrm{CHP,min}}$和$P_{\mathrm{CHP,max}}$分别是热电联产机组产电量的下限和上限。

吸收式冷水机组运行约束如式（5-89）所示。

$$Q_{\mathrm{AC,min}}\leqslant Q_{\mathrm{AC},t}\leqslant Q_{\mathrm{AC,max}} \tag{5-89}$$

式中，$Q_{\mathrm{AC,min}}$和$Q_{\mathrm{AC,max}}$分别是吸收式冷水机组制冷量的下限和上限。

电驱动冷水机组运行约束如式（5-90）所示。

$$Q_{\mathrm{EC,min}}\leqslant Q_{\mathrm{EC},t}\leqslant Q_{\mathrm{EC,max}} \tag{5-90}$$

式中，$Q_{\mathrm{EC,min}}$和$Q_{\mathrm{EC,max}}$分别是吸收式冷水机组制冷量的下限和上限。

（4）优化求解　由上述目标函数和约束条件的定义可知，本优化问题属于线性规划问题，采用数学规划算法中的单纯形法求解，并通过Python编程语言和Gurobi求解器实现。主要包括以下几步：

第一步，导入Gurobi库和初始化。在Gurobi中，一个优化问题由Model类表示，类内封装了添加优化变量、添加约束条件、设置目标函数等功能。通过实例化一个Model类的对象，可以方便调用相应的功能语句，实现后续优化问题的构建。

第二步，添加优化变量。向模型中添加优化变量的方式有两种：addVar方法可以向模型中添加单个变量，addVars方法则可以向模型中批量添加变量。本案例的优化变量包括$P_{\mathrm{grid},1}\sim P_{\mathrm{grid},24}$，$P_{\mathrm{gas},1}\sim P_{\mathrm{gas},24}$以及$Q_{\mathrm{EC},1}\sim Q_{\mathrm{EC},24}$，共72个优化变量。可采用addVars方法实现上述变量的批量添加。

第三步，添加约束条件。和添加优化变量类似，向模型中添加约束条件的方式也有两种：addConstrs方法可以向模型中添加单个约束，而addConstrs可以向模型中批量添加变量。由于已经在定义优化变量时通过设置上下边界完成三类设备运行约束的设置，因此在添加约束条件时仅需要添加24h的电能守恒约束和冷量守恒约束，共48个约束条件。可采用addConstrs方法实现上述约束条件的批量添加。

第四步，设置目标函数。通过setObjective方法设置模型的目标函数，同时指定该问题为最大化目标函数还是最小化目标函数。

第五步，执行优化算法。通过optimize方法求解上述优化问题。

（5）效益评价 采用单纯形法求解得到的最优日运行成本为 1170.5 元。电能和冷量的逐时调度结果分别如图 5-14 和图 5-15 所示。在不同的负荷条件和能源价格情况下，算法采用不同的能源生产方式，在保证末端冷负荷和电负荷需求的前提下，最小化系统运行成本，提高系统的经济性。在 11：00～13：00 期间，电价处于谷电价，此时间段内热电联产机组的热、电出力都相应降低，优先开启电驱动冷水机组向末端供冷，同时优先向主电网购电，热电联产机组则作为辅助方式供应部分电能和冷能。而在其他时段，当电价处于平电价或峰电价时，购气的经济性更高。此时系统将优先开启热电联产机组，而主电网购电和电驱动冷水机组则作为辅助方式。

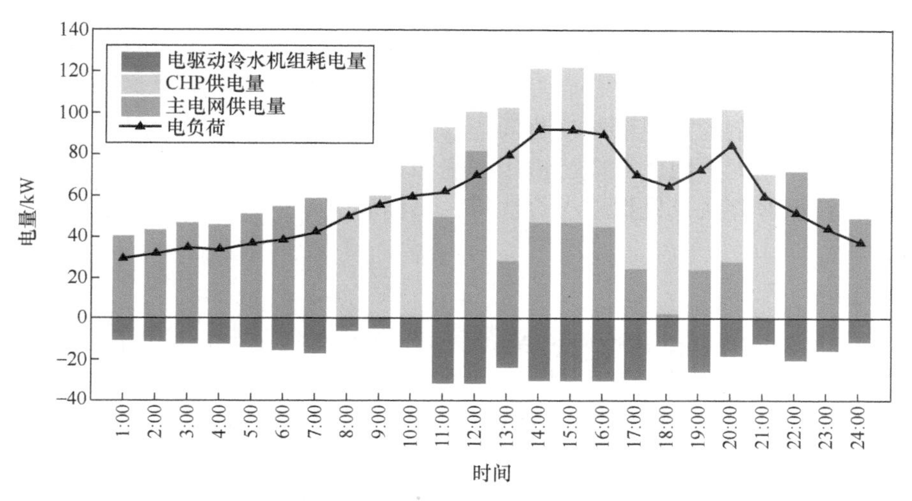

图 5-14 电能的逐时调度结果

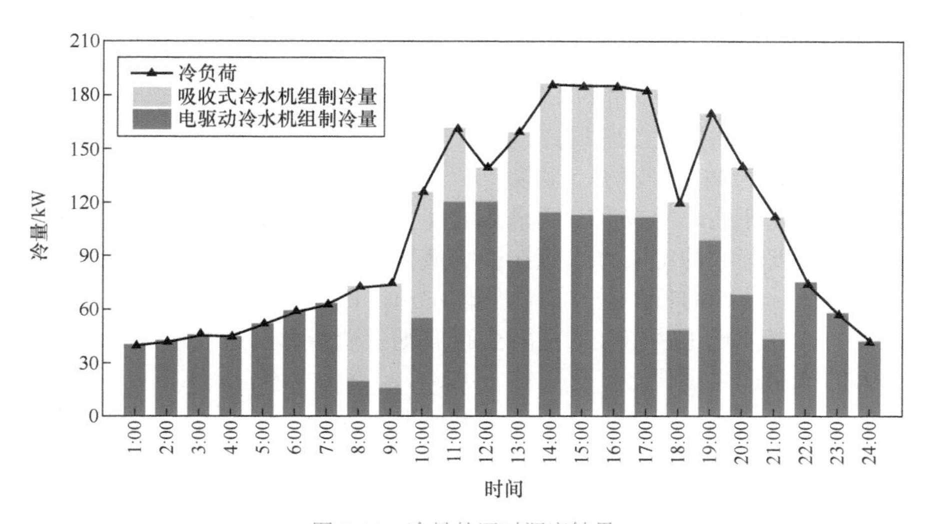

图 5-15 冷量的逐时调度结果

5.4.4 启发式优化算法

1. 概述

数学规划算法已被广泛应用于能源系统优化问题的求解，但在求解复杂的大规模优化问题时，数学规划算法难以快速有效地找到一个合理可靠的解。例如，对于旅行商问题，一般的数学规划算法无法求解或求解时间过长。因此，对于高维数、多模态的复杂优化问题，需要一种新的优化算法。这种算法的求解过程不应依赖于优化问题的数学性能，如连续可微、非凸等特性，且对初始值要求不严格、不敏感，并能够在合理时间内找到全局最优值。

启发式优化算法是一类应用大自然的运行规律或面向具体问题的经验、规则来求解优化问题的智能算法。此类算法的优化原理通常源于对自然界生物行为的模拟，如 DNA 的遗传过程、动物集群的运动过程等，可以在一定的时间内找到优化问题的一个最优解或近似最优解。相较于数学规划算法，启发式优化算法具有更强的通用性，能够求解任意类型的优化问题。对于复杂的能源系统优化问题，启发式优化算法同样展现出了优异的全局优化性能和并行处理能力，因此被广泛应用于能源领域。能源领域常用的启发式优化算法包括遗传算法、粒子群算法及模拟退火算法等，下面着重对遗传算法和粒子群算法的机理及应用进行介绍。

2. 遗传算法

遗传算法（genetic algorithm，GA）是一种模拟达尔文生物进化论中自然选择和遗传学机理中生物进化过程的计算模型，通过模拟自然进化过程搜索最优解。遗传算法将问题的求解表示成“染色体”的适者生存过程，通过“染色体”群的进化，包括选择、交叉和变异等操作，最终收敛到“最适应环境”的个体，从而求得问题的最优解或满意解。

在遗传算法中，染色体对应的是数据或数组，通常由一维的串结构数据表示，串上各个位置对应基因的取值。基因组成的串是染色体，或者称为基因型个体。一定数量的个体组成种群，种群中个体的数目称为种群大小，也称为种群规模，个体对环境的适应程度称为适应度。遗传算法的流程图如图 5-16 所示，主要包括以下步骤：

第一步，编码。遗传算法在进行搜索之前先将解空间的解数据表示为遗传空间的基因型串结构数据，这些串结构数据的不同组合便构成了不同的个体。

第二步，初始种群的生成。随机产生 N 个初始个体，N 个个体构成了一个种群。遗传算法以这 N 个个体作为初始种群开始进化。

第三步，适应度评估。适应度表明个体的优劣性。遗传算法在进化搜索中仅以适应度函数为依据，适应度函数的定义方式直接影响遗传算法的收敛速度及能否找到最优解。

第四步，选择。选择的目的是从当前群体中选出优良个体，使它们有机会作为父代繁殖下一代个体。选择体现了达尔文的适者生存原则。遗传算法进行选择的原则是适应性强的个体有更大的概率产生后代。

第五步，交叉。交叉是遗传算法中最主要的遗传操作，体现了信息交换的思想。遗传算法通过交叉得到新一代个体，且新个体拥有其父辈个体的部分特征。

第六步，变异。变异是指在群体中随机选择一个个体，对于选中的个体以一定的概率随机改变其串结构数据中某个串的值。与生物界相似，遗传算法中变异发生的概率很低，变异率取值通常很小。

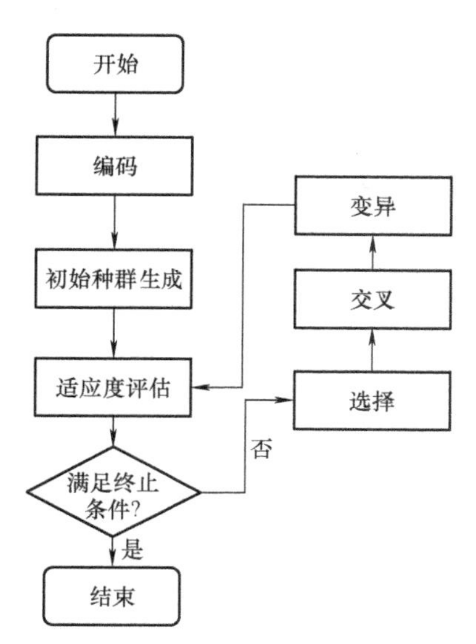

图 5-16 标准遗传算法流程图

常见的遗传算法终止条件遵循以下三种机制：①当最优个体的适应度值达到给定阈值时，算法终止；②当算法迭代次数达到预设次数时，算法终止；③当所有个体的适应度值不再发生变化或变化很小时，算法终止。

例 5-11 一中央空调水系统，其能效比可表示为 $\text{EER}=\dfrac{Q_{\text{chw}}}{P_{\text{c}}+P_{\text{chwp}}+P_{\text{chp}}}$，其中 Q_{chw} 表示冷水机组制冷量，假设 Q_{chw} 恒定为 5000kW，P_{c}、P_{chwp} 和 P_{chp} 分别为冷水机组功率、冷冻水泵功率和冷却水泵功率，假设功率（kW）可用关于频率的多项式表示，即 $P_{\text{c}}=40.2f_{\text{c}}-50.8$，$P_{\text{chwp}}=-0.005f_{\text{chwp}}^3+0.85f_{\text{chwp}}^2-30f_{\text{chwp}}+300$，$P_{\text{chp}}=-0.002f_{\text{chp}}^3+0.6f_{\text{chp}}^2-20f_{\text{chp}}+250$，且 $30\text{Hz}\leqslant f_{\text{c}}\leqslant 55\text{Hz}$，$20\text{Hz}\leqslant f_{\text{chwp}}\leqslant 55\text{Hz}$，$15\text{Hz}\leqslant f_{\text{chp}}\leqslant 55\text{Hz}$。求使得该系统 EER 值最高的冷水机组频率 f_{c}、冷冻水泵频率 f_{chwp} 和冷却水泵频率 f_{chp}。

该最优化问题可以按下式（省去了单位）表示：

$$\max \text{EER}=\frac{Q_{\text{chw}}}{P_{\text{c}}+P_{\text{chwp}}+P_{\text{chp}}}$$
$$\text{s.t.}\begin{cases}P_{\text{c}}=40.2f_{\text{c}}-50.8\\ P_{\text{chwp}}=-0.005f_{\text{chwp}}^3+0.85f_{\text{chwp}}^2-30f_{\text{chwp}}+300\\ P_{\text{chp}}=-0.002f_{\text{chp}}^3+0.6f_{\text{chp}}^2-20f_{\text{chp}}+250\\ 30\leqslant f_{\text{c}}\leqslant 55\\ 20\leqslant f_{\text{chwp}}\leqslant 55\\ 15\leqslant f_{\text{chp}}\leqslant 55\end{cases} \tag{5-91}$$

采用遗传算法对上述优化问题求解，适应度函数 fitness = −EER，即将最大化问题转化为最小化问题，种群中的个体数量为 50，变异率为 0.001，最大迭代次数为 800。如图 5-17 所示，适应度函数最小值为 −4.078，此时 $f_c = 30$，$f_{chwp} = 21.9$，$f_{chp} = 18.4$，即冷水机组频率为 30Hz，冷冻水泵频率为 21.9Hz，冷却水泵频率为 18.4Hz 时，该系统的 EER 值最高，为 4.078。

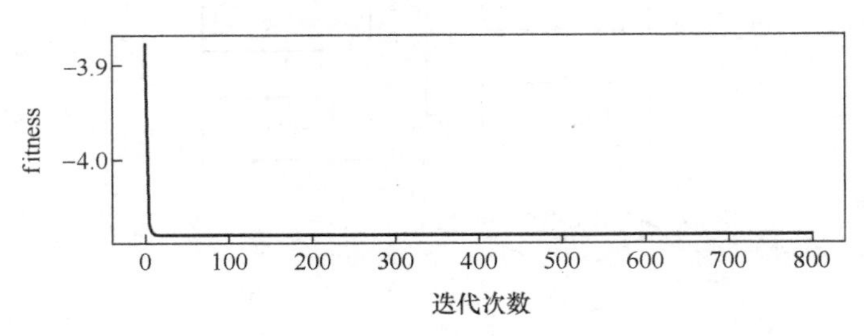

图 5-17 遗传算法目标函数图

3. 粒子群算法

粒子群算法（particle swarm optimization，PSO）是通过模拟鸟群捕食行为而发展起来的一种基于群体协作的启发式算法。鸟类捕食时，找到食物最简单有限的策略是搜寻当前距离食物最近的鸟的周围。粒子群算法从这种捕食策略中得到启示并用于解决优化问题。粒子群算法中，每个优化问题的解都是搜索空间中的一只鸟，即一个“粒子”。所有粒子都有一个由适应度函数得到的适应值，同时还有一个速度决定粒子飞翔的方向和距离。然后粒子们就追随当前的最优粒子在解空间中搜索。由于其收敛速度快、易于实现且具有较强通用性等优点，在能源系统优化问题求解上得到了广泛应用。具体而言，粒子群算法的基本思想可以概括为以下三条规则：一是远离最近粒子，从而防止与之发生碰撞；二是通过自身并且借助临近粒子信息自我更新；三是始终具有向最优目标飞行的趋势。粒子群算法的流程图如图 5-18 所示，主要包括以下步骤：

第一步，初始化。初始化粒子的速度、位置和种群规模等参数。

第二步，进化。在每一轮进化中，计算各个粒子的适应度函数值。

第三步，更新个体及全局最优值。更新个体最优和全局最优值，当前的适应值若是高于个体历史最优值，则使用当前位置来更新历史最优位置，同时更新全局最优值。

第四步，更新速度与位置。更新粒子的速度和位置。速度代表移动的快慢，位置代表移动的方向。粒子的飞行速度可根据粒子历史最优位置和种群历史最优位置进行动态调整。

第五步，判断算法终止。若算法达到最大迭代次数或达到适应度函数最小容许误差，则算法终止。

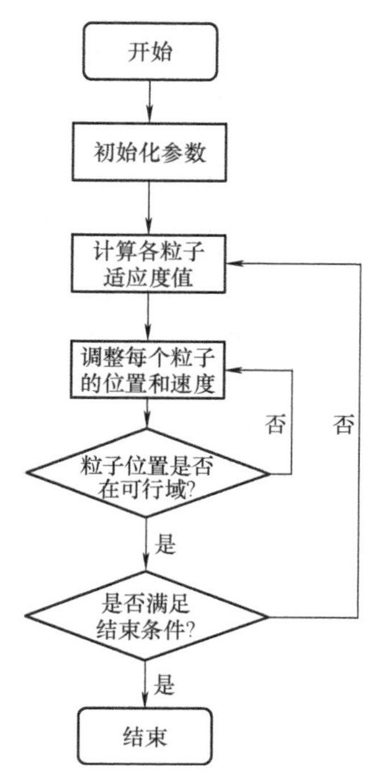

图 5-18　粒子群算法流程图

例 5-12　用粒子群算法解决例 5-11 的寻优问题。

由于 PSO 算法本身没有约束条件的限制，针对存在等式约束的问题，可以通过设置罚函数的方法来对寻优过程进行约束。例如本例需要求解 EER 最大值，若有一个粒子的优化变量值（冷水机组功率、冷冻水泵功率和冷却水泵功率）违背了不等式约束，则在进行适应度计算时可直接赋予其一个很小的数（比如 -10^{10}），以此剔除不合适的点。设置粒子种群规模为 100，学习因子 $c_1 = c_2 = 2$，迭代次数为 1000，最终求解结果如图 5-19 所示，适应度函数最小值为 −4.078，此时 $f_c = 30.00$，$f_{chwp} = 21.87$，$f_{chp} = 18.35$，即冷水机组频率为 30Hz，冷冻水泵频率为 21.87Hz，冷却水泵频率为 18.35Hz 时，该系统的 EER 值最高，为 4.078。

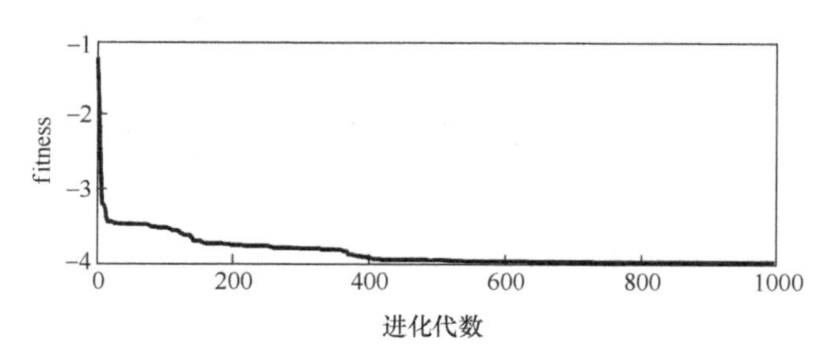

图 5-19　粒子群算法目标函数图

由结果可知，对于相同的案例使用遗传算法和粒子群算法的求解结果是相同的。事实上，衡量不同启发式优化算法性能的指标不仅仅是最优解的准确率，算法的收敛时间、全局搜索能力等也是评价算法是否适用于某个具体问题的重要指标。在此案例中，这两个算法并没有明显的性能差异，但若随着优化问题的复杂度提升，不同算法的性能会有明显的差异，见例 5-13。

例 5-13 求如下函数的最大值：

$$z = \sin x + \cos y + 0.1x + 0.1y, x \in (-10,10), y \in (-10,10)$$

上述函数如图 5-20 所示，可以看出这个函数是一个多峰函数，其中“○”点是函数的最大值。由于该函数存在很多局部最大值，优化过程对算法全局搜索能力的性能有高的要求。

如图 5-21 所示，利用遗传算法对该函数迭代寻优 10 次，可以发现遗传算法在每次迭代得到的最优值几乎都重合在理论最优值附近（图中的“▪”），说明遗传算法对于此问题有比较好的全局搜索能力。

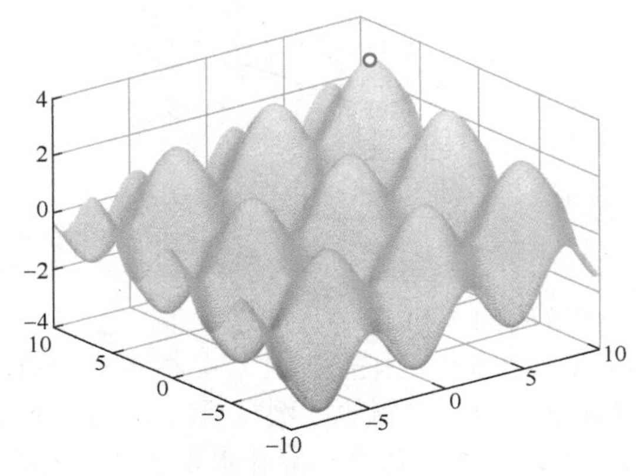

图 5-20　函数图像分布以及理论最大值

扫码查看
图 5-20 彩图

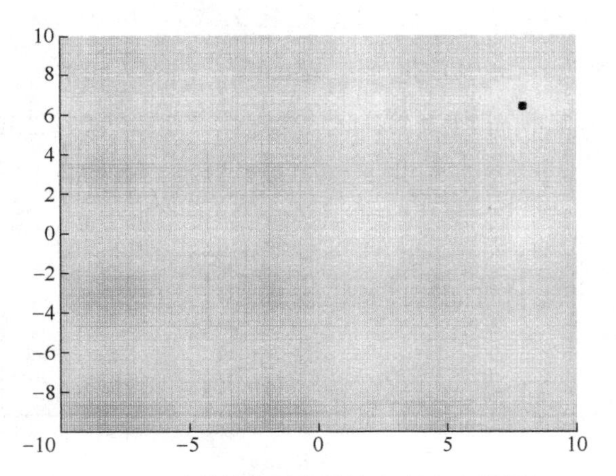

图 5-21　遗传算法寻优结果（z 轴方向视图）

扫码查看
图 5-21 彩图

采用粒子群算法对该函数迭代寻优 10 次。如图 5-22 所示，可以发现算法出现了陷入局部最优解的情况（图中的“○”）。这是由于粒子群算法中粒子容易在寻优过程中早熟收敛，因此在该问题上的全局搜索能力不如遗传算法，需要对其进行改进。

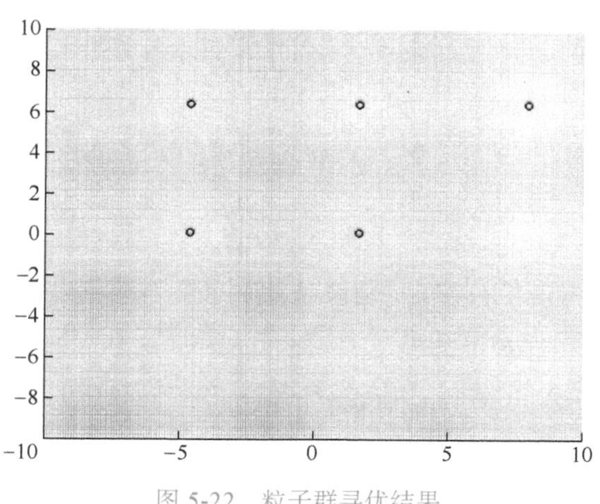

扫码查看
图 5-22 彩图

图 5-22 粒子群寻优结果

由此例可知，启发式优化算法对于不同问题的适用性不同，需要根据具体问题的特点来选择合适的算法。

4. 能源系统优化设计案例

（1）案例介绍 以 5.3.4 节中的住宅建筑供热系统为对象，以年总费用值为目标函数，以供热负荷为约束条件，采用 5.4.4 节所述遗传算法对其系统设备容量配置进行优化设计，即求解该系统太阳能集热板面积和蓄热水箱容量配置的最优解集。住宅建筑供热系统模型参数见表 5-14。

表 5-14 住宅建筑供热系统模型参数

模型	参数	数值
太阳能集热板模型	总面积 /m^2	40
	遮挡效率$F_R(\tau\alpha)_n$	0.8
	效率斜率$F_R U_L$ /[W/（m^2·K）]	3.61
蓄热水箱模型	水箱平均热损失系数 /[W/（m^2·K）]	0.33
	水箱体积 /m^3	40
	水箱初始温度 /℃	20
	水箱高径比	1
	水箱分层层数	8

（2）目标函数 年总费用值（AC）是能源系统经济效益评价中常用的评价指标，主要由年初投资费用（ACC）、年运行费用（AMC）、年维护费用（AOC）三部分组成，对于本案例所述能源系统，其年总费用值可表示为

$$AC = ACC + AMC + AOC \tag{5-92}$$

$$\mathrm{ACC}=C\frac{i(1+i)^n}{(1+i)^n-1} \tag{5-93}$$

$$\mathrm{AMC}=P_{\mathrm{E}}E \tag{5-94}$$

$$\mathrm{AOC}=\alpha C \tag{5-95}$$

式中，C 是初投资（元）；i 是年利率；n 是设备使用年限（年）；P_{E} 是电价 [元 /（kW•h）]；E 是用电量（kW•h）；α 是设备年维护费用与初投资的比值（%），一般取 1%。

$$C=P_{\mathrm{C}}A+P_{\mathrm{T}}V+C_{\mathrm{WSHP}}+C_{\mathrm{P\&P}} \tag{5-96}$$

式中，P_{C} 是太阳能集热板单价（元 /m^2）；P_{T} 是蓄热水箱单价（元 /m^3）；A 是太阳能集热板总面积（m^2）；V 是蓄热水箱总体积（m^3）；C_{WSHP} 是水源热泵机组初投资（元）；$C_{\mathrm{P\&P}}$ 是水泵和管道初投资（元）。

经济性指标各参数取值可见表 5-15。

表 5-15　经济性指标参数表

参数	单位	数值
C_{WSHP}	元	10000
$C_{\mathrm{P\&P}}$	元	3000
P_{E}	元 /（kW • h）	0.518
P_{C}	元 /m^2	1000
P_{T}	元 /m^3	1867
α	—	1%
i	—	8%

（3）约束条件　该供热系统运行需要保证建筑室内温度在设定范围内，则需要满足以下热量平衡方程：

$$Q_{\mathrm{WSHP}}+Q_{\mathrm{T}}\geqslant Q_{\mathrm{heat}} \tag{5-97}$$

式中，Q_{WSHP} 是水源热泵制热量（kJ）；Q_{T} 是蓄热水箱供热量（kJ）；Q_{heat} 是热负荷（kJ）。

此外，由于住宅物理空间的限制，太阳能集热板面积和蓄热水箱体积需分别满足式（5-98）和式（5-99）。

$$20\mathrm{m}^2\leqslant A\leqslant 100\mathrm{m}^2 \tag{5-98}$$

$$10\mathrm{m}^3\leqslant V\leqslant 60\mathrm{m}^3 \tag{5-99}$$

（4）优化求解　采用 Geatpy 中的 SEGA 算法（增强精英保留的遗传算法）对上述优化问题进行求解，种群中的个体数量为 40，最大进化代数为 25。计算得到该系统容量配置的最优解集，图 5-23 为遗传算法求解过程的轨迹图。

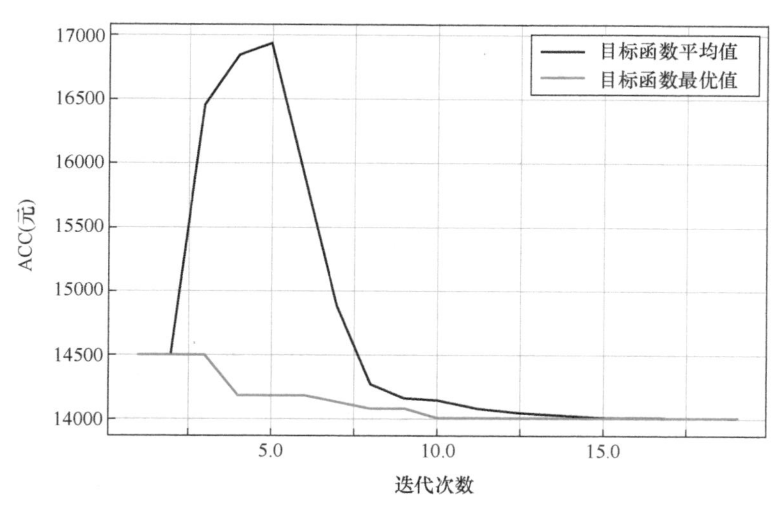

图 5-23　遗传算法求解过程轨迹图

由遗传算法优化求解结果得到该系统最优容量配置，即太阳能集热板面积为 84.0m^2，蓄热水箱体积为 13.3m^3 时，系统的年总费用值最低，为 14007 元。

（5）效益评价　该系统的经验方案为太阳能集热板面积为 40.0m^2，蓄热水箱体积为 40.0m^3。本案例以经济效益为目标对该系统的容量配置进行优化。由表 5-16 可知，优化方案在各项评价指标上均优于经验方案，其中年总费用值、初投资和年维护费用分别节省 9.1%、4.6% 和 4.6%，年用电量减少 66.3%，具有更优的经济效益。

表 5-16　优化方案与经验方案对比表

评价指标	经验方案	优化方案
年总费用值（元）	15413	14007
初投资（元）	127680	121831
年维护费用（元）	1277	1218
年用电量 /（kW・h）	2185	737

5.4.5　多目标优化算法

1. 概述

能源系统优化问题常涉及需要多个目标在给定区间内同时尽可能最佳的情况，比如能源系统优化设计问题中要求系统的经济效益与环境效益都达到最优，这种类型的问题称为多目标优化问题（multi-objective optimization problem，MOP）。多目标优化的基本思想是一个目标的优化是以其他目标劣化为代价，因此需要对其协调和折中处理，使总目标尽可能最优。

多目标优化问题可以按下式表示：

$$\min \ \boldsymbol{y}=\boldsymbol{f}(\boldsymbol{x})=(f_1(x),f_2(x),\cdots,f_n(x)),n=1,2,\cdots,N$$
$$\text{s.t.}\begin{cases}g_i(x)\leqslant 0,i=1,2,\cdots,m\\ h_j(x)=0,j=1,2,\cdots,k\\ \boldsymbol{x}=(x_1,x_2,\cdots,x_D)\\ x_{d\min}\leqslant x_d\leqslant x_{d\max},d=1,2,\cdots,D\end{cases} \tag{5-100}$$

式中，$\boldsymbol{x}$是D维决策变量；$\boldsymbol{y}$是目标函数；$f_n(x)$是第n个目标函数；N是优化目标数量；g_i,h_j分别是不等式约束和等式约束；$\boldsymbol{x}_{d\min}$和$\boldsymbol{x}_{d\max}$分别是决策变量搜索区间的上下限。

由于多目标优化问题中各个目标之间是相互冲突的，其最优解是一个解集而非单一解，也称为 Pareto 解集。下面简单介绍 Pareto 解集的几个基本概念。

Pareto 支配：假设$\boldsymbol{x}_1$和$\boldsymbol{x}_2$是多目标优化问题的两个解，当满足$\forall m\in\{1,2,\cdots,M\}$，$f_m(\boldsymbol{x}_1)\geqslant f_m(\boldsymbol{x}_2)$，且$\exists n\in\{1,2,\cdots,N\}$，$f_n(\boldsymbol{x}_1)\geqslant f_n(\boldsymbol{x}_2)$，记作$\boldsymbol{x}_1>\boldsymbol{x}_2$。$\boldsymbol{x}_1$是非支配的，$\boldsymbol{x}_2$是被支配的，$M$为目标函数数量。

Pareto 最优解：变量空间中的一个可行解$\boldsymbol{x}^*$，若$\boldsymbol{x}^*$不受空间中其他解支配，即满足$\{\boldsymbol{x}\mid \boldsymbol{x}\leqslant\boldsymbol{x}^*,\boldsymbol{x}\in\Omega\}=\phi$，则称$\boldsymbol{x}^*$为可行解集合$\Omega$中的 Pareto 最优解。所有 Pareto 最优解组成的集合就是 Pareto 最优解集。

Pareto 前沿：Pareto 最优解集中所有解对应的目标函数值组成的集合。

多目标优化问题的求解方法甚多，主要方法有基于传统数学规划原理的加权法和基于启发式优化算法的 Pareto 法[2]。

2. 加权法

加权法的基本思想是对不同的目标赋予不同的权重，从而把多目标问题转化为单目标问题进行求解。能源系统优化问题中常用的加权法包括线性加权法和主要目标法[3]。

线性加权法指根据各目标的重要程度，设定权重进行线性加权，将多目标优化问题按式（5-101）表示。

$$\min \sum_{k=1}^{K}\lambda_k f_k(x)$$
$$\text{s.t.}\begin{cases}g_i(x)\geqslant 0,i\in[1,M]\\ h_j(x)=0,j\in[1,L]\end{cases} \tag{5-101}$$

式中，$f_k(x)$是第k个目标函数；λ_k是第k个目标函数的权重；K是目标函数数量；g_i,h_j分别是不等式约束和等式约束。

加权法可通过选取不同的权重组合，获得不同的Pareto最优解，其优点是简单有效，将多目标优化问题转化为单目标优化问题后，可使用较为成熟的单目标优化算法进行求解。但加权法也存在一定的局限性，比如权重 λ_k 难以确定，使得解集的优劣难以评价。

主要目标法的基本思想是从 K 个目标中选择最重要的子目标作为优化目标，其余的子目标作为约束条件，可按下式表示：

$$
\begin{aligned}
&\min f_p(x) \\
&\text{s.t.} \begin{cases} f_k(x) \leqslant \varepsilon_k, k=1,\cdots,K, \text{且} k \neq p \\ g_i(x) \geqslant 0, i \in [1,M] \\ h_j(x) = 0, j \in [1,L] \end{cases}
\end{aligned}
\tag{5-102}
$$

式中，$f_p(x)$ 是主要目标函数；ε_k 是界限值；K 是子目标函数数量；g_i, h_j 分别是不等式约束和等式约束。每个子目标通过 ε_k 约束，一般情况下界限值 ε_k 可以取子目标函数的上界值。

$$
\min\{f_k \mid f_k(x), k=1,\cdots,K, \text{且} k \neq p\} \leqslant \varepsilon_k \tag{5-103}
$$

主要目标法的优点是简单易行，能够保证在其他子目标取值允许的条件下，求出尽可能好的主要目标值，且可通过改变 k 值与 ε_k 得到不同的Pareto最优解。但若界限值 ε_k 取值不恰当，则易导致约束条件得到的可行域为空集。

3. Pareto法

能源系统中许多多目标优化问题十分复杂，基于传统数学规划原理的求解方法往往表现出一定的局限性。而基于启发式优化算法的Pareto法具有高度的并行机制，可以对多个目标同时进行优化，在能源系统多目标优化问题的求解上表现出了优异的性能。比较典型的Pareto法有多目标进化算法（MOEA）、多目标粒子群算法（MOPSO）等。

以多目标进化算法为例，其基本算法流程如下：随机生成一组初始种群，通过对种群执行选择、交叉和变异等进化操作，经过多代进化，种群中个体的适应度不断提高，逐渐逼近多目标优化问题的Pareto最优解集。与单目标进化算法不同的是，多目标进化算法具有特殊的适应度评价机制。为了充分发挥进化算法的群体搜索优势，大多数多目标进化算法采用基于Pareto排序的适应度评价方法，如非支配排序遗传算法（nondominated sorting genetic algorithm，NSGA）。NSGA的算法流程与一般的遗传算法相似，不同点在于其在进行选择、交叉和变异操作之前，对所有个体通过非支配排序进行了分层，如图5-24所示。NSGA-Ⅱ是在NSGA的基础上加入精英保留策略和快速非支配排序，其优点在于运行效率高、解集有良好的分布性，在能源系统多目标问题的求解上具有较好的表现。

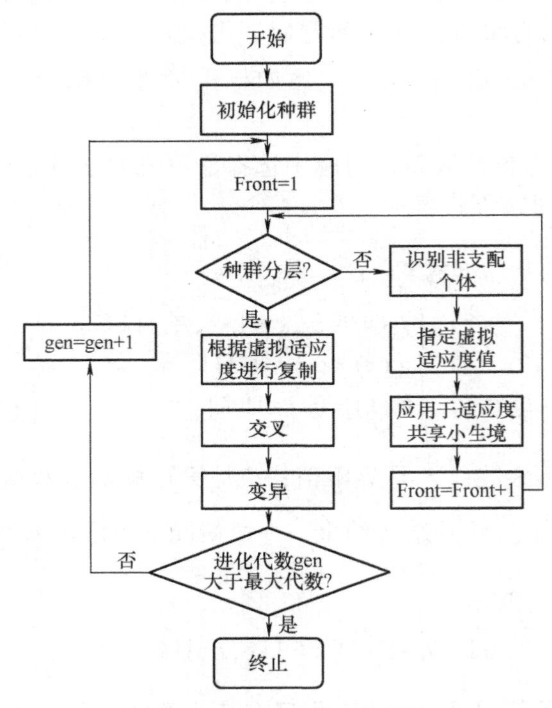

图 5-24 NSGA 算法流程图

4. 最优解的选择

在多目标优化问题中，每个 Pareto 最优解表示不同目标的折中，每个解都是非支配的，不同目标不能同时得到改进。因此，最优解的选择对多目标优化问题起着至关重要的作用。常用的决策方法有多维偏好线性规划法（linear programming technique for multidimensional analysis of preference，LINMAP）[4]、TOPSIS 法（technique for order preference by similarity to an ideal solution）[5]、信息熵法（Shannon entropy）[6] 等。

LINMAP 法进行决策时引入了“理想点”的概念，理想点是指各单一目标最优解组成的点，该点不位于 Pareto 边界上，是一个不可实现的理想解。LINMAP 方法计算了 Pareto 边界上的各点与理想点之间的欧几里得距离 ED_{i+}，如式（5-104）所示，具有最小距离的 Pareto 边界上的点被认为是最优点。

$$\mathrm{ED}_{i+}=\sqrt{\sum_{j=1}^{n}(f_{ij}^{\text{norm}}-f_{j}^{\text{ideal}})^2} \tag{5-104}$$

式中，i 是 Pareto 边界上的各个解；j 是所考虑目标的维度。

TOPSIS 法的基本原理是通过计算 Pareto 边界上的各点与“理想点”和“最劣解”之间的欧几里得距离 ED_{i+} 和 ED_{i-} 来对 Pareto 最优解进行排序。该方法通过评价指标 Y_i 评价最优的解，可按式（5-106）表示。

$$\mathrm{ED}_{i-}=\sqrt{\sum_{j=1}^{n}(f_{ij}^{\mathrm{norm}}-f_{j}^{\mathrm{nadir}})^2} \tag{5-105}$$

$$Y_i=\frac{\mathrm{ED}_{i-}}{\mathrm{ED}_{i-}-\mathrm{ED}_{i+}} \tag{5-106}$$

信息熵法可量化信息源的不确定性，其值越大代表该值具有越大的不确定性，意味着此信息的权重应该降低。在多目标优化问题中，各优化目标的信息熵 H_j 可由式（5-107）计算，其中 j 为优化目标的个数，i 为解的个数。各优化变量的权重 θ_j 可由式（5-108）表示。

$$H_j=-\frac{1}{\ln(m)}\sum_{i=1}^{m}\frac{f_{ij}}{\sum_{i=1}^{m}f_{ij}}\ln\left(\frac{f_{ij}}{\sum_{i=1}^{m}f_{ij}}\right)\quad(1\leqslant j\leqslant n) \tag{5-107}$$

$$\theta_j=\frac{1-H_j}{n-\sum_{j=1}^{n}H_j} \tag{5-108}$$

5. 能源系统多目标优化设计案例

（1）案例介绍　以上海某医院综合能源系统为研究对象，对其系统的设备容量进行优化[7]。该综合能源系统的系统框架如图 5-25 所示，主要包含燃料电池、光伏、电池、锅炉、太阳能集热器、电制冷机、吸收式制冷机、空气源热泵、蓄热水箱等设备，用于满足该医院的电负荷、热负荷、冷负荷需求。该医院夏季和冬季典型日的电负荷、热负荷、冷负荷如图 5-26 所示。采用经济性和环境指标对该系统的设备容量进行多目标优化。

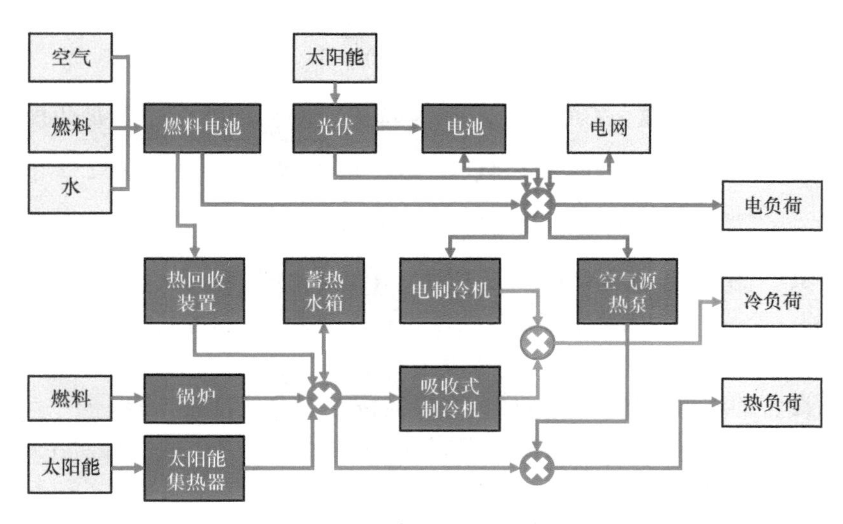

图 5-25　综合能源系统框架图

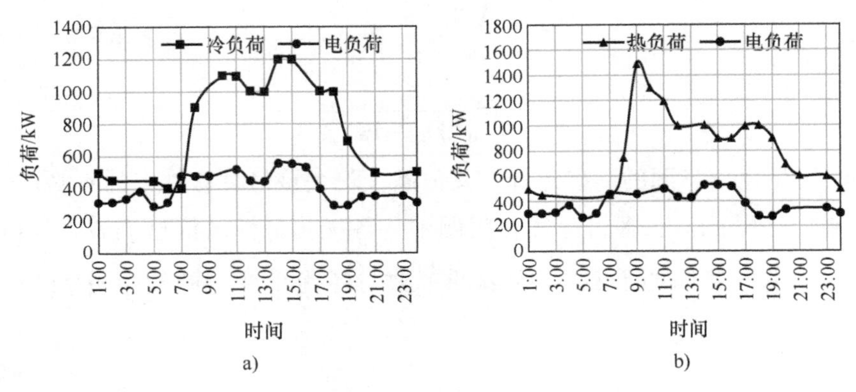

图 5-26　建筑夏季和冬季的典型日电负荷、热负荷、冷负荷

（2）目标函数　本案例选择经济性和环保性指标进行多目标优化，采用年总费用表征系统的经济效益，包含设备初投资、燃料费用、设备维护费用、余电上网收益和从电网购电的费用，由式（5-109）计算。

$$
\begin{aligned}
\mathrm{ATC} = {} & \mathrm{CRF} \times \sum_{t} \mathrm{CAP}_t \times C^{\mathrm{CAP}} + \sum_{s,h} \left(\frac{E_{\mathrm{fc},s,h}}{\eta_{\mathrm{fc}}} + \frac{Q_{\mathrm{b},s,h}^{\mathrm{heat}}}{\eta_{\mathrm{b}}} \right) \times C_{\mathrm{NG}} + \\
& \sum_{s,h} (E_{\mathrm{bat/pv/fc},s,h} + Q_{\mathrm{hp/tc/b/st},s,h}^{\mathrm{heat}} + Q_{\mathrm{ec/ac},s,h}^{\mathrm{cool}}) \times C_t^{\mathrm{maint}} - \\
& C_{\mathrm{ex}} \times \sum_{s,h} E_{\mathrm{ex},s,h} + C_{\mathrm{im}} \times \sum_{s,h} E_{\mathrm{im},s,h}
\end{aligned}
\tag{5-109}
$$

$$
\mathrm{CRF} = \frac{r \times (1+r)^n}{(1+r)^n - 1} \tag{5-110}
$$

式中，CRF 是投资回收系数；CAP_t 是第 t 个设备的容量（kW）；C^{CAP} 是初投资（\$/kW）；E 是电量（kW）；Q^{heat} 是热量（kW）；Q^{cool} 是冷量（kW）；η 是效率；C_{NG} 是燃料费用单价（\$/kW）；C_t^{maint} 是第 t 个设备维护费用（\$/kW·h）；C_{ex} 是余电上网单价（\$/kW）；C_{im} 是从电网购电的单价（\$/kW）；r 是利率；n 是项目周期（年）；下角标 fc、b、bat、pv、hp、tc、st、ec、ac、ex、im 分别表示固体氧化物燃料电池、锅炉、电池、光伏、热泵、太阳能集热器、蓄热水箱、电制冷机、吸收式制冷机、余电、电网购电。

系统中各设备的参数设置见表 5-17，主要经济参数取值见表 5-18。

环境指标选择年二氧化碳排放量（ACE）作为指标，包含燃料燃烧产生的碳排放和从电网购电间接产生的碳排放，由式（5-111）计算。

表 5-17　设备参数设置

设备	参数	取值	单位
固体氧化物燃料电池	系统额定效率	48%	
	每日开机次数限制	1	
	最大容量	580	kW
	寿命	5	年
锅炉	效率	85%	
	最大容量	1500	kW
吸收式制冷机	效率	100%	
	最大容量	1200	kW
电制冷机	COP	4	
	最大容量	1200	kW
热泵	COP	3.5	
	最大容量	1200	kW
换热器	效率	90%	
光伏	效率	与太阳辐射和环境温度相关（参考文献 [8]）	
太阳能集热器	效率	与太阳辐射和温度相关（参考文献 [9]）	
电池	存储效率	97%	
	电池充电效率	95%	
	电池放电效率	95%	
	最大容量	150	kW
蓄热水箱	存储效率	95%	
	蓄热效率	95%	
	放热效率	95%	
	最大容量	1000	kW

表 5-18　主要经济参数取值

设备	初投资 C^{CAP} /（美元 /kW）	维护费用 C^{maint} /[美元 /（kW・h）]
固体氧化物燃料电池	3900	0.005
锅炉	50	0.0003
吸收式制冷机	230	0.002

（续）

设备	初投资C^{CAP}/（美元/kW）	维护费用C^{maint}/[美元/（kW·h）]
电制冷机	150	0.002
蓄热水箱	25	0.0003
热泵	200	0.002
光伏	750	0.002
太阳能集热器	200	0.001
电池	1075	0.003

$$\mathrm{ACE}=\vartheta_{\mathrm{NG}}\times\sum_{s,h}\left(\frac{E_{\mathrm{fc},s,h}}{\eta_{\mathrm{fc}}}+\frac{Q_{\mathrm{b},s,h}^{\mathrm{heat}}}{\eta_{\mathrm{b}}}\right)+\vartheta_{\mathrm{grid}}\times\sum_{s,h}E_{\mathrm{mi},s,h} \tag{5-111}$$

式中，ϑ_{NG}是天然气碳排放因子 [kg/（kW•h）]；$\vartheta_{\mathrm{grid}}$是电网碳排放因子 [kg/（kW•h）]，取值见表 5-19。

表 5-19 碳排放因子表

参数	值	单位
天然气碳排放因子	0.18	kg/（kW·h）（LHV）
电网碳排放因子	0.95	kg/（kW·h）

（3）约束条件 该综合能源系统的约束条件包含能量平衡约束、设备容量约束和设备运行中的能量约束。

能量平衡约束包含电平衡、热平衡和冷平衡，即能量产生量与负荷平衡，分别可按式（5-112）～式（5-114）表示。

$$E_{\mathrm{demand},s,h}=E_{\mathrm{pv},s,h}-E_{\mathrm{st\text{-}in},s,h}^{\mathrm{bat}}+E_{\mathrm{st\text{-}out},s,h}^{\mathrm{bat}}+E_{\mathrm{fc},s,h}+E_{\mathrm{im},s,h}-E_{\mathrm{ex},s,h}-E_{\mathrm{ec},s,h}-E_{\mathrm{hp},s,h}\ ,\ \forall s,h \tag{5-112}$$

式中，st-in 和 st-out 分别代表进入蓄热水箱和流出蓄热水箱。

$$Q_{\mathrm{demand},s,h}=Q_{\mathrm{tc},s,h}^{\mathrm{heat}}+Q_{\mathrm{r},s,h}^{\mathrm{heat}}+Q_{\mathrm{b},s,h}^{\mathrm{heat}}-Q_{\mathrm{st\text{-}in},s,h}^{\mathrm{heat}}+Q_{\mathrm{st\text{-}out},s,h}^{\mathrm{heat}}+Q_{\mathrm{hp},s,h}^{\mathrm{heat}}-Q_{\mathrm{ac},s,h}^{\mathrm{heat}}\ ,\ \forall s,h \tag{5-113}$$

$$Q_{\mathrm{demand},s,h}^{\mathrm{cool}}\leqslant Q_{\mathrm{ac},s,h}^{\mathrm{cool}}+Q_{\mathrm{ec},s,h}^{\mathrm{cool}}\ ,\ \forall s,h \tag{5-114}$$

容量约束即限制各设备的装机容量，防止某设备的装机容量过大，也有利于缩短模型求解时间，可按下式表示：

$$\mathrm{CAP}_t\leqslant\mathrm{CAP}_t^{\mathrm{limit}}\ ,\ \forall s,h \tag{5-115}$$

设备约束包括设备运行中需要满足的约束条件。例如蓄能系统中在 h+1 时刻储存在水箱中的热量等于在 h 时刻储存的热量加上输入的热量再减去输出的热量。又如燃料电池开关机约束可以防止设备频繁启停，设备爬坡率约束可以限制设备在相邻时间步长中的发电量变化等。

（4）优化求解 使用 GAMS 24.0 中 LINDO 算法求解该多目标优化问题，多目标优化得到的 Pareto 最优边界如图 5-27 所示，该边界由多个非支配解（点）构成，即对应不同的系统设计方案。其中点 1 是实现系统年运行费用最低的优化方案，但该方案的系统碳排放是最高的；点 2 可使系统的碳排放降到最低，但是系统的经济性最差。点 3、点 4 和点 5 分别为使用 LINMAP 法、TOPSIS 法和信息熵法三种决策方法选择的最优解，即选择了在系统年运行费用和系统碳排放中的折中方案。

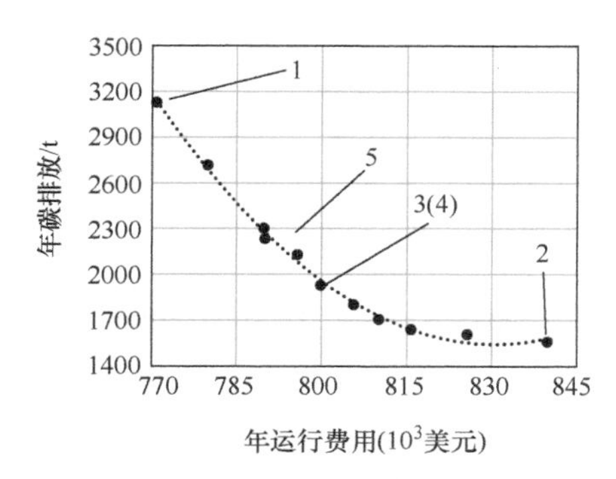

图 5-27 Pareto 边界和最优决策的选取

（5）效益评价 在本案例中，利用不同方式选择的最优解具有不同的经济效益和环境效益，各方案的系统配置、年总费用和年碳排放量见表 5-20。最小年费用优化方案虽然年总费用最低，为 770×10^3 美元，但是碳排放显著高于其他方案，其锅炉的安装容量在几种方案中最大。而以最小年碳排放为优化目标的方案相比前者，二氧化碳排放量降低约 50%，且仅在该方案中配置蓄能水箱，该方案具有最好的环保效益，但是年总费用最高。采用 LINMAP 法和 TOPSIS 法决策产生的方案相同，三种决策方式中吸收式制冷机、电制冷机和锅炉的设计容量均适中，系统在年总费用和年碳排放量选取了折中值。

表 5-20 不同决策方式的系统配置情况

优化目标		最小年总费用值	最小年碳排放量	多目标	
决策方式				LINMAP/TOPSIS	信息熵法
最优值	年总费用（10^3 美元）	770	839	805	813
	年碳排放 /t	3124	1559	1924	1704
设计容量	固体氧化物燃料电池 /kW	471	574	501	505
	锅炉 /kW	810	710	784	790
	电制冷机 /kW	300	170	229	200
	吸收式制冷机 /kW	0	560	286	350
	热泵 /kW	215	295	223	240
	光伏 + 电池 /kW	75	75	75	75
	太阳能集热器 /m^2	0	0	0	0
	蓄热水箱 /（kW·h）	0	457	0	0

5.4.6 课外阅读

本节基于能源系统优化设计和优化运行的需求，介绍了常见的数学规划算法及启发式优化算法。在运用过程当中，应当首先考虑优化的目标，根据优化目标及能源系统的实际构成确定优化变量及约束条件，并建立能源系统优化问题的目标函数。在此基础上，根据目标函数性质、优化变量类型及优化约束选取适配的优化方法，以实现高效、精确的目标函数求解。然而，在实际工程应用中，由于常采用模拟软件进行建模，目标函数性质的解析变得极为困难。这使得数学规划方法的应用受到极大限制，而启发式优化算法由于通用性较强，其实际应用较广，但不同种类启发式算法的适用范围还有待进一步探讨。

5.5 总结与展望

能源系统优化方法是智慧能源领域的关键技术，通过优化设计能够实现全生命周期下的系统多能流综合规划，通过优化运行能够获得适用各种时空场景的系统运行模式和调控策略。这有利于减少能源消耗，提高能源系统综合能效及可再生能源消纳能力，对推动我国能源转型、实现节能减排与可持续发展目标具有关键作用。

本章介绍了能源领域最常见的优化设计和运行问题的原理和应用场景，旨在让读者能够快速具备使用最优化理论解决领域问题的能力。首先，阐述了优化问题的构建与求解流程，一般包括系统目标函数建立、决策变量选取、约束条件建立、建模和优化求解五个步骤。然后对上述步骤分别进行介绍并提供了典型的应用示例。目标函数建立，主要包括能源效益指标、经济效益指标、环境效益指标、电网互动性指标以及综合效益指标等五个维度；决策变量选取及约束条件建立，针对优化设计和优化运行问题，分别进行了案例介绍；系统建模，主要分为白箱建模、黑箱建模及灰箱建模三种方式；优化求解，主要分为数学规划方法和启发式优化算法两种。

由于能源系统规模庞大、性质复杂，多种能源相互耦合，在运行中面临时间尺度差异大以及多方面不确定性强等特征，如何综合考虑各方面因素，制定更加经济、低碳、友好的能源系统设计和运行方案，是当前国内外能源系统优化的关键问题之一。以下内容作为课外拓展内容供读者参考。

（1）构建更加精细化的系统模型　能源系统各设备的数学模型构建是基础性工作。但是在实际建模中普遍将设备构建为一个线性稳态模型，导致模型被过度简化，使得优化结果难以满足实际应用的需求。例如冷水机组，通常给定一个固定的效率系数，但实际上其效率与天气条件、负载率及进出水温度都有很大关系。此外，冷热网与电网的传输特性也不同，冷热网具备一定的储能能力，在时间上存在明显的滞后效应，其动态特性不可忽视。因此，需要根据优化问题的具体需求，尽可能建立更加精细化的系统模型，获得更加真实可靠的规划及运行方案。

（2）构建更加完善的评价体系　在设计优化和运行优化模型的建立过程中，需要明确其目标函数。以往的实际案例中常以经济性指标为主，然而随着环境效益越来越引起重视，需要更多地考虑环境性能指标（例如可再生能源利用率、生命周期碳排放量等）。此外，能源系统的柔性、可靠性、互动性等指标也是重要的评价指标。

（3）需求侧响应　随着能源系统中可再生能源占比的提高，需要采用用户侧的柔性潜力平衡电网的波动。电网可以利用价格等激励措施调动用户的积极性，从而增加系统的稳定性，而用户也能从中获取经济收益。如何评估用户侧的需求响应潜力和意愿，并据此制定出合理的价格方案，是发挥需求侧响应优势的关键所在，也是能源系统优化问题的重点之一。

思考与练习

1. 试从能源、经济和环境效益出发，列举常见的能源系统评价指标。
2. 试思考黑箱模型与白箱模型在实践中分别有哪些局限性。
3. 请简述遗传算法的主要工作原理。
4. 请简述数学规划方法与启发式优化方法的主要区别。
5. 试简述多目标优化中加权法的主要步骤。

参考文献

[1] 潘毅群，黄森，刘羽岱. 建筑能耗模拟前沿技术与高级应用 [M]. 北京：中国建筑工业出版社，2019.

[2] RANDALL_CROW_J. 优化设计——多目标函数优化（降维 / 主目标法、线性加权法、理想点法）——MATLAB 编程 [EB/OL]. (2020-05-27)[2022-08-31]. https://blog. csdn. net/Randall_crow_J/article/details/106379225.

[3] 杨桂元，郑亚豪. 多目标决策问题及其求解方法研究 [J]. 数学的实践与认识，2012, 42(2):108-115.

[4] AHMADI M H, SAYYAADI H, DEHGHANI S, et al. Designing a solar powered Stirling heat engine based on multiple criteria:maximized thermal efficiency and power[J]. Energy conversion and management, 2013, 75:282-291.

[5] FENG Y, HUNG T, ZHANG Y, et al. Performance comparison of low-grade ORCs(organic Rankine cycles)using R245fa, pentane and their mixtures based on the thermoeconomic multi-objective optimization and decision makings[J]. Energy, 2015, 93:2018-2029.

[6] AHMADI M H, AHMADI M A, BAYAT R, et al. Thermo-economic optimization of Stirling heat pump by using non-dominated sorting genetic algorithm[J]. Energy conversion and management, 2015, 91:315-322.

[7] JING R, ZHU X, ZHU Z, et al. A multi-objective optimization and multi-criteria evaluation integrated framework for distributed energy system optimal planning[J]. Energy

conversion and management, 2018, 166:445-462.

[8] WANG J, LU Y, YANG Y, et al. Thermodynamic performance analysis and optimization of a solar-assisted combined cooling, heating and power system[J]. Energy, 2016, 115:49-59.

[9] DELGADO-TORRES A M, GARCíA-RODRíGUEZ L. Analysis and optimization of the low-temperature solar organic Rankine cycle(ORC)[J]. Energy conversion and management, 2010, 51(12):2846-2856.